高等学校教材

离散数学教程

主　编　张卫国
副主编　李占利
编　者　张卫国　李占利
　　　　宇亚卫　韩瑞丽

西北工业大学出版社

【内容简介】 离散数学是现代数学的重要组成部分,以离散量的结构和相互关系为研究对象,主要包括数理逻辑、集合论、图论和近世代数等内容。本书介绍了离散数学的基础理论与基本方法,全书由命题逻辑、谓词逻辑、集合、二元关系、函数、代数系统、图论等 7 章组成,每章均配有一定数量的习题,便于检验和加深学生对所学内容的理解和掌握。

本书可作为计算机科学与技术、软件工程、信息与计算科学等信息类专业的教材,也可供相关人员阅读参考。

图书在版编目(CIP)数据

离散数学教程/张卫国主编 . —西安:西北工业大学出版社,2011.3(2016.7 重印)
ISBN 978 - 7 - 5612 - 3016 - 9

Ⅰ.①离… Ⅱ.①张… Ⅲ.①离散数学—高等学校—教材 Ⅳ.①O158

中国版本图书馆 CIP 数据核字(2011)第 021899 号

出版发行:西北工业大学出版社
通信地址:西安市友谊西路 127 号 邮编:710072
电　　话:(029)88493844　　88491757
网　　址:www.nwpup.com
印刷者:陕西富平万象印务有限公司
开　　本:787 mm×1 092 mm　1/16
印　　张:11.125
字　　数:267 千字
版　　次:2011 年 3 月第 1 版　　2016 年 7 月第 2 次印刷
定　　价:25.00 元

前　言

离散数学形成于 20 世纪 70 年代初期,是随着计算机科学的发展而逐步建立与完善的,是一门新兴的工具性学科.离散数学作为计算机科学中基础理论的核心课程,与数据结构、操作系统、编译原理、算法设计、系统结构、逻辑设计、容错诊断、密码学、机器证明等核心与专业课程联系紧密.离散数学不仅是研究计算机科学的有力工具和方法,同时也是研究一般信息科学的基本数学工具.

离散数学课程的根本目标是培养学生的抽象思维能力和逻辑推理能力;培养学生的数学思维能力以及离散数学方法的应用能力.为后面课程的学习做好必要的数学知识准备,为从事信息技术研发及应用打下扎实的理论基础.

离散数学有很多运算规则.有些运算规则看似简单,但对初学者来说,要严格地证明往往无从下手.本书对相近的运算规则,择其一予以证明,但不一一赘述,以便使学生触类旁通、举一反三.在逻辑推理演算上,采用了面向结论的证明树方法,即证明树的树根是欲证明的结论,树叶是题目的前提,树枝是按一定的推理规则得到的中间结论,便于学生分析与推理.书中例题丰富,编者尽量把一些基本理论在后续课程中的应用以实例的方式体现,同时,把生活中基于离散数学知识的例子用数学语言描述,增强学生的学习兴趣.

本书包括数理逻辑、集合论、图论和近世代数四部分内容,共分 7 章.第一部分包括第 1 章命题逻辑、第 2 章谓词逻辑;第二部分包括第 3 章集合、第 4 章二元关系、第 5 章函数;第三部分包括第 6 章代数系统;第四部分包括第 7 章图论.各部分之间联系紧密,但又相对独立,这也是离散数学与其他数学分支的不同之处.本书建议学时为 64 学时,不足 64 学时可根据学生基础和专业情况,适当删除部分章节进行教学.

本书由张卫国任主编,李占利任副主编.具体编写分工如下:张卫国编写第 1,4 章;李占利编写第 5,6 章,宇亚卫编写第 2,7 章,韩瑞丽编写第 3 章.

由于编者水平有限,书中错误和不妥之处在所难免,真诚希望使用本教材的教师、同学和广大读者对存在的问题及时指正并提出修改意见和建议.

编　者
2011 年 1 月

目　　录

第1章　命题逻辑 ………………………………………………………… 1

1.1　命题及命题联结词 ………………………………………………… 1

1.2　命题公式与真值表 ………………………………………………… 4

1.3　逻辑恒等式与永真蕴涵式 ………………………………………… 5

1.4　命题范式 …………………………………………………………… 12

1.5　命题演算推理方法 ………………………………………………… 15

习题1 ……………………………………………………………………… 20

第2章　谓词逻辑 ………………………………………………………… 23

2.1　谓词逻辑基本概念 ………………………………………………… 23

2.2　谓词公式及解释 …………………………………………………… 26

2.3　基本等价式和永真蕴涵式 ………………………………………… 29

2.4　谓词范式 …………………………………………………………… 33

2.5　谓词演算推理规则 ………………………………………………… 35

习题2 ……………………………………………………………………… 39

第3章　集合 ……………………………………………………………… 43

3.1　集合的概念 ………………………………………………………… 43

3.2　集合的运算与文氏图 ……………………………………………… 46

3.3　集合的笛卡儿乘积 ………………………………………………… 51

3.4　计数问题 …………………………………………………………… 53

习题3 ……………………………………………………………………… 56

第4章　二元关系 ………………………………………………………… 59

4.1　关系及其特性 ……………………………………………………… 59

4.2　关系的运算 ………………………………………………………… 62

4.3　关系的闭包运算 …………………………………………………… 66

4.4　集合的划分 ………………………………………………………… 70

4.5　相容关系 …………………………………………………………… 72

4.6 等价关系 ·· 74

4.7 偏序关系 ·· 77

习题 4 ·· 81

第 5 章 函数 ·· 85

5.1 函数及特殊函数类 ·· 85

5.2 逆函数和复合函数 ·· 88

5.3 基数的比较与可数集 ··· 90

5.4 不可数集 ·· 92

5.5 鸽舍原理 ·· 93

5.6 特征函数 ·· 95

习题 5 ·· 98

第 6 章 代数系统 ·· 100

6.1 二元运算及其性质 ·· 100

6.2 代数系统 ·· 104

6.3 几个典型的代数系统 ··· 108

6.4 环和域 ··· 117

6.5 格与布尔代数 ·· 120

习题 6 ·· 131

第 7 章 图论 ·· 136

7.1 图的基本概念 ·· 136

7.2 路与连通图 ·· 139

7.3 图的矩阵表示及其连通性的判断 ································· 142

7.4 赋权图与最短路 ··· 145

7.5 欧拉图和哈密尔顿图 ··· 147

7.6 二分图与平面图 ··· 153

7.7 树及其应用 ·· 160

习题 7 ·· 166

参考文献 ·· 171

第1章 命题逻辑

逻辑学是研究思维形式及思维规律的科学,分为辩证逻辑和形式逻辑两种.辩证逻辑是以辩证法认识论为基础的逻辑学;形式逻辑主要是对思维的形式结构和规律进行研究的,类似于语法的一门工具性学科.思维的形式和结构包括了概念、判断和推理之间的结构和联系.概念是思维的基本单位,通过概念对事物是否具有某种属性进行肯定或否定的回答,这就是判断.由一个或几个判断推出另一个判断的思维形式,就是推理.数理逻辑是用数学方法研究推理的科学.所谓数学方法,主要指引进一套符号体系的方法,因此数理逻辑又叫符号逻辑.

本章主要内容有:命题及命题联结词、逻辑恒等式与永真蕴涵式、命题范式、命题推理等.

1.1 命题及命题联结词

1.1.1 命题

定义1-1 具有真假意义的陈述语句叫做命题.若命题与客观事实相符,则命题的真值为真,记作1,并称该命题为真命题;若命题与客观事实不符,则命题的真值为假,记作0,并称该命题为假命题.通常用大写字母 P,Q,R 等表示命题.

[**例1-1**] 下述语句都是命题.

(1)月亮围绕地球转.

(2)雪是黑色的.

(3)明天下雨.

(4)除地球外,有些星球上有人类.

(5)离散数学很枯燥.

所谓"真假意义"是指陈述的内容符合或不符合客观事实,不以人的意志为转移;真或假有且只有一个成立.

如例1-1中的(3)"明天下雨",虽然还不能准确判断其真假,但客观上有且只有一个成立;(4)虽然有待于科学家进一步探索,但它是有真假意义的;(5)要根据考虑的人来判断,若未说明针对哪些人,可理解为说话者本人,其真假性也是客观的.

[**例1-2**] 下述语句都不是命题.

(1)快点走!

(2)你喜欢红色吗?

(3)多美啊!

(4) $x+y>3$.

其中 $x+y>3$,其真假性具有不确定性,若 $x=1,y=8$,则 $x+y>3$ 为真;若 $x=1,y=1$,则 $x+y>3$ 为假.

［**例 1 - 3**］ 一个人说："我正在说谎".

他是在说谎还是在说真话呢？如果他是说谎,那么他的话是假;因为他承认他是说谎,所以实际上他是说真话.另一方面,如果他讲真话,那么他说的是真,也就是他在说谎.该句话无论如何理解都会得到矛盾的结论,我们常称其为悖论.悖论当然不是命题.

命题可分为原子命题和复合命题,一个命题如果不能分解为更简单的命题,则这个命题叫做原子命题,否则叫做复合命题.如"林平和林红爱看书"是复合命题,可分解为"林平爱看书"和"林红爱看书".但"林平和林红是姐妹"却不能分解,是原子命题.

1.1.2 命题联结词

在日常用语中,常使用"并且""或""如果…,那么…""当且仅当"等联结词,在数理逻辑中有相应的命题联结词与之对应.下面介绍 6 种常见的命题联结词.

1. 否定联结词 $\neg$

定义 1-2 命题 P 的否定是一个复合命题,记作 $\neg P$,读作"非 P"或"P 的否定".$\neg P$ 的真值规定如下:若 P 为真,则 $\neg P$ 为假;若 P 为假,则 $\neg P$ 为真.

［**例 1-4**］ P:上海处处都干净.

$\neg P$:并非上海处处都干净,或 $\neg P$:上海有些地方不干净.

2. 合取联结词 $\wedge$

定义 1-3 命题 P 和 Q 的合取是一个复合命题,记作 $P \wedge Q$,读作"P 并且 Q"或"P 与 Q".$P \wedge Q$ 的真值规定如下:$P \wedge Q$ 为真,当且仅当 P 与 Q 都为真.

［**例 1-5**］ P:今天下雨,Q:明天下雨.

$P \wedge Q$:今天下雨且明天下雨.

［**例 1-6**］ P:今天天气晴朗,Q:今天天气不太热.

$P \wedge Q$:今天天气晴朗但不太热.

［**例 1-7**］ P:孔子是教育家,Q:树上有两只鸟.

$P \wedge Q$:孔子是教育家且树上有两只鸟.

例 1-6 中有转折的意思,仍然可用合取来联结.例 1-7 中的复合命题在日常生活中没有意义,因为前后没有内在联系,但仍是复合命题.

3. 析取联结词 $\vee$

定义 1-4 命题 P 和 Q 的析取是一个复合命题,记作 $P \vee Q$,读作"P 或 Q".$P \vee Q$ 的真值规定如下:$P \vee Q$ 为真,当且仅当 P 或 Q 至少有一个为真.

联结词"$\vee$"与汉语中"或"的意义有所不同,汉语中"或"既可表示"可兼或",也可表示"排斥或".

［**例 1-8**］ 今天下雨或刮风.

［**例 1-9**］ 今晚 7 点我去看电影或是在家看书.

显然,例 1-8 是"可兼或",例 1-9 中是"排斥或".对于例 1-8,若令 P:今天下雨,Q:今天刮风,则可表示为 $P \vee Q$.

对于例 1-9,若令 P:今晚 7 点我去看电影,Q:今晚 7 点我在家看书,用 $P \vee Q$ 表示例 1-9 是不合适的.因为例 1-9 中含有"我不可能同时看电影且在家看书"的意思,而根据"$\vee$"的定义不含这层意思,所以例 1-9 的复合命题也可表示为

$$(P \vee Q) \wedge \neg (P \wedge Q) \ 或 (P \wedge \neg Q) \vee (\neg P \wedge Q)$$

4. 蕴涵联结词 →

定义 1-5 给定两个命题 P 和 Q，P 蕴涵 Q 是一个复合命题，记作 $P \rightarrow Q$，读作"P 蕴涵 Q""如果 P，那么 Q"或"若 P 则 Q"，$P \rightarrow Q$ 的真值规定如下：仅当 P 为真，Q 为假时，$P \rightarrow Q$ 为假，其余情况 $P \rightarrow Q$ 均为真.

[例 1-10] P：你是大学生，Q：你至少学一门外语.

$P \rightarrow Q$：如果你是大学生，那么你最少学一门外语.

[例 1-11] P：太阳从西边出来，Q：$1+2=3$.

$P \rightarrow Q$：如果太阳从西边出来，那么 $1+2=3$.

[例 1-12] "因为实函数 $f(x)$ 是可导的，所以 $f(x)$ 是连续的"，将这句话用命题符号表示.

解 令 P：$f(x)$ 是可导的，Q：$f(x)$ 是连续的. 则原命题可符号化为 $P \rightarrow Q$.

"如果"与"那么"是有因果联系的，否则就没有意义. 但对条件命题来说，只要 P，Q 是命题，$P \rightarrow Q$ 即是复合命题. 此外"如果 …，则 …"这样的语句，当前提为假时，这语句常常无意义. 而在条件命题中，若前提为假，命题的真值恒为真，即蕴涵式既可包括日常用语中的语句，又可包括非日常用语中的语句.

5. 等值联结词 ↔

定义 1-6 给定两个命题 P 和 Q，P 等值于 Q 是一个复合命题，记作 $P \leftrightarrow Q$，读作"P 等值于 Q"或"P 当且仅当 Q"，$P \leftrightarrow Q$ 的真值规定如下：$P \leftrightarrow Q$ 为真，当且仅当 P 和 Q 的真值相同.

[例 1-13] "两三角形相似，当且仅当三组对应角相等".

令 P：两三角形相似，Q：两三角形三对应角相等. 原命题可符合化为 $P \leftrightarrow Q$.

[例 1-14] 牛不吃草，当且仅当 $2+2=4$.

令 P：牛不吃草，Q：$2+2=4$. 原命题可符合化为 $P \leftrightarrow Q$.

6. 异或联结词 ⊕

定义 1-7 给定两个命题 P 和 Q，P 和 Q 的异或是一个复合命题，记作 $P \oplus Q$，读作 P 与 Q 的"排斥或"或"异或"，$P \oplus Q$ 的真值规定如下：$P \oplus Q$ 为真，当且仅当 P，Q 中恰有一个为真.

[例 1-15] 今天是 3 月 8 日或 3 月 9 日.

令 P：今天是 3 月 8 日，Q：今天是 3 月 9 日. 原命题可符号化为 $P \oplus Q$.

命题联结词作为命题演算的运算符，也有优先顺序. 上述常见的六种命题联结词运算优先级由高到低规定为：$\neg$，$\wedge$，$\vee$／$\oplus$，$\rightarrow$，$\leftrightarrow$. 相同的两个运算符出现在公式中时，先左后右，若要改变先后顺序可使用圆括号. 例如若 P 为 1，Q 为 0，R 为 0，$\neg(\neg Q \vee P) \rightarrow R$ 的真值为 1，而 $\neg \neg Q \vee P \rightarrow R$ 为 0. 各命题联结词的真值规定如表 1-1 所示.

表 1-1

P	Q	$\neg P$	$P \wedge Q$	$P \vee Q$	$P \rightarrow Q$	$P \leftrightarrow Q$	$P \oplus Q$
0	0	1	0	0	1	1	0
0	1	1	0	1	1	0	1
1	0	0	0	1	0	0	1
1	1	0	1	1	1	1	0

[例 1-16]　设 P:天下雨,Q:他乘公交车上班. 将下列命题符号化.

(1) 天没有下雨,他也没有乘公交车上班.

(2) 如果天下雨,他就乘公交车上班.

(3) 只有天下雨,他才乘公交车上班.

(4) 除非天下雨,否则他不乘公交车上班.

解　(1) $\neg P \wedge \neg Q$.　　(2) $P \rightarrow Q$.　　(3) $Q \rightarrow P$.　　(4) $\neg P \rightarrow \neg Q$.

1.2　命题公式与真值表

1.2.1　命题公式

前面用 P,Q 等表示命题,其真值已确定,我们称之为命题常元.若用 P,Q 等表示任意命题,则称它们为命题变元.因为命题变元不能确定真值,所以不是命题.当命题变元 P 用一确定命题取代时,P 才具有确定的真值.对命题变元指定真值时,称对命题变元进行指派.一个命题变元有两种不同的真值指派.

所谓命题公式是指命题变元、命题常元用命题联结词及括号连接起来有意义的式子.

定义 1-8　命题公式的递归定义如下:

(1) 单个命题常元、命题变元是命题公式.

(2) 如果 A 和 B 是命题公式,则 $(\neg A),(A \wedge B),(A \vee B),(A \rightarrow B),(A \leftrightarrow B),(A \oplus B)$ 均为命题公式.

(3) 只有有限次应用条款(1) 和(2) 生成的公式才是命题公式.

例如 $(P \leftrightarrow P \vee Q),(\neg(P \rightarrow Q)),(P \rightarrow Q) \leftrightarrow (P \wedge Q),(((P \rightarrow Q) \wedge (Q \rightarrow R)) \leftrightarrow (S \leftrightarrow T))$ 都是关于命题变元 P,Q,R,S,T 的命题公式.通常省略最外层括号.

正如命题变元不是命题,命题公式一般也不是复合命题.若对命题公式中所有命题变元指派以特定的命题(即真或假),则命题公式就是复合命题.

1.2.2　真值表

定义 1-9　设 $A(P_1,P_2,\cdots,P_n)$ 是关于命题变元 $P_1,P_2,\cdots,P_n$ 的命题公式,命题变元的真值有 2^n 种不同的组合,每一种组合称为一种指派.对每一种指派,可求出 $A(P_1,P_2,\cdots,P_n)$ 的真值,列成表格,称为公式 $A(P_1,P_2,\cdots,P_n)$ 的真值表.

[例 1-17]　给出 $\neg(P \wedge Q) \leftrightarrow \neg P \vee \neg Q,\neg(P \rightarrow Q) \rightarrow \neg P,(P \vee Q) \wedge \neg P \wedge \neg Q$ 的真值表.

解　如表 1-2 ~ 表 1-4 所示.为易于理解,表中列出了一些中间结果.

表 1-2

P	Q	$P \wedge Q$	$\neg (P \wedge Q)$	$\neg P \vee \neg Q$	$\neg (P \wedge Q) \leftrightarrow \neg P \vee \neg Q$
1	1	1	0	0	1
1	0	0	1	1	1
0	1	0	1	1	1
0	0	0	1	1	1

表 1-3

P	Q	$\neg (P \rightarrow Q)$	$\neg (P \rightarrow Q) \rightarrow \neg P$
0	0	0	1
0	1	0	1
1	0	1	0
1	1	0	1

表 1-4

P	Q	$P \vee Q$	$(P \vee Q) \wedge \neg P \wedge \neg Q$
0	0	0	0
0	1	1	0
1	0	1	0
1	1	1	0

1.3　逻辑恒等式与永真蕴涵式

从命题公式的真值表可以看到,有些命题公式无论其命题变元如何指派,其真值总为真,这种特殊的命题公式在今后的命题演算中极为重要,下文做较详细的讲解.

1.3.1　永真式

定义 1-10　设 $A(P_1, P_2, \cdots, P_n)$ 是一命题公式,对命题变元 $P_1, P_2, \cdots, P_n$ 的 2^n 种指派的任一指派,若 $A(P_1, P_2, \cdots, P_n)$ 的真值总是为真,则称该命题公式为永真式或重言式;若 $A(P_1, P_2, \cdots, P_n)$ 的真值总为假,则称 $A(P_1, P_2, \cdots, P_n)$ 是永假式或矛盾式;若 $A(P_1, P_2, \cdots, P_n)$ 既不是重言式也不是矛盾式,则称 $A(P_1, P_2, \cdots, P_n)$ 是偶然式;若至少有一指派使 $A(P_1, P_2, \cdots, P_n)$ 的真值为真,则称 $A(P_1, P_2, \cdots, P_n)$ 是可满足式.

例如,$P \vee \neg P$ 是永真式,$P \wedge \neg P$ 是永假式.显然若 A 是永真式,则 $\neg A$ 是永假式,若 B 是永假式,则 $\neg B$ 是永真式.

定理 1-1(代入规则)   将永真式中同一命题变元的每一处均用同一命题公式去代替,所得的结果仍然是永真式.

由于永真式的值不依赖于变元的值,所以该规则的正确性是显然的.

例如,$\neg Q \vee (P \rightarrow Q) \vee (\neg P \rightarrow Q)$ 是永真式,用公式$(P \wedge R \rightarrow S)$代替式中的$Q$得

$$\neg (P \wedge R \rightarrow S) \vee (P \rightarrow (P \wedge R \rightarrow S)) \vee (\neg P \rightarrow (P \wedge R \rightarrow S))$$

仍是永真式.

之所以重点研究永真式,是因为永真式具有以下特点:

(1) 永真式的否定式是永假式,永假式的否定式是永真式.

(2) 永真式的合取、析取、蕴涵、等值都是永真式.

(3) 永真式中有许多非常有用的逻辑恒等式和永真蕴涵式.

1.3.2 逻辑恒等式

定义 1-11   给定两个命题公式 $A(P_1, P_2, \cdots, P_n)$ 和 $B(P_1, P_2, \cdots, P_n)$,若两个命题公式的真值表相同,即对 $P_1, P_2, \cdots, P_n$ 的任一指派,A 和 B 的真值都相同,亦即 $A \leftrightarrow B$ 为永真式,则称公式 A 和 B 为逻辑恒等式,记作 $A \Leftrightarrow B$,读作"A 逻辑恒等于 B".

定理 1-2   设 A, B 为两个命题公式,$A \Leftrightarrow B$ 的充分必要条件是 $A \leftrightarrow B$ 为永真式.

证   若 $A \Leftrightarrow B$,则对命题变元的任一指派,A 与 B 的真值相同,即对命题变元的任一指派,$A \leftrightarrow B$ 的真值为真,说明 $A \leftrightarrow B$ 为永真式.反之,若 $A \leftrightarrow B$ 为永真式,则对所有命题变元的任一指派,A 与 B 的真值相同,这说明 $A \Leftrightarrow B$.

常用的逻辑恒等式如表 1-5 所示,其正确性可用真值表进行验证.

表 1-5   常用的逻辑恒等式

1	$\neg \neg P \Leftrightarrow P$	双否定律
2	$P \wedge P \Leftrightarrow P, P \vee P \Leftrightarrow P$	幂等律
3	$P \wedge Q \Leftrightarrow Q \wedge P, P \vee Q \Leftrightarrow Q \vee P$	交换律
4	$P \wedge (Q \vee R) \Leftrightarrow (P \wedge Q) \vee (P \wedge R), P \vee (Q \wedge R) \Leftrightarrow (P \vee Q) \wedge (P \vee R)$	分配律
5	$P \wedge (Q \wedge R) \Leftrightarrow (P \wedge Q) \wedge R, P \vee (Q \vee R) \Leftrightarrow (P \vee Q) \vee R$	结合律
6	$P \wedge (P \vee Q) \Leftrightarrow P, P \vee (P \wedge Q) \Leftrightarrow P$	吸收律
7	$\neg (P \wedge Q) \Leftrightarrow \neg P \vee \neg Q, \neg (P \vee Q) \Leftrightarrow \neg P \wedge \neg Q$	摩根定律
8	$P \wedge 1 \Leftrightarrow P, P \vee 0 \Leftrightarrow P$	同一律
9	$P \wedge 0 \Leftrightarrow 0, P \vee 1 \Leftrightarrow 1$	零 律
10	$P \wedge \neg P \Leftrightarrow 0, P \vee \neg P \Leftrightarrow 1$	互补律
11	$P \rightarrow Q \Leftrightarrow \neg P \vee Q$	蕴涵表达式
12	$P \leftrightarrow Q \Leftrightarrow (P \rightarrow Q) \wedge (Q \rightarrow P)$	等值表达式
13	$P \rightarrow Q \Rightarrow \neg Q \rightarrow \neg P$	逆反律
14	$(P \rightarrow Q) \wedge (P \rightarrow \neg Q) \Rightarrow \neg P$	归缪律
15	$P \wedge Q \rightarrow R \Leftrightarrow P \rightarrow (Q \rightarrow R)$	输出律

注意:"$\Leftrightarrow$"不是逻辑联结词,它表示两个命题公式真值的恒等性,类似于算术运算中的等于"$=$",$A \Leftrightarrow B$

不是命题公式.

下面用真值表来证明表 1-5 中分配律 $P \wedge (R \vee Q) \Leftrightarrow (P \wedge Q) \vee (P \wedge R)$、摩根定律 $\neg (P \wedge R) \Leftrightarrow \neg P \vee \neg R$、蕴涵表达式 $P \rightarrow Q \Leftrightarrow \neg P \vee Q$、逆反律 $P \rightarrow Q \Leftrightarrow \neg Q \rightarrow \neg P$ 和归缪律 $(P \rightarrow Q) \wedge (P \rightarrow \neg Q) \Leftrightarrow \neg P$,分别由表 1-6 ~ 表 1-10 比较真值可知它们成立.

表 1-6

P	Q	R	$P \wedge (Q \vee R)$	$(P \wedge Q) \vee (P \wedge R)$
0	0	0	0	0
0	0	1	0	0
0	1	0	0	0
0	1	1	0	0
1	0	0	0	0
1	0	1	1	1
1	1	0	1	1
1	1	1	1	1

表 1-7

P	Q	$\neg (P \wedge Q)$	$\neg P \vee \neg Q$
0	0	1	1
0	1	1	1
1	0	1	1
1	1	0	0

表 1-8

P	Q	$P \rightarrow Q$	$\neg P \vee Q$
0	0	1	1
0	1	1	1
1	0	0	0
1	1	1	1

表 1-9

P	Q	$P \rightarrow Q$	$\neg Q \rightarrow \neg P$
0	0	1	1
0	1	1	1
1	0	0	0
1	1	1	1

表 1-10

P	Q	$P \rightarrow Q$	$P \rightarrow \neg Q$	$\neg P$
0	0	1	1	1
0	1	1	1	1
1	0	0	1	0
1	1	1	0	0

定义 1-12 如果 C 是命题公式 A 的一部分,且 C 本身是命题公式,则称 C 是命题公式 A 的子公式.

定理 1-3(替换规则) 若命题公式 A 有子公式 C,而 $C \Leftrightarrow D$,若用 D 替换 A 中的 C 得到 B,则 $A \Leftrightarrow B$.

因为 $C \Leftrightarrow D$，所以对所有命题变元的任一指派，公式 C 与 D 的真值相同，从而公式 A 与 B 的真值也相同，即 $A \Leftrightarrow B$.

利用真值表可以证明两个命题公式是否逻辑恒等（也可称为逻辑等价），但当公式中命题变元较多时，由于不同的指派太多，用这种方法比较麻烦，则可以利用替换规则结合表 1-5 给出的常用的逻辑恒等式，来证明其他的逻辑恒等式.

[例 1-18] 证明 $P \wedge (\neg Q) \vee Q \Leftrightarrow P \vee Q$

证 $\quad P \wedge (\neg Q) \vee Q \Leftrightarrow (P \vee Q) \wedge (\neg Q \vee Q) \qquad$ 分配律

$\qquad\qquad\qquad \Leftrightarrow (P \vee Q) \wedge 1 \qquad\qquad\qquad$ 排中律

$\qquad\qquad\qquad \Leftrightarrow (P \vee Q) \qquad\qquad\qquad\qquad$ 同一律

[例 1-19] 证明 $(P \wedge Q) \vee (P \wedge \neg Q) \Leftrightarrow P$

证 $\quad$ 左边 $\Leftrightarrow P \wedge (Q \vee \neg Q) \qquad\qquad$ 分配律

$\qquad\qquad \Leftrightarrow P \wedge 1 \qquad\qquad\qquad\quad$ 排中律

$\qquad\qquad \Leftrightarrow P \qquad\qquad\qquad\qquad\quad$ 同一律

[例 1-20] 证明 $P \leftrightarrow Q \Leftrightarrow (P \wedge Q) \vee (\neg P \wedge \neg Q)$

证 $\quad P \leftrightarrow Q \Leftrightarrow (P \rightarrow Q) \wedge (Q \rightarrow P) \qquad\qquad$ 等值表达式

$\qquad\qquad \Leftrightarrow (\neg P \vee Q) \wedge (\neg Q \vee P) \qquad\qquad$ 蕴涵表达式

$\qquad\qquad \Leftrightarrow ((\neg P \vee Q) \wedge \neg Q) \vee ((\neg P \vee Q) \wedge P) \qquad$ 分配律

$\qquad\qquad \Leftrightarrow ((\neg P \wedge \neg Q) \vee (Q \wedge \neg Q)) \vee ((Q \wedge \neg Q) \vee (Q \wedge P)))$

$\qquad\qquad\qquad\qquad\qquad\qquad\qquad\qquad\qquad\qquad$ 分配律

$\qquad\qquad \Leftrightarrow ((\neg P \wedge \neg Q) \vee 0) \vee (0 \vee (Q \wedge P)) \qquad$ 否定律

$\qquad\qquad \Leftrightarrow (\neg P \wedge \neg Q) \vee (Q \wedge P) \qquad\qquad$ 同一律

$\qquad\qquad \Leftrightarrow (P \wedge Q) \vee (\neg P \wedge \neg Q) \qquad\qquad$ 交换律

[例 1-21] 证明以下命题公式都是等价的.

(1) $(P \wedge Q) \rightarrow R$.

(2) $(P \rightarrow Q) \rightarrow (P \rightarrow R)$.

(3) $P \rightarrow (Q \rightarrow R)$.

(4) $Q \rightarrow (P \rightarrow R)$.

(5) $\neg P \vee \neg Q \vee R$.

证 $\quad$ 容易证明前 4 个命题公式均与命题公式 (5) 等价，从而它们彼此等价.

(1) $(P \wedge Q) \rightarrow R \Leftrightarrow \neg (P \wedge Q) \vee R \Leftrightarrow \neg P \vee \neg Q \vee R$

(2) $(P \rightarrow Q) \rightarrow (P \rightarrow R) \Leftrightarrow \neg (\neg P \vee Q) \vee (\neg P \vee R)$

$\qquad\qquad\qquad\qquad \Leftrightarrow (P \wedge \neg Q) \vee (\neg P \vee R)$

$\qquad\qquad\qquad\qquad \Leftrightarrow (P \vee \neg P \vee R) \wedge (\neg Q \vee \neg P \vee R)$

$\qquad\qquad\qquad\qquad \Leftrightarrow (1 \vee R) \wedge (\neg P \vee \neg Q \vee R)$

$\qquad\qquad\qquad\qquad \Leftrightarrow 1 \wedge (\neg P \vee \neg Q \vee R) \Leftrightarrow \neg P \vee \neg Q \vee R$

(3) $P \rightarrow (Q \rightarrow R) \Leftrightarrow \neg P \vee (\neg Q \vee R) \Leftrightarrow \neg P \vee \neg Q \vee R$

(4) $Q \rightarrow (P \rightarrow R) \Leftrightarrow \neg Q \vee (\neg P \vee R) \Leftrightarrow \neg P \vee \neg Q \vee R$

从例 1-21 可以看出，同样是由 3 个命题变元组成的 5 个命题公式，且形式各异，但它们彼此等价. 那么由 n 个命题变元能组成多少个彼此等价的命题公式？留给读者思考.

[**例 1-22**]   某件事是由甲、乙、丙、丁 4 人中的某一人做的. 经询问, 4 人的回答分别如下:

甲说: 是丙做的;

乙说: 我没做;

丙说: 甲说的不符合事实;

丁说: 是甲做的.

若其中 3 人说的是对的(真话), 1 人说的不对(假话), 问是谁做的?

解   设用 A, B, C, D 分别表示命题此事是甲做的、乙做的、丙做的、丁做的. 题设中 4 人所说的命题分别用 P, Q, R, S 表示, 则有

$$P = \neg A \land \neg B \land C \land \neg D, \quad Q = \neg B$$
$$R = \neg C, \quad S = A \land \neg B \land \neg C \land \neg D$$

由题意知, 命题 P, Q, R, S 有 3 个是真的, 1 个是假的, 故命题公式

$$T = (\neg P \land Q \land R \land S) \lor (P \land \neg Q \land R \land S) \lor$$
$$(P \land Q \land \neg R \land S) \lor (P \land Q \land R \land \neg S)$$

为永真式. 而

$$\neg P \land Q \land R \land S \Leftrightarrow \neg (\neg A \land \neg B \land C \land \neg D) \land \neg B \land \neg C \land$$
$$(A \land \neg B \land \neg C \land \neg D)$$
$$\Leftrightarrow (A \lor B \lor \neg C \lor D) \land (A \land \neg B \land \neg C \land \neg D)$$
$$\Leftrightarrow (A \land A \land \neg B \land \neg C \land \neg D) \lor (B \land A \land \neg B \land \neg C \land \neg D) \lor$$
$$(\neg C \land A \land \neg B \land \neg C \land \neg D) \lor (D \land A \land \neg B \land \neg C \land \neg D)$$
$$\Leftrightarrow (A \land \neg B \land \neg C \land \neg D) \lor 0 \lor (A \land \neg B \land \neg C \land \neg D) \lor 0$$
$$\Leftrightarrow A \land \neg B \land \neg C \land \neg D$$

同理可得:

$$P \land \neg Q \land R \land S \Leftrightarrow 0$$
$$P \land Q \land \neg R \land S \Leftrightarrow 0$$
$$P \land Q \land R \land \neg S \Leftrightarrow 0$$

即

$$T \Leftrightarrow (A \land \neg B \land \neg C \land \neg D) \lor 0 \lor 0 \lor 0$$
$$\Leftrightarrow A \land \neg B \land \neg C \land \neg D$$

从而推出此事是甲做的.

1.3.3   永真蕴涵式

定义 1-13   如果 $A \to B$ 是一个永真式, 称命题公式 A 永真蕴涵公式 B, 记作 $A \Rightarrow B$.

与符号"$\Leftrightarrow$"一样, 符号"$\Rightarrow$"也不是命题联结词, $A \Rightarrow B$ 也不是命题公式. 若公式 A 永真蕴涵公式 B, 也称由 A 能推出 B, 或说 B 是 A 的有效结论, 通常称公式 A 为永真蕴涵式的前件, 公式 B 为永真蕴涵式的后件.

证明公式 A 永真蕴涵公式 B, 这在推理理论中是至关重要的. 类似于证明逻辑恒等式, 可以用真值表加以证明, 但考虑到 A 为假时 $A \to B$ 必然为真, 可用下述的分析法来证明永真蕴涵式.

(1) 假定前件 A 为真, 若能推出后件 B 也为真, 则 $A \Rightarrow B$.

(2) 假定后件 B 为假, 若能推出前件 A 也为假, 则 $A \Rightarrow B$.

［例 1－23］ 证明 $P \wedge (P \rightarrow Q) \Rightarrow Q$.

证 方法 1：假设 $P \wedge (P \rightarrow Q)$ 为真，则 $P, P \rightarrow Q$ 均为真，从而 P 为真，Q 为真，即
$$P \wedge (P \rightarrow Q) \Rightarrow Q$$

方法 2：设 Q 为假，对于 P 分情况讨论：

若 P 为真，则 $P \rightarrow Q$ 为假，所以 $P \wedge (P \rightarrow Q)$ 为假；

若 P 为假，则 $P \wedge (P \rightarrow Q)$ 为假.

总之
$$P \wedge (P \rightarrow Q) \Rightarrow Q$$

［例 1－24］ 证明 $\neg Q \wedge (P \rightarrow Q) \Rightarrow \neg P$.

证 假设 $\neg Q \wedge (P \rightarrow Q)$ 为真，则 $\neg Q, P \rightarrow Q$ 均为真，所以 Q 为假，结合 $P \rightarrow Q$ 为真，得 P 为假. 从而得 $\neg P$ 为真，故

$$\neg Q \wedge (P \rightarrow Q) \Rightarrow \neg P$$

［例 1－25］ 证明 $\neg P \wedge (P \vee Q) \Rightarrow Q$.

证 假设 $\neg P \wedge (P \vee Q)$ 为真，则 $\neg P$、$P \vee Q$ 均为真，从而 P 为假，Q 为真，即
$$\neg P \wedge (P \vee Q) \Rightarrow Q$$

［例 1－26］ 证明 $(P \rightarrow Q) \wedge (Q \rightarrow R) \Rightarrow P \rightarrow R$.

证 假设 $P \rightarrow R$ 为假，则 P 为真，R 为假，对于 Q 分情况讨论：

若 Q 为真，则 $(Q \rightarrow R)$ 为假，从而 $(P \rightarrow Q) \wedge (Q \rightarrow R)$ 为假；

若 Q 为假，则 $(P \rightarrow Q)$ 为假，也有 $(P \rightarrow Q) \wedge (Q \rightarrow R)$ 为假.

总之
$$(P \rightarrow Q) \wedge (Q \rightarrow R) \Rightarrow P \rightarrow R$$

［例 1－27］ 证明 $(P \vee Q) \wedge (P \rightarrow R) \wedge (Q \rightarrow S) \Rightarrow R \vee S$.

证 假设 $R \vee S$ 为假，则 R, S 均为假，对于 P, Q 分情况讨论：

若 P 为假，Q 为假，则 $P \vee Q$ 为假，从而 $(P \vee Q) \wedge (P \rightarrow R) \wedge (Q \rightarrow S)$ 为假；

若 P 为假，Q 为真，则 $Q \rightarrow S$ 为假，从而 $(P \vee Q) \wedge (P \rightarrow R) \wedge (Q \rightarrow S)$ 为假；

若 P 为真，Q 为假，则 $P \rightarrow R$ 为假，从而 $(P \vee Q) \wedge (P \rightarrow R) \wedge (Q \rightarrow S)$ 为假；

若 P 为真，Q 为真，则 $P \rightarrow R, Q \rightarrow S$ 为假，从而 $(P \vee Q) \wedge (P \rightarrow R) \wedge (Q \rightarrow S)$ 为假.

总之
$$(P \vee Q) \wedge (P \rightarrow R) \wedge (Q \rightarrow S) \Rightarrow R \vee S$$

由例 1－23 ～ 例 1－27 得到常用的永真蕴涵式由表 1－11 给出.

表 1－11 常用的永真蕴涵式

1	$P \wedge Q \Rightarrow P$ $P \wedge Q \Rightarrow Q$	简化式
2	$P \Rightarrow P \vee Q$ $Q \Rightarrow P \vee Q$	加法式
3	$P \wedge (P \rightarrow Q) \Rightarrow Q$	假言推理
4	$\neg Q \wedge (P \rightarrow Q) \Rightarrow \neg P$	拒取式
5	$\neg P \wedge (P \vee Q) \Rightarrow Q$	析取三段论
6	$(P \rightarrow Q) \wedge (Q \rightarrow R) \Rightarrow P \rightarrow R$	前提三段论
7	$(P \vee Q) \wedge (P \rightarrow R) \wedge (Q \rightarrow R) \Rightarrow R$	二难推理
8	$(P \vee Q) \wedge (P \rightarrow R) \wedge (Q \rightarrow S) \Rightarrow R \vee S$	构造性二难推理

上述永真蕴涵式不难用真值表证明其有效性. 除表中列出的外，还有以下永真蕴涵式会经

常用到.

$$\neg P \Rightarrow P \to Q, \quad Q \Rightarrow P \to Q, \quad \neg(P \to Q) \Rightarrow P, \quad \neg(P \to Q) \Rightarrow \neg Q$$

由表1-11列出的常用的永真蕴涵式及表1-5列出的常用的逻辑恒等式,结合置换规则就可以证明其他的永真蕴涵式.

[例1-28]　证明 $(P \lor Q) \land ((P \lor Q \to ((P \to R) \land (R \to S)))) \Rightarrow P \to S$.

证　　　　　$(P \lor Q) \land ((P \lor Q \to ((P \to R) \land (R \to S))))$

$\Rightarrow (P \to R) \land (R \to S)$　　　　　　　　　假言推理

$\Rightarrow P \to S$　　　　　　　　　　　　　　前提三段论

[例1-29]　证明 $(R \to (P \land Q)) \land (\neg P \lor \neg Q) \Rightarrow \neg R$.

证　　　　　$(R \to (P \land Q)) \land (\neg P \lor \neg Q)$

$\Leftrightarrow (R \to (P \land Q)) \land \neg(P \land Q)$　　　　　　摩根定律

$\Rightarrow \neg R$　　　　　　　　　　　　　　拒取式

[例1-30]　证明 $P \to Q \Rightarrow (P \lor R) \to (Q \lor R)$.

证　$P \to Q \Leftrightarrow \neg P \lor Q$　　　　　　　　　　蕴涵表达式

$\Rightarrow \neg P \lor Q \lor R$　　　　　　　　　　加法式

$\Leftrightarrow (\neg P \lor Q \lor R) \land 1$　　　　　　　　同一律

$\Leftrightarrow (\neg P \lor Q \lor R) \land (\neg R \lor Q \lor R)$　　　　排中律

$\Leftrightarrow (\neg P \land \neg R) \lor (Q \lor R)$　　　　　　　分配律

$\Leftrightarrow \neg(P \lor R) \lor (Q \lor R)$　　　　　　　摩根定律

$\Leftrightarrow (P \lor R) \to (Q \lor R)$　　　　　　　蕴涵表达式

[例1-31]　证明 $P \to Q \Rightarrow (P \land R) \to (Q \land R)$

证　证法1：$P \to Q \Leftrightarrow \neg P \lor Q$　　　　　　　蕴涵表达式

$\Rightarrow \neg P \lor Q \lor \neg R$　　　　　　　加法式

$\Leftrightarrow (\neg P \lor Q \lor \neg R) \land (\neg P \lor R \lor \neg R)$　　同一律、排中律

$\Leftrightarrow (\neg P \lor \neg R) \lor (Q \land R)$　　　　　分配律

$\Leftrightarrow \neg(P \land R) \lor (Q \land R)$　　　　　　摩根定律

$\Leftrightarrow (P \land R) \to (Q \land R)$　　　　　　蕴涵表达式

证法2：因为

$(P \to Q) \to ((P \land R) \to (Q \land R))$

$\Leftrightarrow \neg(\neg P \lor Q) \lor (\neg(P \land R) \lor (Q \land R))$　　　　　蕴涵表达式

$\Leftrightarrow (P \land \neg Q) \lor ((\neg P \lor \neg R) \lor (Q \land R))$　　　　摩根定律

$\Leftrightarrow (\neg P \lor \neg R) \lor ((P \land \neg Q) \lor (Q \land R))$　　　　交换律

$\Leftrightarrow (\neg P \lor \neg R) \lor ((P \lor Q) \land (P \lor R) \land (\neg Q \lor Q) \land (\neg Q \lor R))$　　分配律

$\Leftrightarrow (\neg P \lor \neg R) \lor ((P \lor Q) \land (P \lor R) \land 1 \land (\neg Q \lor R))$　　排中律

$\Leftrightarrow (\neg P \lor \neg R) \lor ((P \lor Q) \land (P \lor R) \land (\neg Q \lor R))$　　同一律

$\Leftrightarrow (\neg P \lor \neg R \lor P \lor Q) \land (\neg P \lor \neg R \lor P \lor R) \land (\neg P \lor \neg R \lor \neg Q \lor R)$

　　　　　　　　　　　　　　　　　　　　　分配律

$\Leftrightarrow (1 \lor \neg R \lor Q) \land (1 \lor 1) \land (\neg P \lor \neg Q \lor 1)$　　交换律、排中律

$\Leftrightarrow 1$　　　　　　　　　　　　　　零律

所以,由定义可得

$$P \to Q \Rightarrow (P \wedge R) \to (Q \wedge R)$$

至此我们可看到,证明永真蕴涵式有 4 种方法,即真值表法、分析法、公式推导法和定义法,根据题目及要求可选择不同的方法.

恒等式和永真蕴涵式具有以下几个性质:

(1) 若 $A \Leftrightarrow B, B \Leftrightarrow C$,则 $A \Leftrightarrow C$.

(2) 若 $A \Rightarrow B, B \Rightarrow C$,则 $A \Rightarrow C$.

(3) 若 $A \Rightarrow B, A \Rightarrow C$,则 $A \Rightarrow B \wedge C$.

(4) $A \Rightarrow B \to C$ 的充要条件是 $A \wedge B \Rightarrow C$.

需要注意:在证明永真蕴涵式时,对表 1-11 及已有的永真蕴涵式要整体套用,一般不能对子公式套用已有的永真蕴涵式,否则会得到错误的结论.例如,对公式 $P \to R$ 的子公式 P,若套用永真蕴涵式 $P \Rightarrow P \vee Q$,则得到

$$P \to R \Rightarrow P \vee Q \to R$$

显然是错误的,因为若令 $P=0, R=0, Q=1$ 时,则上式左边为 1,而右边为 0,与永真蕴涵式的定义矛盾.

1.4   命 题 范 式

命题公式千变万化,这对研究和应用命题公式带来一定的困难,有必要研究命题公式的标准形式,这种标准形式就称为命题范式.

1.4.1   析取范式和合取范式

定义 1-14   命题变元 P, Q, R 等以及它们的否定 $\neg P, \neg Q, \neg R$ 等称为文字.有限个文字的合取式称为短语,有限个文字的析取式称为子句.特别地,文字既可以看做是短语,也可以看做是子句.

例如,$P \wedge \neg Q \wedge R, \neg P \wedge \neg Q \wedge R, P, \neg Q$ 都是短语,而 $P \vee \neg P \vee Q, P \vee \neg Q \vee R$,$P, \neg Q$ 都是子句.

显然在一个短语中有任一个文字为假,则该短语就是一个矛盾式;在一个子句中有任一个文字为真,则该子句就是一个重言式.

定义 1-15   有限个短语的析取式称为析取范式,有限个子句的合取式称为合取范式.

例如,$(\neg P \wedge Q) \vee (P \wedge \neg R) \vee (\neg Q \wedge R)$ 是析取范式,$(P \vee \neg Q) \wedge (\neg P \vee \neg Q \vee R)$ 是合取范式.

由定义 1-15 知,单独的短语或子句既可看做合取范式,也可看做析取范式.例如 $P, \neg Q$,$\neg P \vee Q, \neg P \wedge \neg Q \wedge R$ 既可认为是合取范式,也可认为是析取范式.

定理 1-4   对于任意命题公式 A,必存在等价于它的合取范式和析取范式.

证   对任意公式 A,通过如下规则可得出等价于 A 的合取或析取范式.

(1) 使用表 1-5 中的基本等价式,可将公式中命题联结词"$\to$"和"$\leftrightarrow$"去掉.

(2) 使用双重复定律和德摩根定律,将 A 中否定词都直接放在命题变元之前.

(3) 反复使用分配律,即可得到等价于 A 的合取或析取范式.

[例 1-32] 求命题公式 $(P \wedge (Q \to R)) \to S$ 的合取范式和析取范式.

解 $(P \wedge (Q \to R)) \to S \Leftrightarrow \neg (P \wedge (\neg Q \vee R)) \vee S$

$\Leftrightarrow \neg P \vee \neg (\neg Q \vee R) \vee S$

$\Leftrightarrow \neg P \vee (Q \wedge \neg R) \vee S \qquad\qquad$ 析取范式

$\Leftrightarrow (\neg P \vee S) \vee (Q \wedge \neg R)$

$\Leftrightarrow (\neg P \vee S \vee Q) \wedge (\neg P \vee S \vee \neg R) \qquad$ 合取范式

命题公式的析取范式常用来判断命题公式是否为矛盾式,命题公式是矛盾式当且仅当其析取范式中的每个短语都是矛盾式;命题公式的合取范式常用来判断命题公式是否为重言式,命题公式是重言式当且仅当其合取范式中的每个子句都是重言式.

给出一个公式 A,它的范式不是唯一的,为寻求唯一标准形式,引进主范式的概念.

1.4.2 主析取范式和主合取范式

定义 1-16 设 $P_1,P_2,\cdots,P_n$ 是 n 个命题变元,一个短语如果恰好包含每个变元或其否定二者之一,且其排列顺序与 $P_1,P_2,\cdots,P_n$ 的顺序一致,则称此短语是关于命题变元 P_1, $P_2,\cdots,P_n$ 的一个极小项.一个子句如果恰好包含每个变元或其否定二者之一,且其排列顺序与 $P_1,P_2,\cdots,P_n$ 的顺序一致,则称此子句是关于命题变元 $P_1,P_2,\cdots,P_n$ 的一个极大项.

例如,对 3 个变元 P,Q,R 而言,$P \wedge \neg Q \wedge R, \neg P \wedge \neg Q \wedge R, P \wedge Q \wedge R$ 都是极小项,而 $\neg P \wedge Q, P \wedge \neg P \wedge Q \wedge R, R \wedge Q \wedge P$ 都不是极小项;$\neg P \vee Q \vee \neg R, \neg P \vee \neg Q \vee R, P \vee Q \vee R$ 都是极大项,而 $\neg P, P \vee \neg P \vee Q \vee R, P \vee Q$ 都不是极大项.但对两个变元 P,Q 而言,$\neg P \wedge Q$ 是极小项,$P \vee Q$ 是极大项.

就 n 个命题变元 $P_1,P_2,\cdots,P_n$ 而言,不同的指派有 2^n 个,对于 $P_1,P_2,\cdots,P_n$ 的任一极小项,有且只有一种指派使其取值为真,如果将真值 1 和 0 看做是数,则每种指派对应一个 n 位二进制数.若此极小项的真值取真时,把 $P_1,P_2,\cdots,P_n$ 对应的二进制数用十进制数表示为 i,将此极小项记为 m_i,则对 $P_1,P_2,\cdots,P_n$ 而言,有 2^n 个不同的极小项 $m_0,m_1,\cdots,m_{2^n-1}$.例如:

$m_0 = \neg P \wedge \neg Q \wedge \neg R, m_1 = \neg P \wedge \neg Q \wedge R, m_5 = P \wedge \neg Q \wedge R, m_7 = P \wedge Q \wedge R$

同样,对于 $P_1,P_2,\cdots,P_n$ 的任一极大项,有且只有一种指派使其取值为假,若此极大项的真值取假时,把 $P_1,P_2,\cdots,P_n$ 对应的二进制数用十进制数表示为 i,将此极大项记为 M_i,则对 $P_1,P_2,\cdots,P_n$ 而言,有 2^n 个不同的极小项 $M_0,M_1,\cdots,M_{2^n-1}$.例如:

$M_7 = \neg P \vee \neg Q \vee \neg R, M_6 = \neg P \vee \neg Q \vee R, M_2 = P \vee \neg Q \vee R, M_0 = P \vee Q \vee R$

定义 1-17 设命题公式 A 中所有不同的命题变元为 $P_1,P_2,\cdots,P_n$,如果 A 的某个析取范式 A' 中的每一个短语,都是关于 $P_1,P_2,\cdots,P_n$ 的一个极小项,则称 A' 为 A 的主析取范式.如果 A 的某个合取范式 A' 中的每一个子句,都是关于 $P_1,P_2,\cdots,P_n$ 的一个极大项,则称 A' 为 A 的主合取范式.

定理 1-5 对于任意命题公式 A,必存在等价于它的主析取范式和主合取范式.

证 由定理 1-4 知,存在析取范式 A',使 $A' \Leftrightarrow A$,设 A 中所有变元为 $P_1,P_2,\cdots,P_n$,对 A' 中每一短语 A'_j 进行检查,如果 A'_j 不是极小项,不妨设 A'_j 缺少变元 $P_{j1},\cdots,P_{jk}$ 或其否定.因为

$$A'_j \Leftrightarrow A'_j \wedge (P_{j1} \vee \neg P_{j1}) \Leftrightarrow (A'_j \wedge P_{j1}) \vee (A'_j \wedge \neg P_{j1})$$

即 A'_j 等价于两个短语的析取,使得每个短语中出现 P_{j1} 或其否定.对 $P_{j2},\cdots,P_{jk}$ 也做类似处理,最后使 A'_j 等价于若干极小项的析取.若对 A' 中每个短语进行类似变换,可得到等价于 A

— 13 —

的主析取范式.

同理,可证明主合取范式的情形.

[**例1-33**]　求$(P \lor Q) \land (Q \lor \neg R)$的主析取范式及主合取范式.

解　先求主析取范式.

$(P \lor Q) \land (Q \lor \neg R))$

$\Leftrightarrow (P \land Q) \lor (P \land \neg R) \lor (Q \land Q) \lor (Q \land \neg R)$

$\Leftrightarrow (P \land Q \land R) \lor (P \land Q \land \neg R) \lor (P \land Q \land \neg R) \lor (P \land \neg Q \land \neg R) \lor$
$(P \land Q \land R) \lor (P \land Q \land \neg R) \lor (\neg P \land Q \land R) \lor (\neg P \land Q \land \neg R) \lor$
$(P \land Q \land \neg R) \lor (\neg P \land Q \land \neg R)$

$\Leftrightarrow (P \land Q \land R) \lor (P \land Q \land \neg R) \lor (P \land \neg Q \land \neg R) \lor (\neg P \land Q \land R) \lor$
$(\neg P \land Q \land \neg R)$

$\Leftrightarrow m_7 \lor m_6 \lor m_4 \lor m_3 \lor m_2$

$\Leftrightarrow \Sigma(2,3,4,6,7)$

再求主合取范式.

$(P \lor Q) \land (Q \lor \neg R)$

$\Leftrightarrow (P \lor Q \lor R) \land (P \lor Q \lor \neg R) \land (P \lor Q \lor \neg R) \land (\neg P \lor Q \lor \neg R)$

$\Leftrightarrow (P \lor Q \lor R) \land (P \lor Q \lor \neg R) \land (\neg P \lor Q \lor \neg R)$

$\Leftrightarrow M_0 \land M_1 \land M_5$

$\Leftrightarrow \Pi(0,1,5)$

求命题公式的主范式也可通过真值表来进行,本例中命题公式的真值表如表1-12所示.

表　1-12

i	P	Q	R	$P \lor Q$	$Q \lor \neg R$	$(P \lor Q) \land (Q \lor \neg R)$	
0	0	0	0	0	1	0	M_0
1	0	0	1	0	0	0	M_1
2	0	1	0	1	1	1	m_2
3	0	1	1	1	1	1	m_3
4	1	0	0	1	1	1	m_4
5	1	0	1	1	0	0	M_5
6	1	1	0	1	1	1	m_6
7	1	1	1	1	1	1	m_7

在真值表中,成真指派的行对应主析取范式的极小项,成假指派的行对应主合取范式的极大项.极小项和极大项的下标是该行的行号,从而极小项和极大项的序号不会重复,且关于$0,1,\cdots,2^n-1$互补.从而若已知某命题公式的主析取范式,就可直接写出其主合取范式,同样,若已知某命题公式的主合取范式,就可直接写出其主析取范式.

定理 1-6　设公式 A,B 是关于命题变元 $P_1,P_2,\cdots,P_n$ 的两个主析取范式,如果 A,B 不完全相同,则 A,B 不等价.设公式 A,B 是关于命题变元 $P_1,P_2,\cdots,P_n$ 的两个主合取范式,如果 A,B 不完全相同,则 A,B 不等价.

证　因为 A 和 B 不完全相同,或者 A 中有一个极小项不在 B 中,或者反之.不妨设 A 有极小项 m_i 不在 B 中,于是根据极小项的性质,当 $P_1,P_2,\cdots,P_n$ 的指派使极小项 m_i 的真值为 1 时,B 中各极小项的真值为 0,从而 A 与 B 的真值不相同,故 A 与 B 不等价.

同理,可证明主合取范式的情形.

由定理 1-6 可得出如下定理:

定理 1-7　设对任意命题公式 A,A 的主析取范式是唯一的,A 的主合取范式也是唯一的.

证　由于命题公式的真值表是唯一的,故命题公式的主析取范式和主合取范式是唯一的.

定理 1-8　若命题公式 A 是重言式,则 A 的主析取范式包含所有的极小项,A 的主合取范式退化为 1;若命题公式 A 是矛盾式,则 A 的主析取范式退化为 0,A 的主合取范式包含所有的极大项.

1.5　命题演算推理方法

日常生活中以及其他学科中的推理是从若干前提出发,若认为前提是正确的,且由前提推导出结论的过程是遵守了逻辑规则的,则公认其结论是正确的或合法的.数理逻辑中的推理更注意前提的形式而不是具体内容,由前提的形式出发,根据严格定义的推理规则推出结果.

定义 1-18　设 A,B 是两个命题公式,如果 $A\Rightarrow B$,即 $A\rightarrow B$ 是永真式,则称 B 是前提 A 的有效结论,或称 B 在逻辑上是由 A 推导出来的.一般地,设 $H_1,H_2,\cdots,H_n$ 和 C 是一些命题公式,如果

$$H_1\wedge H_2\wedge\cdots\wedge H_n\Rightarrow C$$

则称 C 是前提集合 $\{H_1,H_2,\cdots,H_n\}$ 的有效结论.

判断一个结论是否有效的方法很多,但基本方法是真值表法、直接法和间接法.

1.5.1　真值表法

给定一个前提集合和一个结论,根据定义,用构成真值表的方法,以确定该结论是不是该前提集合的有效结论的方法叫真值表法.

[例 1-34]　考查结论 C 是不是下列前提集合的有效结论.

(1) $H_1:P\rightarrow Q$;$H_2:P$;　$C:Q$.

(2) $H_1:P\rightarrow Q$;$H_2:Q$;　$C:P$.

(3) $H_1:P\rightarrow Q$;$H_2:\neg P$;$C:\neg Q$.

(4) $H_1:P\rightarrow Q$;$H_2:\neg Q$;$C:\neg P$.

解　构造真值表如表 1-13 所示.

表 1-13

P	Q	$\neg P$	$\neg Q$	$P \rightarrow Q$
0	0	1	1	1
0	1	1	0	1
1	0	0	1	0
1	1	0	0	1

(1) 仅在真值表的第 4 行各前提的真值全为 1,结论的真值也为 1,因此结论是有效的;(2) 在第 2 行和第 4 行各前提的真值都为 1,但在第 2 行结论的真值为 0,故结论是无效的;(3) 在第 1 行和第 2 行前提的真值全为 1,但在第 2 行结论的真值为 0,所以结论是无效的;(4) 仅在第 1 行各前提的真值全为 1,此时结论的真值也为 1,所以结论也是有效的.

要判别结论是否有效,必须将具体命题看做命题变元,再考虑命题变元的各种指派,考查前提是否永真蕴涵结论. 例如:

前提 H:雪是白的;

结论 C:月亮是地球的卫星.

这里将前提中"雪是白的"看做 P,结论中"月亮是地球的卫星"看做 Q,显然 P 不能永真蕴涵 Q. 尽管前提和结论的真值均为真,但结论 C 并不是逻辑有效的. 事实上"月亮是地球的卫星"这个命题是真,但这并不是由于"雪是白的"而导致. 故结论不是前提的有效结论.

真值表属于穷举法,在前面已多次用到,但当命题变元的个数达到一定程度时,连速度最快的计算机也无能为力,为此必须采用新的方法.

1.5.2 直接证法

首先给出两个推理规则:

P 规则(前提引入规则):在论证有效性推导过程中的任何步骤中都可引入前提.

T 规则(结论引用规则):在论证有效性推导过程中,如果前面有一个或多个公式永真蕴涵公式 S,则可把 S 引进到推导过程中.

由一组前提,利用 P 规则和 T 规则以及常用的逻辑恒等式和永真蕴涵式,推导得到有效结论的方法叫做直接证法.

[例 1-35] 试证明 $R \vee S$ 是前提 $C \vee D,(C \vee D) \rightarrow \neg H,\neg H \rightarrow (A \wedge \neg B)$ 和 $(A \wedge \neg B) \rightarrow (R \vee S)$ 的有效结论.

证 (1) $C \vee D \rightarrow \neg H$ P 规则

(2) $C \vee D$ P 规则

(3) $\neg H$ T 规则,(1),(2),假言推理

(4) $\neg H \rightarrow (A \wedge \neg B)$ P 规则

(5) $A \wedge \neg B$ T 规则,(3),(4),假言推理

(6) $(A \wedge \neg B) \rightarrow (R \vee S)$ P 规则

(7)$R \vee S$ T 规则,(5),(6),假言推理

[例 1-36] 试证明 $R \rightarrow S$ 是前提 $P \rightarrow (Q \rightarrow S)$,$\neg R \vee P$,$Q$ 的有效结论.

证 分析前提和结论,借助基本的逻辑恒等式和永真蕴涵式得到如图 1-1 所示的证明树.证明树的根就是结论,叶子就是前提,而分枝点就是中间结论,依据有效的逻辑推理,合理的构造分枝点是证明问题的关键.

逻辑推理步骤如下:

(1)$P \rightarrow (Q \rightarrow S)$ P 规则

(2)$\neg P \vee (\neg Q \vee S)$ T 规则,(1),蕴涵表达式

(3)$\neg Q \vee (\neg P \vee S)$ T 规则,(2),交换律、结合律

(4)$Q \rightarrow (P \rightarrow S)$ T 规则,(3),蕴涵表达式

(5)Q P 规则

(6)$P \rightarrow S$ T 规则,(4),(5),假言推理

(7)$\neg R \vee P$ P 规则

(8)$R \rightarrow P$ T 规则,(7),蕴涵表达式

(9)$R \rightarrow S$ T 规则,(6),(8),前提三段论

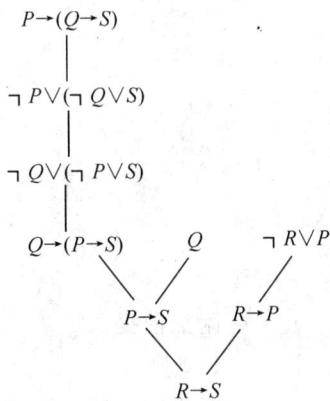

图 1-1

1.5.3 间接证明法

1. CP 规则

设 R,S 是命题公式,如果能从 R 和前提集合的合取式 A 推导出 S,则就能从 A 推导出 $R \rightarrow S$,反之亦然.用等价式表示为

$$A \rightarrow (R \rightarrow S) \Leftrightarrow A \wedge R \rightarrow S$$

[例 1-37] 用 CP 规则完成例 1-36 的有效性推理.

证 经分析,得到证明该问题的逻辑图,如图 1-2 所示,此处姑且仍叫证明树.

逻辑推理步骤如下:

(1)R 附加前提

(2)$\neg R \vee P$ P 规则

(3)P T 规则,(1),(2),析取三段论

(4)$P \to (Q \to S)$ P 规则

(5)$Q \to S$ T 规则,(3),(4),假言推理

(6)Q P 规则

(7)S T 规则,(5),(6)假言推理

(8)$R \to S$ CP 规则

[例 1-38] 试证 $P \vee Q, P \to R, Q \to S \Rightarrow R \vee S$

证 经分析,得到问题的证明树,如图 1-3 所示.

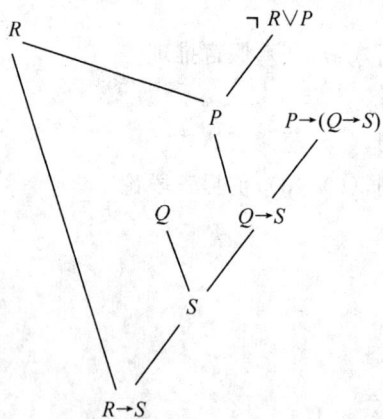
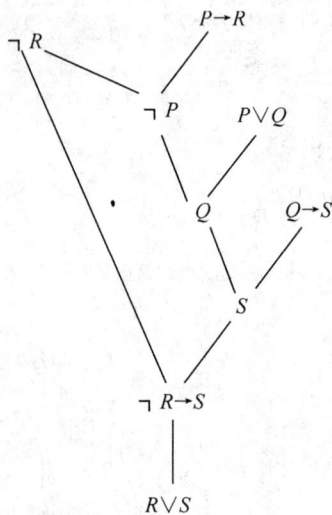

图 1-2   图 1-3

逻辑推理步骤如下:

(1)$\neg R$ 附加前提

(2)$P \to R$ P 规则

(3)$\neg P$ T 规则,(1),(2),拒取式

(4)$P \vee Q$ P 规则

(5)Q T 规则,(3),(4),析取三段论

(6)$Q \to S$ P 规则

(7)S T 规则,(5),(6),假言推理

(8)$\neg R \to S$ CP 规则

(9)$R \vee S$ T 规则,(8),蕴涵表达式

2. 归谬法(反证法)

定义 1-19 如果公式 $H_1, H_2, \cdots, H_n$ 的合取式 $H_1 \wedge H_2 \wedge \cdots \wedge H_n$ 是一个永假式,则 $H_1 \wedge H_2 \wedge \cdots \wedge H_n$ 是不相容的,否则 $H_1 \wedge H_2 \wedge \cdots \wedge H_n$ 是相容的.

定理 1-9 设公式集合 $\{H_1, H_2, \cdots, H_n\}$ 是相容的,并设 C 是一命题公式,如果 $\{H_1, H_2, \cdots, H_n, \neg C\}$ 是不相容的,亦即 $H_1 \wedge H_2 \wedge \cdots \wedge H_n \wedge \neg C$ 是永假式,则可从前提集合 $\{H_1, H_2, \cdots, H_n\}$ 推导出 C.

证 因为 $\{H_1,H_2,\cdots,H_n\}$ 是相容的,且 $H_1 \wedge H_2 \wedge \cdots \wedge H_n \wedge \neg C$ 是永假式,所以凡是使 $H_1 \wedge H_2 \wedge \cdots \wedge H_n$ 的真值为 1 的指派,必使 $\neg C$ 的真值为 0,即 C 的真值为 1,故有

$$H_1 \wedge H_2 \wedge \cdots \wedge H_n \Rightarrow C$$

[例 1-39] 证明由前提 $\neg P \wedge \neg Q$ 能推出 $\neg(P \wedge Q)$.

证 用反证法.

(1) $\neg\neg(P \wedge Q)$	附加前提
(2) $P \wedge Q$	T 规则,(1),双否定律
(3) P	T 规则,(2),简化式
(4) $\neg P \wedge \neg Q$	P 规则
(5) $\neg P$	T 规则,(4),简化式
(6) $P \wedge \neg P$	T 规则,(3),(5),合取式

[例 1-40] 用反证法证明例 1-38 的有效性推理.

证

(1) $\neg(R \vee S)$	附加前提
(2) $\neg R \wedge \neg S$	T 规则,(1),摩根定律
(3) $\neg R$	T 规则,(2),简化式
(4) $P \rightarrow R$	P 规则
(5) $\neg P$	T 规则,(3),(4),拒取式
(6) $P \vee Q$	P 规则
(7) Q	T 规则,(5),(6),析取三段论
(8) $Q \rightarrow S$	P 规则
(9) S	T 规则,(7),(8),假言推理
(10) $\neg S$	T 规则,(2),简化式
(11) $S \wedge \neg S$	T 规则,(9),(10),合取式

应当指出的是,定理 1-9 中说明当前提集合 $\{H_1,H_2,\cdots,H_n\}$ 相容时,可用反证法证明 C 是有效结论,而事实上,当 $\{H_1,H_2,\cdots,H_n\}$ 不相容时,不论 C 是什么样的命题公式,显然有

$$H_1 \wedge H_2 \wedge \cdots \wedge H_n \Rightarrow C$$

这说明不论 $\{H_1,H_2,\cdots,H_n\}$ 是否相容,均可用归谬法证明.

现在再举一例,说明如何将形式推理用于日常用语的推理.

[例 1-41] 如果小周缺席,那么不是小张就是小李缺席;如果小李缺席,则小周就不会缺席;如果小赵缺席,则小张不会缺席;所以如果小周缺席,则小赵不会缺席.

解 若记 A:小周缺席,B:小李缺席,C:小张缺席,D:小赵缺席.则命题符号化为

$$A \rightarrow C \vee B, B \rightarrow \neg A, D \rightarrow \neg C \Rightarrow A \rightarrow \neg D$$

请读者自行完成该问题的证明树.形式推理过程如下:

(1) A	附加前提
(2) $A \rightarrow C \vee B$	P 规则
(3) $C \vee B$	T 规则,(1),(2),假言推理
(4) $B \rightarrow \neg A$	P 规则
(5) $\neg B$	T 规则,(1),(4),拒取式
(6) C	T,(3),(5),析取三段论

$(7)\,D \to \neg C$ 　　　　P 规则

$(8)\,\neg D$ 　　　　T 规则,(6),(7),拒取式

$(9)\,A \to \neg D$ 　　　　T 规则,(1),(8),CP 规则

习　题　1

1. 指出下列语句哪些是命题,哪些不是命题.如果是命题,指出其真值.

(1) 离散数学是计算机科学系的一门必修课.

(2) 多美啊!

(3) 如果雪是黑的,那么羊会吃草.

(4) 请勿随地吐痰!

$(5)\,7+3<8$

$(6)\,x=6$

2. 设 P 是命题"天下雨",Q 是命题"我去镇上",R 是命题"我有时间".

(1) 用符号写出下列命题.

1) 天不下雨.

2) 天正在下雨,我也没去镇上.

3) 如果天下雨和我有时间,那么我去镇上.

4) 我去镇上,仅当我有时间.

(2) 将下列命题用自然语言描述.

1) $R \wedge Q$

2) $\neg (P \vee Q)$

3) $Q \leftrightarrow (R \wedge \neg P)$

4) $(Q \to R) \wedge (R \to Q)$

3. 试把原子命题表示为 P,Q,R 等,然后用符号表示下列语句.

(1) 或者你没有给我写信,或者信在邮寄途中丢失了.

(2) 如果张田和王红都不去,他就去.

(3) 我们不能既划船又跑步.

(4) 如果你来了,那么他唱不唱将看你是否伴奏而定.

(5) 不是小王就是老李来找过你.

(6) 只有博览群书,知识才能丰富.

(7) 只要懂得法律,就能够成为一名律师.

(8) 他能考上北大,除了由于他有一个较好的环境之外,还在于他平时的刻苦努力.

4. 下列命题公式哪些是永真式?哪些是永假式?哪些既不是永真式也不是永假式?

$(1)\,(P \to Q) \leftrightarrow (\neg Q \to \neg P)$

$(2)\,P \to (\neg P \to Q)$

$(3)\,\neg Q \to (\neg P \to Q)$

$(4)\,(P \vee Q) \wedge \neg P \wedge \neg Q$

5. 利用真值表法判断下列逻辑恒等式是否成立.

(1) $P \rightarrow Q \Leftrightarrow Q \rightarrow P$

(2) $P \rightarrow (Q \rightarrow R) \Leftrightarrow (P \rightarrow Q) \rightarrow (P \rightarrow R)$

(3) $\neg (P \wedge Q) \Leftrightarrow \neg P \vee \neg Q$

6. 利用真值表证明下列永真蕴涵式.

(1) $\neg (P \rightarrow Q) \Rightarrow P$

(2) $\neg Q \wedge (P \rightarrow Q) \Rightarrow \neg P$

(3) $(P \vee Q) \wedge (P \rightarrow R) \wedge (Q \rightarrow S) \Rightarrow R \vee S$

7. 利用替换规则证明下列逻辑恒等式.

(1) $P \rightarrow (Q \rightarrow P) \Leftrightarrow \neg P \rightarrow (P \rightarrow Q))$

(2) $(P \rightarrow R) \wedge (Q \rightarrow R) \Leftrightarrow (P \vee Q) \rightarrow R$

(3) $\neg (P \leftrightarrow Q) \Leftrightarrow (P \vee Q) \wedge (\neg P \vee \neg Q)$

(4) $\neg (P \rightarrow Q) \Leftrightarrow P \wedge \neg Q$

8. 利用永真蕴涵式的传递性及替换规则证明下列永真蕴涵式.

(1) $P \rightarrow (Q \rightarrow R) \Rightarrow (P \rightarrow Q) \rightarrow (P \rightarrow R)$

(2) $(P \rightarrow Q) \rightarrow Q \Rightarrow P \vee Q$

(3) $(P \rightarrow Q) \rightarrow (Q \rightarrow P) \Rightarrow Q \rightarrow P$

9. 将下列命题公式化为主析取范式.

(1) $(\neg P \vee \neg Q) \rightarrow ((P \leftrightarrow \neg Q) \vee R)$

(2) $(P \vee (\neg P \rightarrow Q)) \wedge (Q \rightarrow R)$

(3) $(P \rightarrow (Q \wedge R)) \wedge (\neg P \rightarrow (\neg Q \wedge \neg R))$

(4) $Q \wedge (\neg P \rightarrow (Q \vee \neg (Q \rightarrow R)))$

10. 构造形式推理过程：

(1) $P \vee Q \rightarrow R \Rightarrow P \wedge Q \rightarrow R$

(2) $\neg P \vee Q, \neg Q \vee R, R \rightarrow S \Rightarrow P \rightarrow S$

(3) $\neg P \vee Q, \neg (Q \wedge \neg R), \neg R \Rightarrow \neg P$

(4) $R \rightarrow \neg Q, (R \vee S, S \rightarrow \neg Q, P \rightarrow Q \Rightarrow \neg P$

(5) $B \wedge C, (B \leftrightarrow C) \rightarrow (H \vee G) \Rightarrow G \vee H$

(6) $\neg (P \rightarrow Q) \rightarrow \neg (R \vee S), (Q \rightarrow P) \vee \neg R, R \Rightarrow P \leftrightarrow Q$

(7) $(P \rightarrow Q) \wedge (P \rightarrow R), \neg (Q \wedge R), P \vee S \Rightarrow S$

(8) $P \rightarrow (Q \rightarrow R), Q \rightarrow (R \rightarrow S) \Rightarrow P \rightarrow (Q \rightarrow S)$

(9) $P \vee Q, Q \rightarrow R, P \rightarrow M, \neg M \Rightarrow R \wedge (P \vee Q)$

11. 构造下列命题的形式推理过程.

(1) 如果小王生病,则小李和小张都要去探望;如果小李去探望小王,则小李不会去郊游. 所以,如果小李去郊游,则小王没有生病.

(2) 煤和大米不能都涨价;如果铁路中断运输,那么煤将涨价. 所以,既然大米涨价了,则铁路不会中断运输.

(3) 若我花时间学习英语,那么我的英语不会不及格;如果我不玩游戏,那么我就会花时间学习英语;我的英语不及格. 所以我玩游戏了.

(4) 如果李敏来科技大学,若王军不生病,则王军一定去看望李敏;如果李敏出差到西安,那么李敏一定来科技大学;王军没有生病. 所以,如果李敏出差到西安,王军一定去看望李敏.

12. 某勘探队有 3 名队员,有一天取得一块矿样,3 人的判断分别如下:

甲说:这不是铁,也不是铜;乙说:这不是铁,是锡;丙说:这不是锡,是铁.

经实验鉴定后发现,其中一人判断正确,一人判断对一半,另一人判断全错. 问矿样是什么? 若鉴定的结果证明 3 名勘探员的判断都是一半正确,一半错误.问矿样又是什么?

13. 某项工作需要在 A,B,C,D 4 个人中派两个人去完成,按下列 3 个条件有几种派法? 如何派?

(1) 若 A 去,则 C 和 D 中要去一人.

(2) B 和 C 不能都去.

(3) 若 C 去,则 D 不能去.

14. 有 3 名考生甲、乙、丙报考了王教授的硕士研究生,录取情况如下:

(1) 三人中只录取一人.

(2) 如果不录取甲,就录取乙.

(3) 如果不录取丙,就录取甲.

试用命题逻辑推断王教授到底录取了哪位考生.

第2章 谓词逻辑

"所有人都是要死的,苏格拉底是人,所以苏格拉底是要死的."这是著名的苏格拉底三段论,从逻辑学推断,苏格拉底三段论无疑是正确的.若用 P,Q,R 分别表示苏格拉底三段论的 3 个命题,则上述推理用命题公式表示为

$$(P \land Q) \to R$$

显然该命题公式不是永真式,即无法用命题演算来证明苏格拉底三段论的正确性.这就是命题逻辑的局限性.因为在命题演算中,涉及的基本单元是命题常元和命题变元,并把它们看做是不可再分解的,没有考虑命题间的内在联系.为了用数学推理的方法描述复杂的逻辑推理,需对简单命题作进一步的分析,分解出其中个体、谓词和量词等,研究它们的形式结构和逻辑关系,总结出正确的推理形式和规则,这就是谓词逻辑,又称一阶逻辑.

本章的主要内容有:谓词逻辑基本概念、谓词公式与永真式、基本等价式和永真蕴涵式、谓词范式和谓词演算的形式推理等.

2.1 谓词逻辑基本概念

2.1.1 个体、谓词与命题函数

考查下列命题:

(1) q 是奇数.

(2) 王龙和王军是兄弟.

(3) 爱迪生发明了电灯.

将(1)中的"q"、(2)中的"王龙"及"王军"、(3)中的"爱迪生"及"电灯"等叫做个体,将"… 是奇数""… 和 … 是兄弟""… 发明了 …"叫做谓词,从而可将命题分解为个体和谓词两部分来研究.分解的方式一般不是唯一的,可根据需要而定.例如,可将(2)中的"王龙"看做个体,而将"… 和王军是兄弟"看做是谓词.

定义 2 - 1   可以独立存在的事物称为个体,它可以是抽象的,也可以是具体的.用于刻画个体的性质或个体间关系的模式称为谓词,与一个个体相联系的谓词称为一元谓词,与多个个体相联系的谓词称为多元谓词.

定义 2 - 2   表示具体或特定的个体的词称为个体常项,通常用小写字母 $a,b,c,\cdots$ 表示,又称个体常元.表示抽象或泛指的个体的词称为个体变项,通常用小写字母 $x,y,z,\cdots$ 表示,又称个体变元.个体变元的取值范围称为个体域,个体域可以是有限事物的集合,也可以是无限事物的集合,当无特殊声明时,将宇宙间的一切事物组成个体域,称为全总个体域.

定义 2 - 3   表示具体性质或关系的谓词称为谓词常项,通常用大写字母 $F,G,H,\cdots$ 表示,又称谓词常元.表示抽象或泛指的谓词称为谓词变项,通常用大写字母 $A,B,C,\cdots$ 表示,又

称谓词变元.

定义 2 - 4 由一个特定的谓词字母和若干个个体变元组成的表达式叫做命题函数.当只有一个个体变元时叫一元命题函数,有多个个体变元时叫多元命题函数.简单命题可以视为 0 元谓词.

一元谓词是表示个体的性质的,多元谓词是表示个体之间的关系的,个体出现的次序是重要的,若置换不同个体的位置可能成为完全不同的命题.

在谓词定义中没有要求必须从固定的集合中选取个体.例如用 H 表示"… 是运动员",个体 a 表示"这把椅子",则 $H(a)$ 表示"这把椅子是运动员".这在日常用语中一般不允许,但在谓词定义中是可以的.

设 H 是谓词"… 总是要死的",个体 a 为"张三",个体 b 为"老虎",个体 f 为"椅子",于是 $H(a),H(b),H(c)$ 分别表示:"张三总是要死的""老虎总是要死的""椅子总是要死的".

设(全总)个体域为 D,则 n 元命题函数是 D^n 到集合 $\{0,1\}$ 的函数,故命题函数通常都不是命题,只有将命题函数中的所有个体变元全部用个体常元代替,才能得到命题.

如果用 $H(x)$ 表示"x 总是要死的",则 $H(x)$ 是一个一元命题函数,若用不同的个体代替 x,就会得到不同的命题.同样用 $L(x,y)$ 表示"x 大于 y",则 $L(x,y)$ 是一个二元命题函数.如 $H(苏格拉底)$ 是真命题,$L(3,5)$ 是假命题,而 $L(3,y)$ 仍不是命题.

2.1.2 量词

使用前面给出的个体、谓词和命题函数的概念,还不能用符号很准确地表达日常生活中的各种命题.例如,用 $S(x)$ 表示"x 是大学生",而 x 的个体域是某单位的职工.那么 $S(x)$ 可表示某单位职工都是大学生,也可表示某单位有些职工是大学生,为了避免这种理解上的混乱,因此需要引入量词,以刻画"所有的"和"存在一些"的不同概念.

定义 2 - 5 对于日常语言中的"一切的""所有的""任意的"等词用符号"$\forall$"表示,符号"$\forall$"称为全称量词.对"存在着""有一个""至少有一个"等词用符号"$\exists$"表示,符号"$\exists$"称为存在量词.这样"$\forall x$"可表示"对所有的 x","$\exists x$"可表示"有一个 x"等.

例如有以下命题:

(1) 凡是人都免不了要死的.　　　　(2) 任何樱桃都是红的.

(3) 任何整数不是奇数就是偶数.　　(4) 有些植物冬季开花.

(5) 有些人是运动员.　　　　　　　(6) 有人能活到百岁以上.

设命题函数:

(1)$F(x)$:x 免不了要死的.　　　　(2)$G(x)$:x 是红的.

(3)$H(x)$:x 不是奇数就是偶数.　　(4)$T(x)$:x 冬季开花.

(5)$R(x)$:x 是运动员.　　　　　　(6)$S(x)$:x 能活到百岁以上.

则以上 6 个命题分别表示为

(1) $\forall xF(x)$　　　　　　(x 的个体域是人的集合)

(2) $\forall xG(x)$　　　　　　(x 的个体域是樱桃的集合)

(3) $\forall xH(x)$　　　　　　(x 的个体域是整数集合)

(4) $\exists xT(x)$　　　　　　(x 的个体域是所有植物)

(5) $\exists xR(x)$　　　　　　(x 的个体域为所有人)

(6) $\exists x S(x)$　　　　　　　(x 的个体域为所有人)

其中前 3 个都刻画了一定个体域的全体个体的性质,而后 3 个都刻画了一定个体域中一些个体的性质,都有确定的真值,当然其真值是与个体域有关的,如对命题(3)来说,当 x 是整数时,其真值为 1;当 x 是复数时,其真值就为 0.对命题(4)来说,当 x 是植物时,其真值为 1;当 x 是星球时,其真值为 0.

对命题函数前加 $\forall x$ 或 $\exists x$ 叫做对个体变元 x 进行量化.命题函数一般不是命题,但可通过对命题函数中的所有个体变元进行量化而得到命题.至此,由命题函数得到命题有两种方法:一种是以个体常元代换个体变元,其实质是给个体变元一个具体的约束;另一种是量化个体变元,其实质也是约束个体变元,不过是约束的方法不同.

2.1.3　特性谓词

以上讨论了全称量词和存在量词对一定个体域的全体或一些个体的性质进行描述,由于默认的是全总个体域,必须对具体的个体域用文字进行说明,否则就无法确定真值,无疑这是比较麻烦的.特别当许多不同的个体域一起讨论时就非常不方便.为此我们引入特性谓词来讨论问题的个体域.

仍以上面的例子(1),(4)进行讨论,将其分别意译为

对于所有的 x,假若 x 是人,则 x 是免不了要死的.

至少有一个 x,x 是植物且 x 冬季开花.

分别设特性谓词 $M(x):x$ 是人,$N(x):x$ 是植物.于是上述命题在全总个体域中可表示为

$\forall x(M(x) \to F(x))$

$\exists x(N(x) \wedge T(x))$

注意:在量化命题中对于全称量词,其特性谓词是作为蕴涵式的前件而加入;对于存在量词,其特性谓词是作为合取项而加入.二者不能颠倒.例如命题"有些人不会死"的真值为 0,若全总个体域为所有植物和动物,设 $M(x):x$ 是人,$A(x):x$ 不会死,则 $\exists x(M(x) \wedge A(x))$ 的真值为 0,但 $\exists x(M(x) \to A(x))$ 的真值为 1.

[例 2 - 1]　在谓词逻辑中将下面的命题符号化.

(1) 没有不犯错误的人.

(2) 存在着偶素数.

(3) 李涛无书不读.

(4) 有些人聪明,但不是所有的人都聪明.

(5) 所有的人都喜欢某些动物,有些人喜欢所有的动物.

(6) 函数极限的定义 $\lim\limits_{x \to a} f(x) = A$,其中 a,A 为实数.

(7) 任何两个人都不一样高.

(8) 每个自然数都有后继数,有的自然数无前驱数.

解 (1) $\neg(\exists x(M(x) \wedge \neg F(x)))$,其中,$M(x):x$ 是人,$F(x):x$ 犯错误.

(2) $\exists x(F(x) \wedge G(x))$,其中,$F(x):x$ 是偶数,$G(x):x$ 是素数.

(3) $\forall x(B(x) \to R(a,x))$,其中,$B(x):x$ 是书,$R(x,y):x$ 读 y,$a:$ 李涛.

(4) $\exists x(M(x) \wedge B(x)) \wedge \neg(\forall x(M(x) \to B(x)))$,其中,$M(x):x$ 是人,$B(x):x$ 聪明.

(5) $\forall x(M(x) \to \exists y(N(y) \wedge L(x,y))) \wedge \exists x(M(x) \wedge \forall y(N(y) \to L(x,y)))$.

其中,$M(x)$:x 是人,$N(y)$:y 是动物,$L(x,y)$:x 喜欢 y.

(6) $\forall \varepsilon((\varepsilon>0) \to \exists \delta((\delta>0) \wedge \forall x((0<|x-a|<\delta) \to (|f(x)-A|<\varepsilon))))$

(7) $\qquad \forall x \forall y(M(x) \wedge M(y) \wedge H(x,y) \to \neg L(x,y))$ 或

$\qquad \neg \exists x \exists y(M(x) \wedge M(y) \wedge H(x,y) \wedge L(x,y))$

其中,$M(x)$:x 是人,$H(x,y)$:$x \neq y$,$L(x,y)$:x 和 y 一样高.

(8) $\forall x(F(x) \to \exists y(F(y) \wedge R(x,y))) \wedge \exists x(F(x) \wedge \forall y(F(y) \to \neg L(x,y)))$

其中,$F(x)$:x 是自然数,$R(x,y)$:y 是 x 的后继数,$L(x,y)$:y 是 x 的前驱数.

[例 2-2] 设有二元命题函数 $H(x,y)$:$x+y=8$,在实数范围内判断命题 $\forall x \exists y H(x,y)$ 及 $\exists y \forall x H(x,y)$ 是真命题还是假命题.

解 $\forall x \exists y H(x,y)$ 即"对任意的 x,存在 y,使得 $x+y=8$",显然是真命题.

$\exists y \forall x H(x,y)$ 即"存在 y,对任意的 x,都有 $x+y=8$",显然是假命题.

此例说明当有多个量词出现时,不能随意颠倒它们的顺序.颠倒顺序可能会改变原命题的含义,从而改变其真值.

2.2 谓词公式及解释

2.2.1 谓词公式

和命题逻辑一样,我们对上一节中引入的一阶谓词逻辑表示式进行形式化,即不考虑命题的具体内容,只对其真值进行讨论,从而引入谓词公式、谓词公式永真式、谓词公式的等价、谓词公式的基本永真蕴涵式等基本概念.

定义 2-6 在一阶谓词逻辑形式化中,使用以下 7 种符号:

(1) 个体常项:$a,b,c,d,\cdots$

(2) 个体变项:$x,y,z,w,\cdots$

(3) 函数符号:$f,g,h,\cdots$(它们的值域是个体域).

(4) 谓词符号:$F,G,H,\cdots$(它们的值域是 $\{0,1\}$).

(5) 量词符号:$\forall,\exists$.

(6) 联结词符号:$\neg,\wedge,\vee,\to,\leftrightarrow$.

(7) 括号及逗号:$(,),,$.

定义 2-7 一阶谓词逻辑中项的递归定义如下:

(1) 个体常项和个体变项都是项.

(2) 若 $f(x_1,x_2,\cdots,x_n)$ 是 n 元函数符号,$t_1,t_2,\cdots,t_n$ 是项,则 $f(t_1,t_2,\cdots,t_n)$ 是项.

(3) 所有项都是有限次使用(1)、(2)生成的符号串.

例如,a 是项,$f(x,y)$ 是项,$g(x)$ 是项,$f(g(x),a)$ 也是项.

定义 2-8 若 $F(x_1,x_2,\cdots,x_n)$ 是 n 元谓词函数,$t_1,t_2,\cdots,t_n$ 是项,则 $F(t_1,t_2,\cdots,t_n)$ 是原子.

定义 2-9 一阶谓词逻辑谓词公式的递归定义如下:

(1) 原子是谓词公式.

(2) 若 G 是谓词公式,则 $(\neg G),(\forall x G),(\exists x G)$ 是谓词公式.

(3) 若 G,H 是谓词公式,则 $(\neg G),(G \wedge H),(G \vee H),(G \to H),(G \leftrightarrow H)$ 是谓词公式.

(4) 只有有限次按(1),(2),(3) 规则生成的才是谓词公式.

例如,$\forall x(P(y))$,$\forall x(P(x) \vee R(y))$,$\exists y(\forall x(F(x,y) \to \forall xP(x)))$ 都是谓词公式,而 $\forall x(P(x) \to \wedge R(y))$ 和 $(\exists x(\forall y)(\exists x \vee P(x))$ 不是谓词公式.

由命题函数的特例知,命题公式是谓词公式的特例.

谓词公式也分为原子公式和复合公式,不含量词且不能再分解的谓词公式叫原子公式,其他公式则叫复合公式.

定义 2-10 在谓词公式中形如 $\forall xA(x)$ 或 $\exists xA(x)$ 中的 $A(x)$,称为量词的辖域.若 x 出现在辖域中且被量化,则 x 是约束变元.否则,若 x 出现在辖域之外或虽出现在辖域内但与量化个体变元名称不同,则 x 是自由变元.

例如,公式 $\forall xP(x,y)$ 中的 x 是约束变元,y 是自由变元;公式 $\forall x(P(x) \to \exists yR(x,y))$ 中的 x 和 y 都是约束变元;公式 $\exists xP(x) \wedge Q(x)$ 中 $P(x)$ 的 x 是约束变元,而 $Q(x)$ 中 x 是自由变元.

在同一个谓词公式中,某个变元的出现既可是约束的,又可是自由的.为避免某一变元的约束与自由同时出现,引起概念上的混淆,可以对变元进行改名,使一个变元在公式中只呈现一种形式,即不是约束出现就是自由出现,有两种方法来实现.

一种方法是对约束变元进行改名,改名规则如下:

(1) 对所有出现在量词后及其辖域内的变元进行更改,公式的其余部分不变.

(2) 改名时所选的符号,必须是量词辖域中没有出现过的符号,最好是公式中未出现过的符号.

例如,对 $\forall xP(x) \to R(x,y) \wedge Q(x,y)$ 改名,可改成 $\forall zP(z) \to R(x,y) \wedge Q(x,y)$.

另一种方法是对自由变元进行改名,改名规则如下:

(1) 对公式中出现该自由变元的每一处都进行代换;

(2) 改名时所选用的变元符号与原公式中其他变元的符号不能相同.

[例 2-3] 设 **Z** 是整数集合,$A,B \subseteq \mathbf{Z}$,将命题"并非 A 中的每个数都小于 B 中的每个数"按以下要求用谓词公式表达出来.

(1) 出现全称量词,不出现存在量词.

(2) 出现存在量词,不出现全称量词.

解 (1)　　　　　$\neg \forall x((x \in A) \to \forall y((y \in B) \to (x < y)))$

(2)　　　　　$\exists x \exists y((x \in A) \wedge (y \in B) \wedge \neg (x < y))$

2.2.2 谓词公式的解释

考查公式 $\forall x(A(f(x)) \wedge B(x)) \wedge C(a) \wedge P$ 的"真假".可以看出,一个谓词公式中可能含有个体常元、个体变元(自由或约束出现)、谓词变元、命题变元及函数等项,确定讨论问题的个体域并对各种变项指定特殊的常项去代替,就构成了此公式的一个解释.给定一个解释后可以用其解释不同的谓词公式,同一谓词公式也可用不同的解释来解释.能使谓词公式具有确定真值的个体域、谓词变元、自由个体变元、个体常元、命题变元及函数的指定叫做谓词公式的一种指派或一种解释.

定义 2-11 一个解释 I 由以下 4 部分组成:

(1) 非空的个体域 D.

(2)D 中一部分特定的元素.

(3)D 上一些特定的函数.

(4)D 上一些特定的谓词.

用一个解释 I 解释一个谓词公式时,将谓词公式中的个体常元用解释 I 中的特定的元素代替,函数和谓词用解释 I 中的特定的函数和谓词代替,再通过逻辑运算可得到该谓词公式在解释 I 下的结果. 如果解释的结果是真或假,表示该谓词公式是闭式,所谓闭式就是谓词公式中的每个个体变元都受到量词的约束,因而在任意给定的解释下总能表达一个意义确定的语句,即真命题或假命题.

含有量词而不含自由变元的谓词公式,实际上是命题公式,例如设个体域 $E=\{a_1,a_2,\cdots,a_n\}$,则含有全称量词的谓词公式 $\forall xA(x)$ 满足

$$\forall xA(x)\Leftrightarrow A(a_1)\wedge A(a_2)\wedge\cdots\wedge A(a_n)$$

因为 $A(a_i)$ 中的个体都是确定的,所以上式右端实际上是命题公式.

再如,含有存在量词的谓词公式 $\exists xA(x)$,表示对个体 a_1 有性质 A,或者对个体 a_2 有性质 A,等等,即

$$\exists xA(x)\Leftrightarrow A(a_1)\vee A(a_2)\vee\cdots\vee A(a_n)$$

容易看出,这一析取式是命题公式.

以上两式是对谓词公式进行解释的基础.下面给出谓词公式解释的例子.

[例 2-4] 给定解释如下:

(1)个体域 $D=\{2,3\}$.

(2)D 中的特定元素 $a=2$.

(3)D 上的特定函数 $f(2)=3,f(3)=2$.

(4)D 上的特定谓词 $P(2)$ 为真,$P(3)$ 为假;$Q(2,2),Q(2,3),Q(3,3)$ 真,$Q(3,2)$ 为假.

求在此解释下,下面谓词公式的真值.

(1)$\exists x(P(f(x))\wedge Q(x,f(a)))$

(2)$\forall x(P(x)\wedge Q(x,a))$

解 (1)$\exists x(P(f(x))\wedge Q(x,f(a)))\Leftrightarrow(P(f(2))\wedge Q(2,f(2)))\vee(P(f(3))\wedge Q(3,f(2)))$

$$\Leftrightarrow(P(3)\wedge Q(2,3))\vee(P(2)\wedge Q(3,3))$$
$$\Leftrightarrow(0\wedge1)\vee(1\wedge1)$$
$$\Leftrightarrow1$$

(2)$\forall x(P(x)\wedge Q(x,a))\Leftrightarrow(P(2)\wedge Q(2,2))\wedge(P(3)\wedge Q(3,2))$
$$\Leftrightarrow(1\wedge1)\wedge(0\wedge0)$$
$$\Leftrightarrow0$$

[例 2-5] 给定解释 I 如下:

(1)个体域为自然数集 **N**.

(2)**N** 中的特定元素 $a=0$.

(3)**N** 上的特定函数 $f(x,y)=x+y,g(x,y)=x\cdot y$.

(4)**N** 上的特定谓词 $F(x,y)$ 为 $x=y$.

在解释 I 下,下面哪些谓词公式为真?哪些谓词公式为假?

(1)$\forall xF(g(x,a),x)$

(2) $\forall x \forall y (F(f(x,a),y) \rightarrow F(f(y,a),x))$

(3) $\forall x \forall y \exists z F(f(x,y),z)$

(4) $\forall x \forall y F(f(x,y),g(x,y))$

(5) $F(f(x,y),f(y,z))$

解 在解释 I 下,谓词公式分别化为

(1) $\forall x(x \cdot 0 = x)$,假命题.

(2) $\forall x \forall y(x + 0 = y \rightarrow y + 0 = x)$,真命题.

(3) $\forall x \forall y \exists z(x + y = z)$,真命题.

(4) $\forall x \forall y(x + y = x \cdot y)$,假命题.

(5) $x + y = y + z$,由于该式不是闭式,故真值不确定,不是命题.

定义 2 - 12 若对谓词公式的任一解释,其真值均为 1,则称该谓词公式为永真式或逻辑有效;若对谓词公式的任一解释,其真值均为 0,则称该公式为永假式或矛盾式;若至少有一解释使谓词公式的真值为 1,则称该公式是可满足式.

例如:$A(x) \vee \neg A(x)$ 是永真式,$A(x) \wedge \neg A(x)$ 是永假式,$\forall xP(x)$ 是可满足式.由定义可知,永真式一定是可满足式.

定义 2 - 13 若对谓词公式 A 和 B 的任一解释,两者的真值都相等,即 $A \Leftrightarrow B$ 是永真式,则称两公式是等价的,记作 $A \Leftrightarrow B$.若对于谓词公式 A 和 B 的任一解释,$A \rightarrow B$ 均为永真式,称谓词公式 A 永真蕴涵公式 B,记作 $A \Rightarrow B$.

2.3 基本等价式和永真蕴涵式

当个体域是有限集合时,原则上讲,总可以用真值表法来判断一个谓词公式是不是永真公式,或者验证两个谓词公式是否等价.但当个体域中所含个体变元较多时,真值表法就显得太麻烦了,当个体域是无限集合时,真值表法就无能为力了.所以研究谓词公式中的基本等价式和基本永真蕴涵式显得尤为必要,以便由此推导其他结论.

1. 量词与联结词 $\neg$ 之间的关系

设 $P(x)$ 表示任一谓词公式,则有:

(1) $\neg \forall xP(x) \Leftrightarrow \exists x(\neg P(x))$

(2) $\neg \exists xP(x) \Leftrightarrow \forall x(\neg P(x))$

现就式(1)予以证明.

对于公式 $\neg \forall xP(x)$ 的任一指派,若其真值为真,则 $\forall xP(x)$ 为假,即存在个体域中的 x_0 使 $P(x_0)$ 为假,而此时 $\neg P(x_0)$ 为真,即 $\exists x(\neg P(x))$ 为真.

对 $\neg \forall xP(x)$ 的任一指派,若其真值为假,则 $\forall xP(x)$ 为真,即个体域中任一 x,$P(x)$ 为真,从而个体域中任一 x,$\neg P(x)$ 为假,故 $\exists x(\neg P(x))$ 为假.

总之左边与右边的真值始终相同,即等价式成立.举例来说,若 $P(x)$ 表示 x 今天上课,则 $\neg \forall xP(x)$ 表示并非所有人今天来上课,$\exists x(\neg P(x))$ 表示有些人不来上课.显然两者是等价的.

2. 量词与合取和析取的关系

设 $A(x)$ 和 B 表示任意两个谓词公式,且 B 不含个体变元 x,则有:

(3) $\forall x(A(x) \land B) \Leftrightarrow \forall x A(x) \land B$

(4) $\exists x(A(x) \land B) \Leftrightarrow \exists x A(x) \land B$

(5) $\forall x(A(x) \lor B) \Leftrightarrow \forall x A(x) \lor B$

(6) $\exists x(A(x) \lor B) \Leftrightarrow \exists x A(x) \lor B$

现仅就式(3)进行证明.

对 $\forall x(A(x) \lor B)$ 的任一指派,若其真值为真,则整个个体域中任一 x,有 $A(x) \land B$ 为真,即对任意 x,$A(x)$ 为真且 B 为真,由于 B 中不含个体变元 x,所以 $\forall x A(x)$ 为真,B 为真,即 $\forall x A(x) \land B$ 为真.

反之,若 $\forall x A(x) \land B$ 为真,则 B 为真,且对个体域中任一 x,有 $A(x)$ 为真,从而对任意 x,$A(x) \land B$ 为真,即 $\forall x(A(x) \land B)$ 为真.

总之得 $\qquad \forall x(A(x) \land B) \Leftrightarrow \forall x A(x) \land B$

若 $A(x)$ 和 $B(x)$ 是任意两个谓词公式,则有:

(7) $\forall x(A(x) \land B(x)) \Leftrightarrow \forall x A(x) \land \forall x B(x)$

(8) $\exists x(A(x) \lor B(x)) \Leftrightarrow \exists x A(x) \lor \exists x B(x)$

(9) $\exists x(A(x) \land B(x)) \Rightarrow \exists x A(x) \land \exists x B(x)$

(10) $\forall x A(x) \lor \forall x B(x) \Rightarrow \forall x(A(x) \lor B(x))$

现就式(7)予以证明.

对公式 $\forall x(A(x) \land B(x))$ 的任一指派,若其真值为真,则对个体域中任一 x,$A(x)$ 为真且 $B(x)$ 为真,从而 $\forall x A(x)$ 为真,且 $\forall x B(x)$ 为真,所以公式 $\forall x A(x) \land \forall x B(x)$ 为真.

反之,对公式 $\forall x A(x) \land \forall x B(x)$ 的任一指派,若其真值为真,则 $\forall x A(x)$ 为真,$\forall x B(x)$ 为真,对个体域中任一 x,$A(x)$ 为真且 $B(x)$ 为真,从而 $\forall x(A(x) \land B(x))$ 为真.

总之得 $\qquad \forall x(A(x) \land B(x)) \Leftrightarrow \forall x A(x) \land \forall x B(x)$

注意:(9),(10)两式不能从右边推得左边.例如设 $A(x)$:x 是奇数;$B(x)$:x 是偶数,代入两端可说明问题.

3. 量词和蕴涵词之间的关系

设 $A(x)$ 和 B 表示任意两个谓词公式,且 B 不含个体变元 x,则有:

(11) $\forall x(B \to A(x)) \Leftrightarrow B \to \forall x A(x)$

(12) $\exists x(B \to A(x)) \Leftrightarrow B \to \exists x A(x)$

(13) $\forall x(A(x) \to B) \Leftrightarrow \exists x A(x) \to B$

(14) $\exists x(A(x) \to B) \Leftrightarrow \forall x A(x) \to B$

现对式(13)予以证明.

对左边公式 $\forall x(A(x) \to B)$ 的任一指派,若其真值为假,则存在 x_0,使 $A(x_0) \to B$ 为假,即 $A(x_0)$ 为真,B 为假,从而 $\exists x A(x)$ 为真,B 为假,故右边公式 $\exists x A(x) \to B$ 为假.

反之,对右边公式 $\exists x A(x) \to B$ 的任一指派,若其真值为假,则 $\exists x A(x)$ 为真,B 为假,即存在 x_0 使 $A(x_0)$ 为真,B 为假.所以存在 x_0 使 $A(x) \to B$ 为假,故左边公式 $\forall x(A(x) \to B)$ 为假,总之公式得证.

只要把蕴涵式用析取式去表达,例如 $A \to B(x) \Leftrightarrow \neg A \lor B(x)$.上述各式不难给出证明.

4. 其他的基本等价式和基本永真蕴涵式

设 $A(x)$ 和 $B(x)$ 表示任意两个谓词公式,则有:

(15) $\forall x(A(x) \to B(x)) \Rightarrow \forall xA(x) \to \forall xB(x)$

(16) $\exists x(A(x) \to B(x)) \Leftrightarrow \forall xA(x) \to \exists xB(x)$

(17) $\exists xA(x) \to \forall xB(x) \Rightarrow \forall x(A(x) \to B(x))$

(18) $\forall x(A(x) \leftrightarrow B(x)) \Rightarrow \forall xA(x) \leftrightarrow \forall xB(x)$

先证式(15).

对公式的任一解释,设 $\forall xA(x) \to \forall xB(x)$ 为假,即 $\forall xA(x)$ 为 1,$\forall xB(x)$ 为 0,即对个体域中任一 x,有 $A(x)$ 为 1,存在 x_0 使 $B(x_0)$ 为 0,所以 $A(x_0) \to B(x_0)$ 为 0,于是 $\forall x(A(x) \to B(x))$ 为 0,故式(15) 成立.

在式(15)中,不能将"$\Rightarrow$"改为"$\Leftrightarrow$".例如设 $A(x)$ 表示"x 为偶数",$B(x)$ 表示"x 是奇数",并设个体域为整数集合,则 $\forall xA(x) \to \forall xB(x)$ 为 1,而 $\forall x(A(x) \to B(x))$ 为 0,故"$\Leftarrow$"不成立.

再证明式(16).

当左边 $\exists x(A(x) \to B(x))$ 为假时,对个体域中任一 x,$A(x) \to B(x)$ 为假,即 $A(x)$ 为 1,$B(x)$ 为 0,从而 $\forall xA(x)$ 为 1,$\exists xB(x)$ 为 0,故右边 $\forall xA(x) \to \exists xB(x)$ 为 0.

反之,当 $\forall xA(x) \to \exists xB(x)$ 为假时,$\forall xA(x)$ 为 1,$\exists xB(x)$ 为 0,即对个体域中任一 x,$A(x)$ 为 1,不存在 x_0 使 $B(x_0)$ 为 1,从而对任意 x,$A(x) \to B(x)$ 为 0,故左边 $\exists x(A(x) \to B(x))$ 为 0.

最后证式(17).

当右边 $\forall x(A(x) \to B(x))$ 为 0 时,在个体域中存在 x_0 使 $A(x_0) \to B(x_0)$ 为 0,即 $A(x_0)$ 为 1 而 $B(x_0)$ 为 0,从而 $\exists xA(x)$ 为 1 且 $\forall xB(x)$ 为 0,故左边 $\exists xA(x) \to \forall xB(x)$ 为 0.

在式(17)中"$\Rightarrow$"不可改为"$\Leftrightarrow$",例如设 $A(x)$ 表示"x 是偶数",$B(x)$ 表示"x 能被 2 整除",x 的个体域为所有整数,则右边 $\forall x(A(x) \to B(x))$ 为 1,而 $\exists xA(x) \to \forall xB(x)$ 为 0,所以公式中"$\Leftarrow$"不成立.

以下的几个例子是用已有的基本等价式和永真蕴涵式来证明其他的等价式和永真蕴涵式.

[**例 2 - 6**]　证明:$\exists x(A(x) \to B(x)) \Leftrightarrow \forall xA(x) \to \exists xB(x)$（式(16)）

证　$\exists x(A(x) \to B(x)) \Leftrightarrow \exists x(\neg A(x) \lor B(x))$

$$\Leftrightarrow \exists x(\neg A(x)) \lor \exists xB(x)$$

$$\Leftrightarrow \neg \forall xA(x) \lor \exists x B(x)$$

$$\Leftrightarrow \forall xA(x) \to \exists xB(x)$$

[**例 2 - 7**]　证明:$\exists xA(x) \to \forall xB(x) \Rightarrow \forall x(A(x) \to B(x))$（式(17)）

证　$\exists xA(x) \to \forall xB(x) \Leftrightarrow \neg \exists xA(x) \lor \forall xB(x)$

$$\Leftrightarrow \forall x(\neg A(x)) \lor \forall xB(x)$$

$$\Rightarrow \forall x(\neg A(x) \lor B(x))$$

$$\Leftrightarrow \forall x(A(x) \to B(x))$$

[**例 2 - 8**]　证明:$\forall x(A(x) \to B(x)) \Rightarrow \forall xA(x) \to \forall xB(x)$（式(15)）

证　由于

$$(\forall x(A(x) \to B(x))) \to (\forall x A(x) \to \forall x B(x))$$

$\Leftrightarrow \neg (\forall x(\neg A(x) \lor B(x))) \lor (\neg \forall x A(x) \lor \forall x B(x))$ 蕴涵表达式

$\Leftrightarrow \neg (\forall x(\neg A(x) \lor B(x)) \land \forall x A(x)) \lor \forall x B(x)$ 摩根定律

$\Leftrightarrow \neg (\forall x((\neg A(x) \lor B(x)) \land A(x)) \lor \forall x B(x)$ 基本等价式(7)

$\Leftrightarrow \neg (\forall x((\neg A(x) \land A(x)) \lor (B(x) \land A(x)))) \lor \forall x B(x)$ 分配律

$\Leftrightarrow \neg (\forall x B(x) \land \forall x A(x)) \lor \forall x B(x)$ 矛盾律

$\Leftrightarrow \neg \forall x B(x) \lor \neg \forall x A(x) \lor \forall x B(x)$ 摩根定律

$\Leftrightarrow 1$ 排中律

故,式(15)成立.同理可证 $\exists x A(x) \to \exists x B(x) \Rightarrow \exists x(A(x) \to B(x))$.

5. 多个量词的基本等价式和基本永真蕴涵式

这里我们只列举两个量词的情况,更多量词的使用方法和它们类似.对于二元谓词如果不考虑自由变元,可以有以下 8 种情况:

$$\forall x \forall y A(x,y), \quad \forall y \forall x A(x,y)$$
$$\exists x \exists y A(x,y), \quad \exists y \exists x A(x,y)$$
$$\forall x \exists y A(x,y), \quad \forall y \exists x A(x,y)$$
$$\exists x \forall y A(x,y), \quad \exists y \forall x A(x,y)$$

例如:设 $A(x,y)$ 表示 x 和 y 年龄相同,x 的个体域是某院校甲班的所有学生,y 的个体域为某院校乙班的所有学生.则

$\forall x \forall y A(x,y)$:甲班和乙班两班所有学生年龄相同;

$\forall y \forall x A(x,y)$:乙班和甲班两班所有学生年龄相同;

$\forall x \exists y A(x,y)$:对于甲班任一学生,乙班有学生与之同龄;

$\forall y \exists x A(x,y)$:对于乙班任一学生,甲班有学生与之同龄;

$\exists x \forall y A(x,y)$:甲班有一位学生和乙班的所有学生年龄相同;

$\exists y \forall x A(x,y)$:乙班有一位学生和甲班的所有学生年龄相同;

$\exists x \exists y A(x,y)$:甲班有一位学生和乙班的某位学生年龄相同;

$\exists y \exists x A(x,y)$:乙班有一位学生和甲班的某位学生年龄相同.

从上例中看出,全称量词和存在量词在公式中出现的次序不能随意更换.对于两个量词的谓词公式有如下的等价式和永真蕴涵式.

(19) $\forall x \forall y A(x,y) \Leftrightarrow \forall y \forall x A(x,y)$

(20) $\forall x \forall y A(x,y) \Rightarrow \exists y \forall x A(x,y)$

(21) $\exists y \forall x A(x,y) \Rightarrow \forall x \exists y A(x,y)$

(22) $\forall x \exists y A(x,y) \Rightarrow \exists y \exists x A(x,y)$

(23) $\forall y \forall x A(x,y) \Rightarrow \exists x \forall y A(x,y)$

(24) $\exists x \forall y A(x,y) \Rightarrow \forall y \exists x A(x,y)$

(25) $\forall y \exists x A(x,y) \Rightarrow \exists x \exists y A(x,y)$

(26) $\exists x \exists y A(x,y) \Leftrightarrow \exists y \exists x A(x,y)$

仅就式(19)给出证明.

若 $\forall x \forall y A(x,y)$ 为真,即对个体域中每一 x,$\forall y A(x,y)$ 为真,若固定一个体 y_0,则 $A(x,y_0)$ 为真,即 $\forall x A(x,y_0)$ 为真,说明 $\exists y \forall x A(x,y)$ 为真,从而(19)式成立.

注意:一般 $\exists y \forall x A(x,y)$ 不与 $\exists x \forall y A(x,y)$ 等价.例如当论述域为自然数集合,$A(x,y)$ 表示 $x \geqslant y$ 时,则 $\exists y \forall x A(x,y)$ 表示存在 y,对于任意 x,使 $x \geqslant y$,显然真值为真,而 $\exists x \forall y A(x,y)$ 表示"存在 x,对于任意 y,有 $x \geqslant y$,显然真值为假.

2.4　谓　词　范　式

本节讨论谓词公式的两种标准形式:前束范式,Skolem 范式.

2.4.1　前束范式

定义 2 - 14　谓词公式 G 称为前束范式,如果 G 有如下形式:
$$(\Box\ x_1)(\Box\ x_2)\cdots(\Box\ x_n)A$$
其中,□ 可能是全称量词 $\forall$ 或存在量词 $\exists$,x_i 是个体变元,A 是不含量词的谓词公式.

例如,$\forall y \forall x \exists z(P(x,y) \to Q(z))$,$\forall y \forall x(\neg Q(x,y) \to R(y))$ 都是前束范式.

定理 2 - 1　假设 G,H 是两个谓词公式,其中自由个体变元只有一个 x,记为 $G(x)$,$H(x)$,则有

(1) $\forall x G(x) \vee \forall x H(x) \Leftrightarrow \forall x \forall y(G(x) \vee H(y))$

(2) $\exists x G(x) \wedge \exists x H(x) \Leftrightarrow \exists x \exists y(G(x) \wedge H(y))$

证　(1) $\forall x G(x) \vee \forall x H(x) \Leftrightarrow \forall x G(x) \vee \forall y H(y)$ 　　　改名规则

$\Leftrightarrow \forall x(G(x) \vee \forall y H(y))$ 　　　基本等价式(5)

$\Leftrightarrow \forall x \forall y(G(x) \vee H(y))$ 　　　基本等价式(5)

同理可证得(2).

定理 2 - 2　对任意谓词公式 G,存在一个与之等价的前束范式.

证　通过如下步骤,可将谓词公式 G 化成等价的前束范式.

第 1 步　使用基本等价式.
$$(K \leftrightarrow H) \Leftrightarrow (K \to H) \wedge (H \to K)$$
$$(K \to H) \Leftrightarrow \neg K \vee H$$
可将谓词公式 G 中的 $\leftrightarrow$ 和 $\to$ 消除.

第 2 步　使用 $\neg(\neg H) \Leftrightarrow H$、摩根定律、谓词公式的基本等价式,可将公式中所有否定词 $\neg$ 放在原子之前.

第 3 步　如果必要的话,可将约束变量改名.

第 4 步　使用基本等价式及定理 2-1,可将公式中的所有量词提到公式的最左边.

[例 2 - 9]　将公式 $\forall x P(x) \to \exists x Q(x)$ 转化为前束范式.

解　$\forall x P(x) \to \exists x Q(x) \Leftrightarrow \exists x \neg P(x) \vee \exists x Q(x)$

$\Leftrightarrow \exists x(\neg P(x) \vee Q(x))$

[例 2 - 10]　将公式 $\forall x \forall y(\exists z(P(x,z) \wedge P(y,z)) \to \exists u Q(x,y,u))$ 转化为前束范式.

解　原式 $\Leftrightarrow \forall x \forall y(\neg \exists z(P(x,z) \wedge P(y,z)) \vee \exists u Q(x,y,u))$

$\Leftrightarrow \forall x \forall y(\forall z(\neg P(x,z) \vee \neg P(y,z)) \vee \exists u Q(x,y,u))$

$\Leftrightarrow \forall x \forall y \forall z \exists u(\neg P(x,z) \vee \neg P(y,z) \vee Q(x,y,u))$

[例 2-11]　将公式 $\neg \forall x\{\exists yA(x,y) \rightarrow \exists x\forall y[B(x,y) \wedge \forall y(A(y,x) \rightarrow B(x,y))]\}$ 化为前束范式.

解　第 1 步　否定深入.

原式 $\Leftrightarrow \exists x\neg\{\neg \exists yA(x,y) \vee \exists x\forall y[B(x,y) \wedge \forall y(A(y,x) \rightarrow B(x,y))]\}$

$\Leftrightarrow \exists x\{\exists yA(x,y) \wedge \forall x\exists y[\neg B(x,y) \vee \exists y\neg(A(y,x) \rightarrow B(x,y))]\}$

第 2 步　改名,以便把量词提到前边.

原式 $\Leftrightarrow \exists x\{\exists yA(x,y) \wedge \forall u\exists r[\neg B(u,r) \vee \exists z\neg(A(z,u) \rightarrow B(u,z))]\}$

$\Leftrightarrow \exists x\exists y\forall u\exists r\exists z\{A(x,y) \wedge [\neg B(u,r) \vee (A(z,u) \wedge \neg B(u,z))]\}$

定义 2-15　谓词公式 G 称为前束合取范式,如果 G 有如下形式:

$$\square x_1 \square x_2\cdots \square x_n[(A_{11} \vee A_{12} \vee \cdots \vee A_{1l}) \wedge (A_{21} \vee A_{22} \vee \cdots \vee A_{1m}) \wedge \cdots \wedge (A_{h1} \vee A_{h2} \vee \cdots \vee A_{hm})]$$

其中,$\square$ 可能是量词 $\forall$ 或 $\exists$,$x_i(i=1,\cdots,n)$ 是个体变元,A_{ij} 是原子公式或其否定.

例如 $\forall x\forall y\exists z\{[\neg P \vee (x \neq a) \vee (z=b)] \wedge [Q(y) \vee (a=b)]\}$ 是前束合取范式.

由定理 2-2 可知,任一谓词公式都可转化为与之等价的前束合取范式.

[例 2-12]　将公式 $\forall x[\forall yP(x) \vee \forall zQ(z,y) \rightarrow \neg \forall yR(x,y)]$ 化为与之等价的前束合取范式.

解　第 1 步　取消多余量词.

原式 $\Leftrightarrow \forall x[P(x) \vee \forall zQ(z,y) \rightarrow \neg \forall yR(x,y)]$

第 2 步　换名.

原式 $\Leftrightarrow \forall x[P(x) \vee \forall zQ(z,y) \rightarrow \neg \forall wR(x,w)]$

第 3 步　消去条件联结词.

原式 $\Leftrightarrow \forall x[\neg(P(x) \vee \forall zQ(z,y)) \vee \neg \forall wR(x,w)]$

第 4 步　将 $\neg$ 深入.

原式 $\Leftrightarrow \forall x[(\neg P(x) \wedge \exists z\neg Q(z,y)) \vee \exists w\neg R(x,w)]$

第 5 步　将量词推到左边.

原式 $\Leftrightarrow \forall x\exists z\exists w[(\neg P(x) \wedge \neg Q(z,y)) \vee \neg R(x,w)]$

$\Leftrightarrow \forall x\exists z\exists w[(\neg P(x) \vee \neg R(x,w)) \wedge (\neg Q(z,y) \vee \neg R(x,w))]$

定义 2-16　谓词公式 G 称为前束析取范式,如果 G 有如下形式:

$$\square x_1 \square x_2\cdots \square x_n[(A_{11} \wedge A_{12} \wedge \cdots \wedge A_{1n}) \vee (A_{21} \wedge A_{22} \wedge \cdots \wedge A_{2m}) \vee \cdots \vee (A_{h1} \wedge A_{h2} \wedge \cdots \wedge A_{hm})]$$

其中,$\square$ 可能是量词 $\forall$ 或 $\exists$,x_i 是个体变元,A_{ij} 是原子公式.

任一谓词公式都可化为与之等价的前束析取范式.

2.4.2　Skolem 范式

定义 2-17　设 $\square x_1 \square x_2\cdots \square x_nA$ 是一前束合取范式,若 $\square x_r$ 中 $\square$ 是存在量词,并且它左边没有全称量词,则取异于 A 中所有符号常量的常量 c,并用 c 代替 A 中所有 x_r,然后在公式中删除 $\square x_r$;若 $\square x_{s1},\square x_{s2},\cdots,\square x_{sm}$ 是所有出现在 $\square x_r$ 左边的全称量词($m \geqslant 1,1 \leqslant s_1 < s_2 < \cdots < s_m < r$),则取异于出现在 A 中所有函数符号的 m 元函数符号 $f(x_{s1},x_{s2},\cdots,x_{sm})$,用 $f(x_{s1},x_{s2},\cdots,x_{sm})$ 代替出现在 A 中的所有 x_r,然后在公式中删除 $\square x_r$.这样得到的公式中没

有存在量词,这个公式称为原公式的 Skolem 范式.

[例 2-13]　求公式 $\exists x \forall y \forall z \exists u \forall v \exists w P(x,y,z,u,v,w)$ 的 Skolem 范式.

解　用 a 代替 x,用 $f(y,z)$ 代替 u,用 $g(y,z,v)$ 代替 w,得原式的 Skolem 范式为

$$\forall y \forall z \forall v P(a,y,z,f(y,z),v,g(y,z,v))$$

定理 2-3　设 S 是公式 G 的 Skolem 范式,于是,公式 G 是恒假的充要条件是公式 S 恒假.

证　不失一般性,设 G 为前束范式:

$$G = \square x_1 \square x_2 \cdots \square x_n A(x_1,x_2,\cdots,x_n)$$

设 $\square x_r$ 是从左向右看第一个存在量词,令

$$G_1 = \forall x_1 \cdots \forall x_{r-1} \square x_{r+1},\cdots \square x_n A(x_1,\cdots,f(x_1,\cdots,x_{r-1}),\cdots,x_n)$$

其中 $f(x_1,\cdots,x_{r-1})$ 是代替 x_r 的函数.下面证明:G 是恒假的,当且仅当 G_1 是恒假的.

若 G 恒假,而 G_1 可为真,设有解释 I 使 G_1 为真,于是对每一组 $x_1^0,\cdots,x_{r-1}^0$ 都有

$$\square x_{r+1},\cdots \square x_n A(x_1^0,\cdots,x_{r-1}^0,f(x_1^0,\cdots,x_{r-1}^0),x_r,x_{r+1},\cdots,x_n)$$

为真,于是解释 I 也使 G 为真,矛盾.

反之,若 G_1 恒假,而存在解释 I 使 G 为真,于是对每一组 $x_1^0,\cdots,x_{r-1}^0$ 都存在 x_r^0 使

$$\square x_{r+1},\cdots \square x_n A(x_1^0,\cdots,x_{r-1}^0,x_r^0,x_{r+1},\cdots,x_n)$$

在 I 下为真,扩充解释,成为 I',使其包含对函数符号 $f(x_1,\cdots,x_{r-1})$ 的如下指定:

对每一组 $(x_1^0,\cdots,x_{r-1}^0)$,$f(x_1^0,\cdots,x_{r-1}^0)=x_r^0$,于是 I' 使 G_1 为真,矛盾.

设 G 中有 m 个存在量词,令 $G_0 = G$,则

$G_k =$(将 G_{k-1} 中从左向右看第一个存在量词用 Skolem 函数代替所得的公式),$k = 1,\cdots,m$

显然,G_m 是公式 G 的 Skolem 范式,亦即 $S = G_m$.

类似地,可证明:G_1 恒假当仅且当 G_2 恒假,$\cdots,G_{k-1}$ 恒假当且仅当 G_k 恒假,$\cdots,G_{m-1}$ 恒假当且仅当 G_m 恒假.

因此,G_0 恒假当且仅当 G 恒假,亦即,G 恒假当且仅当 S 恒假.

由此定理的证明可以看出,设公式 S 是公式 G 的 Skolem 范式,I 是 S 和 G 的一个解释.若 I 可使 S 为真,则 I 可使 G 为真;反之若 I 可使 G 为真,则 I 不一定可使 S 为真.亦即,S 和 G 不等价.

例如,设 $G = \exists z P(z)$,$S = P(a)$.令 G 和 S 的解释 I 如下:个体域 $D = \{2,3\}$,个体 $a = 2$,命题 $P(2)$ 为 0,$P(3)$ 为 1.显然,I 使 G 为真,但 I 使 S 为假.

2.5　谓词演算推理规则

谓词演算的推理理论是命题演算推理理论的推广.命题演算的推理规则和方法在谓词演算的推理中仍然适用,诸如,命题演算的基本等价式和永真蕴涵式、替换规则、代入规则、P 规则、T 规则、CP 规则和归谬法等均可在谓词推理中应用.

特别根据命题公式中永真式的代入规则,若用 $\forall x P(x)$ 或 $\exists x Q(x)$ 代入任一命题变元,可得到许多谓词公式的等价式和永真蕴涵式.

例如,在 $P \vee \neg P \Leftrightarrow 1$ 和 $P \rightarrow Q \Leftrightarrow \neg P \vee Q$ 中用 $\forall x P(x)$ 代 P,用 $\exists x Q(x)$ 代 Q 就得到等价式:

$$\forall x P(x) \vee \neg \forall x P(x) \Leftrightarrow 1$$

$$\forall xP(x) \rightarrow \exists xQ(x) \Leftrightarrow \neg \forall xP(x) \vee \exists xQ(x)$$

在谓词推理过程中,某些前提和结论受到量词的限制,为了使用命题逻辑的等价式和永真蕴涵式,必须在推理过程中有消去和添加量词的规则,以便使谓词演算的推理过程可类似于命题逻辑的形式推理.现介绍 4 种规则.

1. 全称指定规则

它简记为 US 规则,可表示为

$$\forall xP(x) \Rightarrow P(a)$$

其中,$P(x)$ 是谓词函数,而 a 是个体域中某个任意的个体.例如设个体域为全人类,$P(x)$ 表示"x 总是要死的",如果前提为"所有人总是要死的",即 $\forall xP(x)$.那么由全称指定规则可得出结论 P(苏格拉底),即苏格拉底总是要死的.

2. 全称推广规则

它简记为 UG 规则,可表示为

$$P(y) \Rightarrow \forall xP(x)$$

这个规则的意义是,如果能证明对个体域中每个 y,$P(y)$ 成立,则 $\forall xP(x)$ 成立.在应用本规则时,必须能够证明 $P(y)$ 对个体域中每一个体 y,$P(y)$ 为真.

3. 存在指定规则

它简记为 ES 规则,可表示为

$$\exists xP(x) \Rightarrow P(c)$$

这里 c 是个体域中的某一个体.必须注意,应用存在指定规则时,其指定的个体 c 不是任意的.例如设 $\exists xA(x)$ 和 $\exists xB(x)$ 都真,则存在 c 和 d 使得 $A(c) \wedge B(d)$ 为真,但不能断定 $A(c) \wedge B(c)$ 是真.

4. 存在推广规则

它简记为 EG 规则,可表示为

$$P(c) \Rightarrow \exists xP(x)$$

即若对个体 c,$P(c)$ 为真,则存在 x 使 $P(x)$ 为真.

[例 2 - 14] 证明 $\forall x(H(x) \rightarrow M(x)) \wedge H(s) \Rightarrow M(s)$.

这是著名的苏格拉底论证,其中 $H(x):x$ 是人;$M(x):x$ 是要死的;s 表示个体"苏格拉底".

证 (1)$\forall x(H(x) \rightarrow M(x))$ P 规则

(2)$H(s) \rightarrow M(s)$ T 规则,(1),US 规则

(3)$H(s)$ P 规则

(4)$M(s)$ T 规则,(2),(3),假言推理

[例 2 - 15] 证明 $\neg P(a,b)$ 能够由 $\forall x \forall y(P(x,y) \rightarrow W(x,y))$ 和 $\neg W(a,b)$ 推出,其中 a,b 是特定的个体.

证 (1)$\forall x \forall y(P(x,y) \rightarrow W(x,y))$ P 规则

(2)$\forall y(P(a,y) \rightarrow W(a,y))$ T 规则,(1),US 规则

(3)$P(a,b) \rightarrow W(a,b)$ T 规则,(2),US 规则

$(4) \neg W(a,b)$　　　　　　　　　　　P 规则

$(5) \neg p(a,b)$　　　　　　　　　　　T 规则,(3),(4),拒取式

[例 2 - 16]　证明 $\forall x(P(x) \to Q(x))$, $\forall x(R(x) \to \neg Q(x)) \Rightarrow \forall x(R(x) \to \neg P(x))$.

证　$(1) \forall x(P(x) \to Q(x))$　　　　　P 规则

$(2) P(y) \to Q(y)$　　　　　　　　T 规则,(1),US 规则

$(3) \neg Q(y) \to \neg P(y)$　　　　　　T 规则,(2),逆反律

$(4) \forall x(R(x) \to \neg Q(x))$　　　　P 规则

$(5) R(y) \to \neg Q(y)$　　　　　　　T 规则,(4),US 规则

$(6) R(y) \to \neg P(y)$　　　　　　　T 规则,(5),(3),前提三段论

$(7) \forall x(R(x) \to \neg P(x))$　　　　T 规则,(6),UG 规则

[例 2 - 17]　证明 $\exists x M(x)$ 是 $\forall x(H(x) \to M(x))$ 和 $\exists x H(x)$ 的有效结论.

证　$(1) \exists x H(x)$　　　　　　　　P 规则

$(2) H(c)$　　　　　　　　　　　T 规则,(1),ES 规则

$(3) \forall x(H(x) \to M(x))$　　　　　P 规则

$(4) H(c) \to M(c)$　　　　　　　T 规则,(3),US 规则

$(5) M(c)$　　　　　　　　　　　T 规则,(2),(4),假言推理

$(6) \exists x M(x)$　　　　　　　　　T 规则,(5),EG 规则

[例 2 - 18]　给出下面的推理证明过程.

前提：$\forall z(F(z) \wedge \forall x(\exists y Q(x,y)) \to \forall y(R(y) \to T(y)))$, $\exists x(R(x) \wedge \neg T(x))$, $\exists x F(x)$.

结论：$\forall y(\exists x(\neg Q(x,y)))$.

证　$(1) \forall z(F(z) \wedge \forall x(\exists y Q(x,y)) \to \forall y(R(y) \to T(y)))$

　　　　　　　　　　　　　　　　　P 规则

$(2) \exists z(F(z) \wedge \forall x(\exists y Q(x,y))) \to \forall y(R(y) \to T(y))$

　　　　　　　　　　　　　　　　　T 规则,(1),量词和蕴涵词的等价式

$(3) \neg \forall y(R(y) \to T(y)) \to \neg \exists z(F(z) \wedge \forall x(\exists y Q(x,y)))$

　　　　　　　　　　　　　　　　　T 规则,(2),逆反律

$(4) \exists x(R(x) \wedge \neg T(x))$　　　P 规则

$(5) \neg \neg \exists x(R(x) \wedge \neg T(x))$　　T 规则,(4),双重否定律

$(6) \neg \forall x \neg (R(x) \wedge \neg T(x))$　　T 规则,(5),量词和 $\neg$ 的等价式

$(7) \neg \forall x(\neg R(x) \vee T(x))$　　　T 规则,(6),摩根定律

$(8) \neg \forall x(R(x) \to T(x))$　　　T 规则,(7),蕴涵表达式

$(9) \neg \exists z(F(z) \wedge \forall x(\exists y Q(x,y)))$　　T 规则,(7),(3),假言推理

$(10) \neg (\exists z(F(z)) \wedge \forall x(\exists y Q(x,y))$　T 规则,(9),量词和 $\neg$ 的等价式

$(11) \neg \exists z(F(z) \vee \neg \forall x(\exists y Q(x,y))$　T 规则,(10),摩根定律

$(12) \exists x F(x)$　　　　　　　　P 规则

$(13) \neg \forall x(\exists y Q(x,y))$　　　T 规则,(12),(11),析取三段论

$(14) \exists x(\forall y \neg Q(x,y))$　　　T 规则,(13),量词和 $\neg$ 的等价式

(15) $\forall y(\exists x \neg Q(x,y))$ T 规则,(14),多量词的永真蕴涵式

最后给出两个谓词推理理论用于日常语言中逻辑推理的例子.

[例 2-19]   任何人只有不遵守机房规则,才会被罚款;小张被罚款.所以小张必然违反了某条机房规则.

解   令 $A(x)$:x 是一条机房规则,$B(x,y)$:x 遵守 y,$C(x)$:x 被罚款,a:个体小张.

则命题符号化为

前提:$\forall x(C(x) \rightarrow \neg \forall y(A(y) \rightarrow B(x,y)))$,$C(a)$.

结论:$\exists y(A(y) \wedge \neg B(a,y))$.

推理过程如下:

(1) $\forall x(C(x) \rightarrow \neg \forall y(A(y) \rightarrow B(x,y)))$ P 规则

(2) $C(a) \rightarrow \neg \forall y(A(y) \rightarrow B(a,y))$ T 规则,(1),US 规则

(3) $C(a)$ P 规则

(4) $\neg \forall y(A(y) \rightarrow B(a,y))$ T 规则,(2),(3),假言推理

(5) $\exists y(\neg (A(y) \rightarrow B(a,y)))$ T 规则,(4),量词与否定的关系

(6) $\neg (A(c) \rightarrow B(a,c))$ T 规则,(5),ES 规则

(7) $\neg (\neg A(c) \vee B(a,c))$ T 规则,(6),蕴涵表达式

(8) $A(c) \wedge \neg B(a,c)$ T 规则,(7),摩根定律

(9) $\exists y(A(y) \wedge \neg B(a,y))$ T 规则,(8),EG 规则

[例 2-20]   如果存在偶数,则所有有理数都可以表示成分数;如果存在素数,则存在有理数.因此,如果存在偶素数,则存在分数.

解   设论述域为实数域,令 $E(x)$:x 是偶数,$Q(x)$:x 是有理数,$S(x)$:x 是素数,$F(x)$:x 是分数.则命题符号化为

前提:$\exists x E(x) \rightarrow \forall x(Q(x) \rightarrow F(x))$,$\exists x S(x) \rightarrow \exists x Q(x)$.

结论:$\exists x(E(x) \wedge S(x)) \rightarrow \exists x F(x)$.

推理过程如下:

(1) $\exists x(E(x) \wedge S(x))$ 附加前提

(2) $\exists x E(x) \wedge \exists x S(x)$ T 规则,(1),量词与 $\wedge$ 的等价式

(3) $\exists x E(x)$ T 规则,(2),简化式

(4) $\exists x S(x)$ T 规则,(3),简化式

(5) $\exists x S(x) \rightarrow \exists x Q(x)$ P 规则

(6) $\exists x Q(x)$ T 规则,(4),(5),假言推理

(7) $\exists x E(x) \rightarrow \forall x(Q(x) \rightarrow F(x))$ P 规则

(8) $\forall x(Q(x) \rightarrow F(x))$ T 规则,(3),(7),假言推理

(9) $Q(c)$ T 规则,(6),ES 推理

(10) $Q(c) \rightarrow F(c)$ T 规则,(8),US 推理

(11) $F(c)$ T 规则,(9),(10),假言推理

(12) $\exists x F(x)$ T 规则,(11),EG 推理

(13) $\exists x(E(x) \wedge S(x)) \rightarrow \exists x F(x)$　　　　　　T 规则,(1),(12),CP 规则

习　题　2

1. 用谓词表达式写出下列命题.

(1) 张三不是演员.

(2) 他是田径或球类运动员.

(3) 小莉是非常聪明和美丽的.

(4) 直线 A 平行于直线 B,当且仅当直线 A 与直线 B 不相交.

(5) 若 m 是奇数,则 $2m$ 不是奇数.

(6) 每一个有理数都是实数.

(7) 某些实数是有理数.

(8) 如果有限个数的乘积为零,那么至少有一个因子.

2. 假设个体域是整数集合,令 $P(x,y,z):xy=z,E(x,y):x=y,G(x,y):x>y$,试把下列命题符号化.

(1) 如果 $xy \neq 0$,则 $x \neq 0$ 且 $y \neq 0$.

(2) 如果 $xy=0$,则 $x=0$ 或 $y=0$.

(3) $x \leqslant y$ 和 $y \leqslant x$ 是 $y=x$ 的充分条件.

(4) 如果 $x<y$ 和 $z<0$,则 $xz<yz$.

3. 令 $P(x):z$ 是质数;$E(z):z$ 是偶数;$O(z):z$ 是奇数,$D(x,y):x$ 除尽 y,把以下各谓词公式译成汉语.

(1) $E(2) \wedge P(2)$

(2) $\forall x(D(2,x) \rightarrow E(x))$

(3) $\exists x(E(x) \wedge D(x,y))$

(4) $\forall x(\neg E(x) \rightarrow \neg D(2,x))$

(5) $\forall x(O(x) \rightarrow \forall y(P(y) \rightarrow \neg D(x,y)))$

4. 在谓词逻辑中将下列命题符号化.

(1) 每个人都有自己喜爱的动物.

(2) 没有一个实数大于等于任何实数.

(3) 有的整数不是素数.

(4) 有唯一的偶素数.

(5) 是金子都会闪光,但闪光的不都是金子.

5. 对下列谓词公式中的约束变元进行更名.

(1) $\forall x \exists y(P(x,x) \rightarrow Q(y)) \leftrightarrow S(x,y)$

(2) $(\forall x(P(x) \rightarrow (P(x) \vee Q(x))) \wedge \exists x R(x)) \rightarrow \exists x S(x,z)$

6. 对下列谓词公式中的自由变元进行更名.

(1) $(\exists y A(x,y) \rightarrow \forall x B(x,z)) \wedge \exists x \forall y C(x,y,z)$

(2) $(\forall yP(x,y) \wedge \exists zQ(x,z)) \vee \forall xR(x,y)$

7. 给出下列公式的一个成假指派.

(1) $\exists xA(x) \rightarrow \forall xA(x)$

(2) $(\forall xA(x) \rightarrow \forall xB(x)) \rightarrow \forall x(A(x) \rightarrow B(x))$

8. 设个体域为 $\{1,2,3\}$,利用量化谓词与命题的关系验证下列公式的真假值.

(1) $\exists x(A(x) \rightarrow B(x)) \rightarrow \exists x \exists y(A(x) \rightarrow B(y))$

其中 $A(x):x < z$; $B(x):x$ 为偶数.

(2) $\forall x(F(x) \wedge G(x))$,其中 $F(x):x \leqslant 3, G(x):x > 4$.

9. 利用指派分析法证明下列逻辑等价式.

(1) $\exists x(A(x) \rightarrow P) \Leftrightarrow \forall xA(x) \rightarrow P$

(2) $\exists x(A(x) \rightarrow B(x)) \Leftrightarrow \forall xA(x) \rightarrow \exists xB(x)$

10. 利用指派分析法证明下列永真蕴涵式.

(1) $\exists x(A(x) \wedge B(x)) \Rightarrow \exists xA(x) \wedge \exists xB(x)$

(2) $\forall xA(x) \wedge \exists xB(x) \Rightarrow \exists x(A(x) \wedge B(x))$

(3) $\exists xA(x) \rightarrow \exists xB(x) \Rightarrow \exists x(A(x) \rightarrow B(x))$

(4) $\forall x(A(x) \rightarrow B(x)) \Rightarrow \forall xA(x) \rightarrow \forall xB(x)$

11. 判断下列逻辑推理过程是否成立.

$$\forall x(A(x) \rightarrow B(x)) \Leftrightarrow \forall x(\neg A(x) \vee B(x))$$
$$\Leftrightarrow \neg \exists x(A(x) \wedge \neg B(x))$$
$$\Rightarrow \neg (\exists xA(x) \wedge \exists x(\neg B(x)))$$
$$\Leftrightarrow \neg \exists x(A(x) \vee \neg \exists x(\neg B(x)))$$
$$\Leftrightarrow \neg \exists xA(x) \vee \forall xB(x)$$
$$\Leftrightarrow \exists xA(x) \rightarrow \forall xB(x)$$

12. 把以下各式化为前束范式.

(1) $\forall x(P(x) \rightarrow \exists yQ(x,y))$

(2) $\exists x(\neg (\exists yP(x,y)) \rightarrow (\exists zQ(z) \rightarrow R(x)))$

(3) $\forall x \forall y(\exists zP(x,y,z) \wedge \exists uQ(x,u) \rightarrow \exists vQ(y,v))$

13. 求等价于下列谓词公式的前束合取范式与前束析取范式.

(1) $(\exists xP(x) \vee \exists xQ(x)) \rightarrow \exists x(P(x) \vee Q(x))$

(2) $\forall x(P(x) \rightarrow \forall y(\forall zQ(x,y) \rightarrow \neg \forall zR(y,x)))$

(3) $\forall xP(x) \rightarrow \exists x(\forall zQ(x,z) \vee \forall zR(x,y,z))$

(4) $\forall x(P(x) \rightarrow Q(x,y)) \rightarrow (\exists yP(y) \wedge \exists zQ(y,z))$

14. 找出下列形式证明中的错误.

(1) 证明 $\forall x(P(x) \rightarrow Q(x)), \exists xP(x) \Rightarrow \exists xQ(x)$.

1) $\forall x(P(x) \rightarrow Q(x))$ P 规则

2) $P(c) \rightarrow Q(c)$ T 规则,1),US

3) $\exists xP(x)$ P 规则

4) $P(c)$	T 规则,3),ES
5) $Q(c)$	T 规则,2),4),假言推理
6) $\exists xQ(x)$	T 规则,5),EG

(2) 证明 $\exists xP(x),\exists xQ(x)\Rightarrow \exists x(P(x)\wedge Q(x))$.

1) $\exists xP(x)$	P 规则
2) $P(c)$	T 规则,1),ES
3) $\exists xQ(x)$	P 规则
4) $Q(c)$	T 规则,3),ES
5) $P(c)\wedge Q(c)$	T 规则,2),4),合取式
6) $\exists x(P(x)\wedge Q(x))$	T 规则,5),EG

(3) 考查 $\forall x\exists yA(x,y)$ 是否能推出 $\exists y\forall xA(x,y)$.

1) $\forall x\exists yA(x,y)$	P 规则
2) $\exists yA(x,y)$	T 规则,1),S
3) $A(x,y)$	T 规则,2),ES
4) $\forall xA(x,y)$	T 规则,3),UG
5) $\exists y\forall xA(x,y)$	T 规则,4),EG

(4) 考查 $\forall x(A(x)\vee B(x))$ 是不是 $\exists xA(x)\wedge \exists xB(x)$ 的有效结论.

1) $\exists xA(x)\wedge \exists xB(x)$	P 规则
2) $\exists xA(x)$	T 规则,1),简化式
3) $A(c)$	T 规则,2),ES
4) $\exists xB(x)$	T 规则,1),简化式
5) $B(c)$	T 规则,4),ES
6) $A(c)\vee B(c)$	T 规则,3),5),合取式
7) $\forall x(A(x)\vee B(x))$	T 规则,6),UG

15. 构造形式证明过程.

(1) $\exists x(A(x)\vee B(x))\Rightarrow \exists xA(x)\vee \exists xB(x)$

(2) $\exists x(A(x)\rightarrow B(x))\Rightarrow \forall xA(x)\rightarrow \exists xB(x)$

(3) $\forall x(A(x)\vee B(x)),\forall x(B(x)\rightarrow \neg C(x))\Rightarrow \exists xC(x)\rightarrow \exists xA(x)$

(4) $\forall x(A(x)\rightarrow B(x))\Rightarrow \forall x(\forall y(A(y)\wedge C(x,y))\rightarrow \exists y(B(y)\wedge C(x,y)))$

(5) $\exists xA(x)\rightarrow \forall x((A(x)\vee B(x))\rightarrow C(x)),\exists xB(x),\exists xA(x)\Rightarrow \exists x\exists y(C(x)\wedge C(y))$

(6) $\exists xA(x),\forall z((A(z)\wedge \forall x\exists D(x,y)\rightarrow \forall y(B(y)\rightarrow C(y)))),\exists x(B(x)\wedge \neg C(x))\Rightarrow \exists y\forall x(\neg D(x,y))$

16. 下述推理是否成立,若成立给出相应的逻辑推理过程.

(1) 所有有理数都是实数;某些有理数是整数.因此某些实数是整数.

(2) 没有不用功的同学能考上研究生;小张考上研究生.所以小张是用功的.

(3) 每个大学生不是文科学生就是理工科学生;有的大学生是优等生;小张不是理工科学

生,但他是优等生.因而如果小张是大学生,他就是文科学生.

(4)任何人如果他喜欢步行,他就不喜欢乘汽车;每一个人或者喜欢乘汽车或者喜欢骑自行车;有的人不爱骑自行车.因而有的人不喜欢步行.

(5)计算机专业的每个研究生或者是免试推荐者或者是统考选拔者,所有免试推荐者的本科课程都学的好,但并非所有研究生本科课程都学的好.所以一定有些研究生是统考选拔者.

(6)每个艺术家都教育自己的孩子成为艺术家,有一个人教育她的孩子成为企业家,证明这个人一定不是艺术家.

第3章 集 合

集合是现代数学中一个非常重要的概念.经过数代人的研究和归纳,集合已经发展成为数学及其他各学科不可缺少的描述工具,集合论的观点已渗透到了古典分析、泛函分析、概率论、函数论、信息论和排队论等现代数学的各个领域.

本章主要内容有:集合的概念、表示及运算,集合的笛卡儿乘积,容斥原理及应用.

3.1 集合的概念

3.1.1 集合与元素

将具有某种性质的事物汇成一个整体,就形成一个集合.例如某教室里的学生、西安市所有 320 路公交车的司乘人员、自然数的全体、直线上的点等,均分别构成一个集合.通常用大写字母 A,B,C 等表示集合.

组成集合的每个事物叫做集合的元素或成员,集合的元素一般用小写字母 a,b,c 等表示.

如果 a 是集合 A 的一个元素,则记为 $a \in A$,读作"a 属于 A";如果 a 不是集合 A 的元素,则记为 $a \notin A$,读作"a 不属于 A".我们考虑任一集合 A 具有这样的性质,即对于世界上任何事物,它或者属于 A,或者不属于 A,二者必居其一,而且仅满足其中之一.

集合既可以由一些实物构成,也可能由一系列概念所构成,或者由二者混合而构成.例如:
$$A = \langle \langle 离散数学教程 \rangle, 李思思, 讲师 \rangle$$

允许一个集合作为另一个集合的元素,例如:
$$S = \{ a, \{1,2\}, p, \{q\} \}$$
必须指出,在此 $q \in \{q\}$,但 $q \notin S$,同理 $1 \in \{1,2\}$,但 $1 \notin S$.

3.1.2 集合的表示法与基数

通常采用 3 种方法表示集合.

1. 列举法

列举法就是把集合中的元素一一列举出来.例如,"所有小于 5 的正整数"这个集合的元素为 1,2,3,4,如果把这个集合命名为 A,则记为 $A = \{1,2,3,4\}$.

当集合具有有限个元素时,集合都可以用列举法来表示,但在能清楚表示集合元素的情况下,可用省略号来表示具有无限个元素的集合,例如,所有能被 3 整除的整数的集合表示为 $\{\cdots, -9, -6, -3, 0, 3, 6, 9, \cdots\}$.

2. 描述法

描述法就是描述集合中元素所具有的共同性质或应满足的条件.例如:
$$A = \{x \mid x \text{ 是任一动物}\}$$

$$B = \{(x,y) \mid x^2 + y^2 \leqslant 1 \text{ 且 } x,y \text{ 为实数}\}$$

3. 递归定义法

有些集合难以用列举法和描述法来表示,诸如算术表达式集合、字符串集合等,用递归定义可较为方便地表示上述集合.

一个集合的递归定义由三部分组成.

(1) 基础条款. 它指出某些事物属于集合. 本条款的作用是给出集合的基本元素,使所定义的集合非空.

(2) 归纳条款. 它指出由集合的已有元素构造新元素的方法.

(3) 极小性条款. 它指出只有有限次应用基础条款和归纳条款得到的结果才属于该集合.

[例 3-1] 所有能被 3 整除的整数的集合的递归定义如下:

(1) $3 \in S$.

(2) 如果 $x \in S$ 且 $y \in S$,则 $x + y \in S$ 且 $x - y \in S$.

(3) 只有经过有限次应用条款 (1) 和 (2) 得出的元素属于 S.

[例 3-2] C 语言中的算术表达式递归定义如下:

(1) C 语言中的常数、变量都是算术表达式.

(2) 若 x 是算术表达式,且 x 的值满足 C 语言中规定的函数(例如 $\mathrm{SIN}(x)$,$\mathrm{SQRT}(x)$,$\mathrm{INT}(x)$ 等)的定义域时,则这些函数也是算术表达式;若 A,B 是算术表达式,则 $(+A)$,$(-A)$,$(A+B)$,$(A-B)$,$(A*B)$,(A/B),$(A\%B)$ 均是算术表达式.

(3) 只有有限次应用条款 (1) 和 (2) 得到的式子才是 C 算术表达式.

[例 3-3] 由 26 个英文字母构成的字符串集合 S 的递归定义如下:

(1) 集合 $\{a,b,c,\cdots,x,y,z,A,B,C,\cdots,X,Y,Z\}$ 中的元素属于 S.

(2) 若 $\alpha \in S, \beta \in S$,则 $\alpha\beta \in S$.

(3) 只有经过有限次应用条款 (1) 和 (2) 得到的元素才属于 S.

含有有限个元素的集合称为有限集合,含有无限个元素的集合称为无限集合.

定义 3-1 有限集合 A 的元素个数叫做 A 的基数,记作 $|A|$.

例如当 $A = \{a,b,c\}$ 时,$|A| = 3$.

3.1.3 包含、子集与集合相等

定义 3-2 对任意两个集合 A 和 B,若对任意 $a \in A$,必有 $a \in B$,则称 A 被 B 包含,或 B 包含 A,记作 $A \subseteq B$;若 $A \subseteq B$,则称 A 是 B 的子集,称 B 是 A 的扩集. 若 A 是 B 的子集,且存在 $b \in B$ 但 $b \notin A$,则称 A 是 B 的真子集,记作 $A \subset B$.

定义 3-3 若 $A \subseteq B$ 且 $B \subseteq A$,则称 A 和 B 相等,记作 $A = B$.

注意,集合中元素的次序及同一元素重复出现无关紧要,例如:

$$\{1,3,4\} = \{1,1,3,4\} = \{1,4,3,3,1,3,4\}$$

它们的基数都是 3.

元素与集合间的从属关系和集合与集合间的包含关系是不同的概念. 由定义可知,$a \in A$ 当且仅当 $\{a\} \subseteq A$. 例如,设 $A = \{a, \{b\}, \{c,d\}\}$,则 $a \in A$,而 $\{a\} \subseteq A$. 同理 $\{c,d\} \in A$,而 $\{\{c,d\}\} \subseteq A$.

定理 3-1 两个集合相等的充分必要条件是它们的元素相同.

证 设 A 和 B 是两个集合,若 $A = B$,则由集合相等的定义,知 $A \subseteq B$ 且 $B \subseteq A$,即对任意 $a \in A$,必有 $a \in B$;同理,对任意 $b \in B$,必有 $b \in A$. 即 A 与 B 的元素相同.

反之,若 A 与 B 的元素相同,即对任意 $a \in A$,必有 $a \in B$;且对任意 $b \in B$,必有 $b \in A$. 由前者得 $A \subseteq B$,由后者得 $B \subseteq A$,从而有 $A = B$.

3.1.4 空集、全集、幂集

不包含任何元素的集合称为空集,记作 $\varnothing$. 显然对任一集合 A,有 $\varnothing \subseteq A$.

在一定范围内,如果所有集合均为某一集合的子集,则称该集合为全集,通常记作 U.

全集的概念相当于论述域,如在初等数论中,全体整数构成了全集. 在考虑某大学的部分学生组成的集合(如系、班)时,该大学的全体学生可看成全集.

在一定条件下考虑的集合都是某个全集的子集. 设全集 $U = \{a, b, c\}$,则它的所有可能的子集为

$$\varnothing, \{a\}, \{b\}, \{c\}, \{a,b\}, \{a,c\}, \{b,c\}, \{a,b,c\}$$

定义 3-4 给定集合 A,由集合 A 的所有子集为元素构成的集合,叫做集合 A 的幂集合,记为 $\rho(A)$ 或 2^A.

[例 3-4] 设 $A = \{1, 2, 3, 4\}$,求 A 的幂集合.

解 $\rho(A) = \{\varnothing, \{1\}, \{2\}, \{3\}, \{4\}, \{1,2\}, \{1,3\}, \{1,4\}, \{2,3\}, \{2,4\}, \{3,4\}, \{1,2,3\}, \{1,2,4\}, \{1,3,4\}, \{2,3,4\}, \{1,2,3,4\}\}$.

[例 3-5] 设 $A = \{\varnothing, a, \{\varnothing\}\}$,求 2^A.

解 $2^A = \{\varnothing, \{\varnothing\}, \{a\}, \{\{\varnothing\}\}, \{\varnothing, a\}, \{\varnothing, \{\varnothing\}\}, \{a, \{\varnothing\}\}, \{\varnothing, a, \{\varnothing\}\}\}$.

定理 3-2 如果有限集合 A 有 n 个元素,则其幂集合 2^A 有 2^n 个元素.

证 由于 A 的所有由 k 个元素组成的子集数为从 A 的 n 个元素中任取 k 个元素的组合数,即

$$C_n^k = \frac{n(n-1)(n-2)\cdots(n-k+1)}{k!}$$

从而,A 的子集总数为

$$C_n^0 + C_n^1 + C_n^2 + \cdots + C_n^n = \sum_{k=0}^{n} C_n^k = 2^n$$

在此引入一种编码,用来唯一地表示有限集合的幂集合的元素.

对任一有 n 个元素的有限集合 S,令

$$J = \{i \mid i \text{ 是二进制数,且} \underbrace{0\,0\cdots0}_{n\text{个}} \leqslant i \leqslant \underbrace{1\,1\cdots1}_{n\text{个}} \}$$

则 S 的幂集合可表示成 $2^S = \{S_i \mid i \in J\}$. 例如,当 $S = \{a, b, c\}$,$J = \{i \mid i \text{ 是二进制数,且} 000 \leqslant i \leqslant 111\}$,则 $2^S = \{S_i \mid i \in J\}$,如 $S_2 = S_{010} = \{b\}$,$S_5 = S_{101} = \{a, c\}$.

3.1.5 罗素悖论与第三次数学危机

德国数学家康托尔(Georg Cantor,1845—1918 年)从 1871 年开始对数学基础作了新的探讨,发表了一系列集合论方面的文章,先后引入了点集的极限点、开集、闭集、基数、序数、良序等概念,从而创立了集合论. 这一开创性成果很快被大多数数学家所接受,使数学家们相信"一切数学成果可建立在集合论的基础上",大数学家希尔伯特(Hilbert)曾说:"集合论创立了数

学上最广泛、最有力的一个部门,一个没有人能把我们赶出去的天堂".但是,好景不长,1903年英国数学家罗素(Russell)提出了"罗素悖论",使得集合论的发展一度陷入危机,从而导致了第三次数学危机.为了避免集合定义上出现悖论,数学家们把朴素集合论发展到公理化集合论.1908年,法国数学家策梅罗(Zermelo)提出了一套公理化集合论体系,后经佛伦克尔(Feaenkel)等人改进,称为 ZF 系统.这一公理化集合论系统很大程度上弥补了康托尔的朴素集合论的缺陷.除 ZF 系统外,集合论的公理系统还有很多种,如冯诺伊曼等人提出的 NBG 系统等.

从实用的角度考虑,不介绍公理化集合论,但总是限制在不发生矛盾的范围内讨论集合.我们通常遇到的集合,其本身不能成为它自己的元素,例如 $\{a\} \notin \{a\}$,但有些集合,集合本身可以成为它自己的元素,例如考虑所有概念构成的集合,因为它本身是一个概念,所以这个集合可以是它自己的一个元素.因此 $A \in A$ 或 $A \notin A$ 是有意义的.

罗素悖论描述如下:设全集为所有集合构成的集合,并定义 S 为

$$S = \{A \mid A \notin A\}$$

这样,S 是那些不以自身为元素的全体集合构成的集合,我们要问"S 是不是它自己的元素"?

假设 S 不是它自己的元素,那么 S 满足条件 $A \notin A$,根据 S 的定义得 $S \in S$;假设 $S \in S$,根据 S 的定义又得 $S \notin S$.

为了避免罗素悖论,公理化集合论限制集合成为自身的元素.但要避免一切悖论,还有待于进一步精确完善的理论描述.悲观的是,应用现今有效的数学技术,没有方法能证明新的悖论不会产生.

3.2   集合的运算与文氏图

集合的运算包括一元运算和二元运算,即根据给定的一个或两个集合按照确定的规则构造一个新的集合,补运算是一元运算,交、并、差运算和对称差运算均是二元运算.

3.2.1   集合的交运算

定义 3-5   对任意两个集合 A 和 B,由集合 A 和 B 的所有共同元素组成的集合,称为 A 和 B 的交集,记作 $A \bigcap B$,即

$$A \bigcap B = \{x \mid x \in A \wedge x \in B\}$$

设 U 为全集,则 A 和 B 的交集如图 3-1 斜线部分所示,这样的图称为文氏图.

特别当 A,B 没有公共元素时,$A \bigcap B = \varnothing$.

例如,设 $A = \{a,b,c\}$,$B = \{b,c,d,f\}$,则 $A \bigcap B = \{b,c\}$.显然对于任意集合 A,B,C,交运算满足以下运算规律:

(1) 零   律 $\varnothing \bigcap A = \varnothing$.

(2) 同一律 $U \bigcap A = A$.

(3) 幂等律 $A \bigcap A = A$.

(4) 交换律 $A \bigcap B = B \bigcap A$.

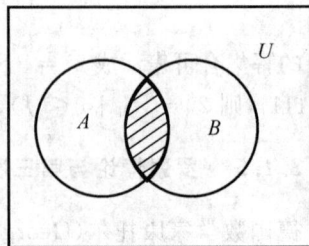

图   3-1

(5) 结合律 $(A \cap B) \cap C = A \cap (B \cap C)$.

这里仅就结合律给予证明.

$\forall x \in (A \cap B) \cap C$, 即 $x \in A \cap B$ 且 $x \in C$, 由 $x \in A \cap B$, 知 $x \in A$ 且 $x \in B$, 由以上知 $x \in A, x \in B$ 且 $x \in C$, 从而 $x \in A, x \in B \cap C$, 于是 $x \in A \cap (B \cap C)$, 故有

$$(A \cap B) \cap B \subseteq A \cap (B \cap C)$$

上述证明过程也是可逆的, 从而得 $A \cap (B \cap C) \subseteq (A \cap B) \cap B$. 故有

$$(A \cap B) \cap B = A \cap (B \cap C)$$

3.2.2　集合的并运算

定义 3-6　对任意两个集合 A 和 B, 所有属于 A 或属于 B 的元素组成的集合, 称为 A 和 B 的并集, 记作 $A \cup B$, 即

$$A \cup B = \{x \mid x \in A \lor x \in B\}$$

A 与 B 的并集如文氏图 3-2 中斜线部分所示.

例如, 设 $A = \{1,2,3\}, B = \{2,3,4,5\}$, 则 $A \cup B = \{1,2,3, 4,5\}$.

设 A, B, C 是任意集合, 并运算满足以下运算规律:

(1) 零　律 $U \cup A = U$.

(2) 同一律 $\varnothing \cup A = A$.

(3) 幂等律 $A \cup A = A$.

(4) 交换律 $A \cup B = B \cup A$.

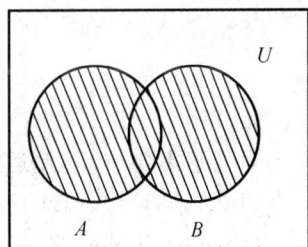

图　3-2

(5) 结合律 $(A \cup B) \cup C = A \cup (B \cup C)$.

(6) 吸收律 $A \cup (A \cap B) = A, A \cap (A \cup B) = A$.

(7) 分配律 $A \cup (B \cap C) = (A \cup B) \cap (A \cup C), A \cap (B \cup C) = (A \cap B) \cup (A \cap C)$.

这里只证吸收律的第一个等式和分配律的第一个等式.

先证吸收律的第一式 $A \cup (A \cap B) = A$.

$\forall x \in A \cup (A \cap B)$, 即 $x \in A$ 或 $x \in (A \cap B)$. 若 $x \in A$, 得证; 若 $x \in A \cap B$, 也有 $x \in A$. 即 $A \cap (A \cap B) \subseteq A$. 显然 $A \subseteq A \cup (A \cap B)$, 故 $A \cup (A \cap B) = A$.

再证分配律的第一式 $A \cup (B \cap C) = (A \cup B) \cap (A \cup C)$.

$\forall x \in A \cup (B \cap C)$, 即 $x \in A$, 或者 $x \in B \cap C$. 分两种情况讨论.

若 $x \in A$, 则有 $x \in A \cup B$ 且 $x \in A \cup C$, 从而 $x \in (A \cup B) \cap (A \cup C)$. 若 $x \in B \cap C$, 则 $x \in B$ 且 $x \in C$, 从而 $x \in A \cup B$ 且 $x \in A \cup C$, 也有 $x \in (A \cup B) \cap (A \cup C)$, 即

$$A \cup (B \cap C) \subseteq (A \cup B) \cap (A \cup C)$$

反之, $\forall y \in (A \cup B) \cap (A \cup C)$, 则有 $y \in A \cup B$ 且 $y \in A \cup C$. 由 $y \in A \cup B$ 知 $y \in A$ 或 $y \in B$, 分两种情况: 若 $y \in A$, 则 $y \in A \cup (B \cap C)$; 若 $y \notin A$, 则必有 $y \in B$, 又因 $y \in A \cup C$, 而 $y \notin A$, 故有 $y \in C$, 于是 $y \in B \cap C$, 进而有 $y \in A \cup (B \cap C)$, 即

$$(A \cup B) \cap (A \cup C) \subseteq A \cup (B \cap C)$$

综上, $A \cup (B \cap C) = (A \cup B) \cap (A \cup C)$.

3.2.3　集合的差运算

定义 3-7　对任意两个集合 A 和 B,由所有属于 A,但不属于 B 的元素构成的集合叫做 A 与 B 的差,或称 B 关于 A 的相对补,记作 $A-B$,即

$$A-B=\{x \mid x \in A \land x \notin B\}$$

A 与 B 的差集如文氏图 3-3 斜线部分所示.

特别地,当 $A \cap B=\varnothing$ 时,$A-B=A$. 例如,设 $A=\{1,2,3\}$,$B=\{2,4\}$,$C=\{4,5,6\}$,则

$$A-B=\{1,3\}, \qquad A-C=\{1,2,3\}=A$$

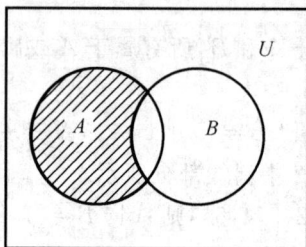

图　3-3

对任意集合 A,B,差运算满足以下运算规律:
(1) $A-B=A-A \cap B$.
(2) $A-\varnothing=A,\varnothing-A=\varnothing$.

3.2.4　集合的补运算

定义 3-8　对任意集合 A,全集 U 与 A 的差集叫做 A 的余集或补集,记作 $\overline{A}$. 即

$$\overline{A}=\{x \mid x \in U \land x \notin A\}=\{x \mid x \notin A\}$$

A 的补集如文氏图 3-4 的斜线部分所示.

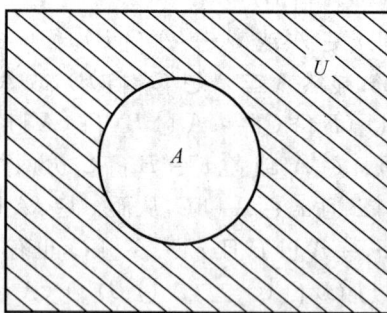

图　3-4

设全集为所有整数,A 为奇数集合,则 $\overline{A}$ 为偶数集合.
集合的补运算满足以下运算规律:
(1) 对合律 $\overline{\overline{A}}=A$.
(2) 矛盾律 $A \cap \overline{A}=\varnothing$.
(3) 排中律 $A \cup \overline{A}=U$.

(4) 摩根定律 $\overline{A \cap B} = \overline{A} \cup \overline{B}, \overline{A \cup B} = \overline{A} \cap \overline{B}$.

仅以摩根定律的第一式 $\overline{A \cap B} = \overline{A} \cup \overline{B}$ 给予证明.

若 $x \in \overline{A \cap B}$, 说明 $x \notin A \cap B$, 即 $x \notin A$ 或 $x \notin B$, 也就是说, $x \in \overline{A}$ 或 $x \in \overline{B}$, 从而知 $x \in \overline{A} \cup \overline{B}$.

同样, 设 $y \in \overline{A} \cup \overline{B}$, 即 $y \in \overline{A}$ 或 $y \in \overline{B}$, 亦即 $y \notin A$ 或 $y \notin B$, 从而 $y \notin A \cap B$, 由此知 $y \in \overline{A \cap B}$. 综上, 摩根定律的第一式得证.

定理 3 - 3 设 A, B 为任意集合, 则 $A - B = A \cap \overline{B}$.

证 若 $x \in A - B$, 则 $x \in A$ 且 $x \notin B$, 从而 $x \in A$ 且 $x \in \overline{B}$, 即 $x \in A \cap \overline{B}$. 上述过程也是可逆的, 从而定理得证.

该定理的意义是明显的, 它给出了将集合的差运算转换为集合的补、交运算的方法.

定理 3 - 4(补集的唯一性) 设集合 A, B 为论述域 U 的子集, 则 $B = \overline{A}$, 当且仅当 $A \cup B = U$ 且 $A \cap B = \varnothing$.

证 必要性从集合的补运算的运算规律(2)和(3)直接得到. 现证充分性.

设 $A \cup B = U$ 和 $A \cap B = \varnothing$, 那么

$$
\begin{aligned}
B = U \cap B = & \qquad\qquad \text{同一律} \\
(A \cup \overline{A}) \cap B = & \qquad\qquad \text{排中律} \\
(A \cap B) \cup (\overline{A} \cap B) = & \qquad\qquad \text{分配律} \\
\varnothing \cup (\overline{A} \cap B) = & \\
(\overline{A} \cap A) \cup (\overline{A} \cap B) = & \qquad\qquad \text{矛盾律} \\
\overline{A} \cap (A \cup B) = & \qquad\qquad \text{分配律} \\
\overline{A} \cap U = \overline{A} & \qquad\qquad \text{同一律}
\end{aligned}
$$

推论 3 - 1 $\overline{\varnothing} = U, \quad \overline{U} = \varnothing$.

证 因为 $U \cup \varnothing = U, U \cap \varnothing = \varnothing$, 由定理 3 - 4, 得 $\overline{\varnothing} = U, \overline{U} = \varnothing$.

[例 3 - 6] 用定理 3 - 4 证明摩根定律第二式 $\overline{A \cup B} = \overline{A} \cap \overline{B}$.

证 因为
$$
\begin{aligned}
(A \cup B) \cup (\overline{A} \cap \overline{B}) &= (A \cup B \cup \overline{A}) \cap (A \cup B \cup \overline{B}) = \\
&= ((A \cup \overline{A}) \cup B) \cap (A \cup (B \cup \overline{B})) = \\
&= (U \cup B) \cap (U \cup \overline{B}) = \\
&= U \cup U = U
\end{aligned}
$$
$$
\begin{aligned}
(A \cup B) \cap (\overline{A} \cap \overline{B}) &= (A \cap \overline{A} \cap \overline{B}) \cup (B \cap \overline{A} \cap \overline{B}) = \\
&= ((A \cap \overline{A}) \cap \overline{B}) \cup (\overline{A} \cap (B \cap \overline{B})) = \\
&= (\varnothing \cap \overline{B}) \cup (\overline{A} \cap \varnothing) = \\
&= \varnothing \cup \varnothing = \varnothing
\end{aligned}
$$

由定理 3 - 4 知, $A \cup B$ 和 $\overline{A} \cap \overline{B}$ 互为补集, 从而有 $\overline{A \cup B} = \overline{A} \cap \overline{B}$.

[例 3 - 7] 证明吸收律第二式 $A \cap (A \cup B) = A$.

证
$$
\begin{aligned}
A \cap (A \cup B) &= (A \cup \varnothing) \cap (A \cup B) = & \text{同一律} \\
&= A \cup (\varnothing \cap B) = & \text{分配律} \\
&= A \cup \varnothing = & \text{零 律} \\
&= A & \text{同一律}
\end{aligned}
$$

[例 3 - 8] 证明 $A \cup (B - A) = A \cup B$.

证　　$A \bigcup (B-A) = A \bigcup (B \bigcap \bar{A}) =$ 　　　　定理 3-3

　　　　$(A \bigcup B) \bigcap (A \bigcup \bar{A}) =$ 　　　　分配律

　　　　$(A \bigcup B) \bigcap U =$ 　　　　排中律

　　　　$A \bigcup B =$ 　　　　同一律

[例 3-9]　证明　　$A-(B \bigcup C) = (A-B) \bigcap (A-C)$

　　　　　　　　　$A-(B \bigcap C) = (A-B) \bigcup (A-C)$

证　　$A-(B \bigcup C) = A \bigcap \overline{B \bigcup C} =$ 　　　　定理 3-3

　　　　$A \bigcap (\bar{B} \bigcap \bar{C}) =$ 　　　　摩根定律

　　　　$(A \bigcap A) \bigcap (\bar{B} \bigcap \bar{C}) =$ 　　　　幂等律

　　　　$(A \bigcap \bar{B}) \bigcap (A \bigcap \bar{C}) =$ 　　　　交换律、结合律

　　　　$(A-B) \bigcap (A-C) =$ 　　　　定理 3-3

　　　　$A-(B \bigcap C) = A \bigcap \overline{B \bigcap C} =$ 　　　　定理 3-3

　　　　$A \bigcap (\bar{B} \bigcup \bar{C}) =$ 　　　　摩根定律

　　　　$(A \bigcap \bar{B}) \bigcup (A \bigcap \bar{C}) =$ 　　　　分配律

　　　　$(A-B) \bigcup (A-C)$ 　　　　定理 3-3

3.2.5　集合的对称差运算

定义 3-9　设 A, B 为任意两个集合,把所有属于 A,但不属于 B,或者属于 B,但不属于 A 的元素构成的集合称为 A 与 B 的对称差集合,记作 $A \oplus B$,即

$$A \oplus B = (A-B) \bigcup (B-A)$$

A 与 B 的对称差集合文氏图如图 3-5 斜线部分的所示.

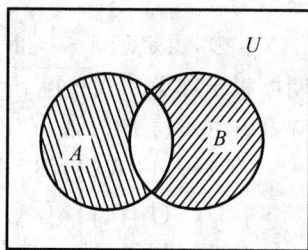

图　3-5

关于对称差运算,有下列运算规律:

(1) $A \oplus B = B \oplus A$.

(2) $(A \oplus B) \oplus C = A \oplus (B \oplus C)$.

(3) $A \oplus B = A \bigcup B - A \bigcap B$.

(4) $A \oplus \varnothing = A, A \oplus U = \bar{A}$.

(5) $A \oplus A = \varnothing$.

[例 3-10]　证明对称差运算 $A \oplus B = A \bigcup B - A \bigcap B$.

证　　$A \oplus B = (A-B) \bigcup (B-A) =$ 　　　　定理 3-3

　　　　$(A \bigcap \bar{B}) \bigcup (B \bigcap \bar{A}) =$ 　　　　定理 3-3

　　　　$(A \bigcup B) \bigcap (A \bigcup \bar{A}) \bigcap (\bar{B} \bigcup B) \bigcap (\bar{B} \bigcup \bar{A}) =$ 　　　　分配律

$$(A \cup B) \cap U \cap U \cap (\overline{B} \cup \overline{A}) = \qquad \text{排中律}$$

$$(A \cup B) \cap (\overline{B} \cup \overline{A}) = \qquad \text{同一律}$$

$$(A \cup B) \cap \overline{(\overline{A} \cap B)} = \qquad \text{摩根定律}$$

$$A \cup B - A \cap B$$

[例 3 - 11] 利用文氏图求集合运算的结果.

(1) $\overline{A} - B \cap C$.

(2) $A \cap (\overline{B} \cup C)$.

解 (1) $\overline{A} - B \cap C$ 的运算结果如图 3-6 中斜线部分所示.

(2) $A \cap (\overline{B} \cup C)$ 的运算结果如图 3-7 中斜线部分所示.

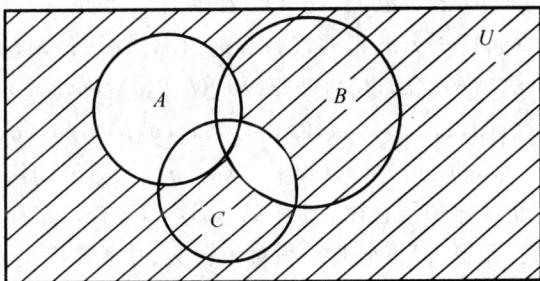

图 3 - 6

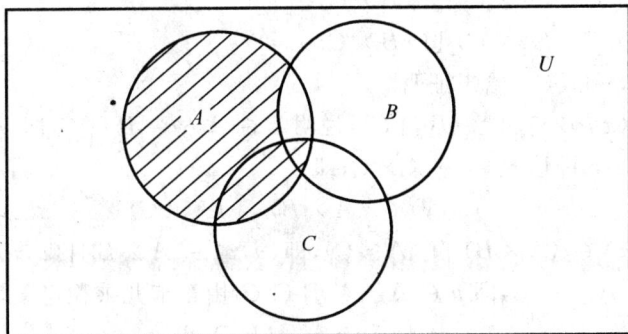

图 3 - 7

3.3 集合的笛卡儿乘积

定义 3 - 10 (1) 两个元素 a_1, a_2 组成的序列记作 (a_1, a_2), 称为序偶或二元组, a_1, a_2 分别称为二元组的第一个和第二个分量.

(2) 两个二元组 (a, b) 和 (c, d) 相等, 当且仅当 $a = c$ 并且 $b = d$.

(3) 设 $a_1, a_2, \cdots, a_n$ 是 n 个元素, 定义 $(a_1, a_2, \cdots, a_n) = ((a_1, \cdots, a_{n-1}), a_n)$ 为 n 元组.

由定义可知, $(2,3) \neq (3,2)$, $((1,2),4) \neq (1,(2,4))$.

定义 3 - 11 集合 A 和 B 的笛卡儿乘积(又称叉积)记为 $A \times B$, 它是所有第一个元素在 A 中, 第二个元素在 B 中的二元组的集合. 即

$$A \times B = \{(a,b) \mid a \in A \text{ 且 } b \in B\}$$

一般地,集合 $A_1, A_2, \cdots, A_n$ 的笛卡儿乘积记为 $A_1 \times A_2 \times \cdots \times A_n$ 或 $\overset{n}{\underset{i=1}{\times}} A_i$,其中,

$$\overset{n}{\underset{i=1}{\times}} A_i = A_1 \times A_2 \times \cdots \times A_n = \{(a_1, a_2 \cdots, a_n) \mid a_i \in A_i \text{ 且 } 1 \leqslant i \leqslant n\}$$

例如:$A = \{1,2,3\}, B = \{a,b\}$,则 $A \times B = \{(1,a),(1,b),(2,a),(2,b),(3,a),(3,b)\}$. 再例如,$\mathbf{R}$ 为所有实数构成的集合,由 $\mathbf{R} \times \mathbf{R}$ 表示平面上的点集合,即

$$\mathbf{R} \times \mathbf{R} = \{(x,y) \mid x \in \mathbf{R}, y \in \mathbf{R}\}$$

[例 3-12] $A = \{a,b\}, B = \{1,2,3\}, C = \{p,q\}$,求 $A \times A, A \times B, A \times B \times C, A \times (C \times C)$.

解 $A \times A = \{(a,a),(a,b),(b,a),(b,b)\}$

$A \times B = \{(a,1),(a,2),(a,3),(b,1),(b,2),(b,3)\}$

$A \times B \times C = \{(a,1,p),(a,1,q),(a,2,p),(a,2,q),(a,3,p),(a,3,q),$
$\qquad (b,1,p),(b,1,q),(b,2,p),(b,2,q),(b,3,p),(b,3,q)\}$

$A \times (C \times C) = \{(a,(p,p)),(a,(p,q)),(a,(q,p)),(a,(q,q)),$
$\qquad (b,(p,p)),(b,(p,q)),(b,(q,p)),(b,(q,q))\}$

笛卡儿乘积不满足交换律和结合律,因为 $(A \times B) \times C$ 与 $A \times (B \times C)$ 中的元素不同,后者的元素不是我们定义的三元组. 但笛卡儿乘积对集合交、并运算满足分配律,即

(1) $A \times (B \cap C) = (A \times B) \cap (A \times C)$

(2) $A \times (B \cup C) = (A \times B) \cup (A \times C)$

(3) $(A \cap B) \times C = (A \times C) \cap (B \times C)$

(4) $(A \cup B) \times C = (A \times C) \cup (B \times C)$

这里仅就式(1)和式(3)给出证明.

先证式(1). $\forall (x,y) \in A \times (B \cap C)$,说明 $x \in A, y \in B \cap C$,即 $y \in B$ 并且 $y \in C$,从而得 $(x,y) \in A \times B$,并且 $(x,y) \in A \times C$,即

$$(x,y) \in (A \times B) \cap (A \times C)$$

类似地,$\forall (u,v) \in (A \times B) \cap (A \times C)$,即 $(u,v) \in A \times B$ 且 $(u,v) \in A \times C$,说明 $u \in A, v \in B$ 并且 $u \in A, v \in C$,即 $u \in A, v \in B \cap C$,由笛卡儿乘积定义,知

$$(u,v) \in A \times (B \cap C)$$

综上,式(1)得证

再证式(3). $\forall (x,y) \in (A \cap B) \times C$,由笛卡儿乘积定义知 $x \in A \cap B, y \in C$,由 $x \in A \cap B$,知 $x \in A$ 且 $x \in B$,从而 $(x,y) \in A \times C$ 且 $(x,y) \in B \times C$,则有

$$(x,y) \in (A \times C) \cap (B \times C)$$

显然,上述过程也是可逆的. 故得

$$(A \times C) \cap (B \times C) \subseteq (A \cap B) \times C$$

定理 3-5 如果 $A_1, A_2, \cdots, A_n$ 都是有限集合,则有

$$|A_1 \times A_2 \times \cdots \times A_n| = |A_1| \cdot |A_2| \cdot |A_3| \cdot \cdots \cdot |A_n|$$

证 用数学归纳法. 当 $n = 1$ 时,$|A_1| = |A_1|$,命题显然成立;

当 $n = 2$ 时,$|A_1 \times A_2| = |A_1| \cdot |A_2|$,命题同样成立.

设 $n = k$ 时命题成立,即

$$|A_1 \times A_2 \cdots \times A_k| = |A_1| \cdot |A_2| \cdot \cdots \cdot |A_k|$$

则当 $n=k+1$ 时,

$$|A_1 \times A_2 \times \cdots \times A_k \times A_{k+1}| = |A_1 \times A_2 \times \cdots \times A_k| \cdot |A_{k+1}| =$$
$$|A_1| \cdot |A_2| \cdot \cdots \cdot |A_k| \cdot |A_{k+1}|$$

即当 $n=k+1$ 时,命题也成立.由归纳法,命题得证.

例如:设 $A=\{1,2,3\}, B=\{3,4\}, C=\{a,b\}$,则 $|A \times B \times C|=|A| \cdot |B| \cdot |C|=12$,即 A, B, C 的笛卡儿乘积有 12 个元素,每个元素都是三元组.

3.4 计 数 问 题

利用集合的运算,可解决有限个元素的计数问题.

设 A, B 为有限集合,其基数分别为 $|A|$ 和 $|B|$,根据集合运算的定义,以下各式成立:

$$|A \cup B| \leqslant |A|+|B|$$
$$|A \cap B| \leqslant \min(|A|, |B|)$$
$$|A-B| \geqslant |A|-|B|$$
$$|A \oplus B| = |A|+|B|-2|A \cap B|$$

以上公式容易用文氏图直接说明.在有限集合的元素计数问题中,下述定理有着更广泛的应用.

定理 3-6   设 A 和 B 为有限集合,其基数分别为 $|A|$ 和 $|B|$,则有

$$|A \cup B| = |A|+|B|-|A \cap B|$$

证   显然当 A 与 B 不相交,即 $A \cap B=\varnothing$ 时,有 $|A \cup B|=|A|+|B|$.则

$$|A|=|A \cap \bar{B}|+|A \cap B|, \quad |B|=|\bar{A} \cap B|+|A \cap B|$$

可得

$$|A|+|B|=|A \cap \bar{B}|+|\bar{A} \cap B|+2|A \cap B|$$

而

$$|A \cap \bar{B}|+|\bar{A} \cap B|+|A \cap B|=|A \cup B|$$

于是得

$$|A \cup B|=|A|+|B|-|A \cap B|$$

这个公式常称为容斥原理.

[**例 3-13**]   假设在某部门的 10 名职员中有 7 名职员的学历是大学本科,有 4 名职员的政治面貌是中共党员,其中有 3 名职员兼具有大学本科与中共党员双重身份,问既不是大学本科又不是中共党员的职员有几名?

解   设学历是大学本科的职员的集合为 W,政治面貌是中共党员的职员的集合为 S.

根据题设有

$$|W|=7, \quad |S|=4, \quad |W \cap S|=3, \quad |U|=10$$

由容斥原理得

$$|W \cup S|=|W|+|S|-|W \cap S|=7+4-3=8$$

因为

$$|\overline{W \cup S}|+|W \cup S|=|U|=10$$

所以

$$|\bar{W} \cap \bar{S}|=|\overline{W \cup S}|=10-|W \cup S|=10-8=2$$

所以既不是大学本科又不是中共党员的职员有 2 名.

定理 3-7   设 $A_1, A_2, \cdots, A_n$ 为有限集合,其基数分别为 $|A_1|, |A_2|, \cdots, |A_n|$,则

$$| A_1 \bigcup A_2 \bigcup \cdots \bigcup A_n | = \sum_{i=1}^{n} | A_i | - \sum_{1 \leqslant i < j \leqslant n} | A_i \bigcap A_j | +$$

$$\sum_{1 \leqslant i < j < k \leqslant n} | A_i \bigcap A_j \bigcap A_k | + \cdots +$$

$$(-1)^{n-1} | A_1 \bigcap A_2 \bigcap \cdots \bigcap A_n | \qquad (3-1)$$

证   用归纳法证明.当 $n = 2$ 时,由定理 $3-6$ 知,该命题成立.

设当 $n = r - 1$ 时命题成立,则当 $n = r$ 时,对于 r 个集合 $A_1, A_2, \cdots, A_{r-1}, A_r$ 可得

$$| A_1 \bigcup A_2 \bigcup \cdots \bigcup A_{r-1} \bigcup A_r | =$$

$$| A_1 \bigcup A_2 \bigcup \cdots \bigcup A_{r-1} | + | A_r | - | A_r \bigcap (A_1 \bigcup A_2 \bigcup \cdots \bigcup A_{r-1}) | =$$

$$| A_1 \bigcup A_2 \bigcup \cdots \bigcup A_{r-1} | + | A_r | - | (A_r \bigcap A_1) \bigcup (A_r \bigcap A_2) \bigcup \cdots \bigcup (A_r \bigcap A_{r-1}) |$$

$$\qquad (3-2)$$

对于 $r-1$ 个集合 $A_r \bigcap A_i (i = 1, \cdots r - 1)$,由归纳假设得

$$| (A_r \bigcap A_1) \bigcup (A_r \bigcap A_2) \bigcup \cdots \bigcup (A_r \bigcap A_{r-1}) | =$$

$$\sum_{i=1}^{r-1} | A_r \bigcap A_i | - \sum_{1 \leqslant i < j \leqslant r-1} | (A_r \bigcap A_i) \bigcap (A_r \bigcap A_j) | + \cdots +$$

$$(-1)^{r-2} | (A_r \bigcap A_1) \bigcap (A_r \bigcap A_2) \bigcap \cdots \bigcap (A_r \bigcap A_{r-1}) | =$$

$$\sum_{i=1}^{r-1} | A_r \bigcap A_i | - \sum_{1 \leqslant i < j \leqslant r-1} | A_r \bigcap A_i \bigcap A_j | + \cdots +$$

$$(-1)^{r-2} | A_1 \bigcap A_2 \bigcap \cdots \bigcap A_{r-1} \bigcap A_r | \qquad (3-3)$$

另外对 $r-1$ 个集合 $A_i (i = 1, \cdots, r - 1)$,由归纳假设有

$$| A_1 \bigcup A_2 \bigcup \cdots \bigcup A_{r-1} | = \sum_{i=1}^{r-1} | A_i | - \sum_{1 \leqslant i < j \leqslant r-1} | A_i \bigcap A_j | +$$

$$\sum_{1 \leqslant i < j < k \leqslant r-1} | A_i \bigcap A_j \bigcap A_k | + \cdots + (-1)^{r-2} | A_1 \bigcap A_2 \bigcap \cdots \bigcap A_{r-1} | \qquad (3-4)$$

将式 $(3-3)$,式 $(3-4)$ 代入式 $(3-2)$,得

$$| A_1 \bigcup A_2 \bigcup \cdots \bigcup A_r | = \sum_{i=1}^{r-1} | A_i | - \sum_{1 \leqslant i < j \leqslant r-1} | A_i \bigcap A_j | + \sum_{1 \leqslant i < j < k \leqslant r-1} | A_i \bigcap A_j \bigcap A_k | + \cdots +$$

$$(-1)^{r-2} | A_1 \bigcap A_2 \bigcap \cdots \bigcap A_{r-1} | + | A_r | -$$

$$(\sum_{i=1}^{r-1} | A_r \bigcap A_i | - \sum_{1 \leqslant i < j \leqslant r-1} | A_r \bigcap A_i \bigcap A_j | + \cdots +$$

$$(-1)^{r-2} | A_1 \bigcap A_2 \bigcap \cdots \bigcap A_r |)$$

整理后得

$$| A_1 \bigcup A_2 \bigcup \cdots \bigcup A_r | = \sum_{i=1}^{r-1} | A_i - \sum_{1 \leqslant i < j \leqslant r} | A_i \bigcap A_j | + \sum_{1 \leqslant i < j < k \leqslant r} | A_i \bigcap A_j \bigcap A_k | + \cdots +$$

$$(-1)^{r-1} | A_1 \bigcap A_2 \bigcap \cdots \bigcap A_{r-1} \bigcap A_r |$$

由归纳法知,命题成立.

推论 $3-2$ 对于任意 3 个有限集合 A, B, C,则有

$$| A \bigcup B \bigcup C | = | A | + | B | + | C | - | A \bigcap B | - | A \bigcap C | - | B \bigcap C | + | A \bigcap B \bigcap C |$$

[例 $3-14$]   某地区 110 报警系统装配 30 辆 110 巡警车,可供选择的通信设备有对讲机、移动电话和卫星定位系统.已知其中 15 辆警车有对讲机,8 辆警车有移动电话,6 辆警车有卫星定位

系统,而且其中 3 辆警车这 3 种设备都有.问至少有多少辆警车没有配备任何通信设备.

解 设 A,B,C 分别表示配有对讲机、移动电话和卫星定位系统的警车集合.因此

$$|A|=15, \quad |B|=8, \quad |C|=6, \quad |A \cap B \cap C|=3$$

由推论 3-2 得

$$|A \cup B \cup C|=15+8+6-|A \cap B|-|A \cap C|-|B \cap C|+3=$$
$$32-|A \cap B|-|A \cap C|-|B \cap C|$$

因为

$$|A \cap B| \geqslant |A \cap B \cap C|$$
$$|A \cap C| \geqslant |A \cap B \cap C|$$
$$|B \cap C| \geqslant |A \cap B \cap C|$$

所以

$$|A \cup B \cup C| \leqslant 32-3-3-3=23$$

即至多有 23 辆警车有一种或几种可选的通信设备,因此至少有 7 辆警车没有配备任何通信设备.

[例 3-15] 求 $1 \sim 250$ 之间能被 $2,3,5$ 和 7 其中之一整除的整数的个数.

解 设 A_1,A_2,A_3,A_4 分别表示 1 到 250 之间能被 $2,3,5,7$ 整除的整数集合,$\lfloor x \rfloor$ 表示小于或等于 x 的最大整数.

$$|A_1|=\left\lfloor \frac{250}{2} \right\rfloor=125, \quad |A_2|=\left\lfloor \frac{250}{3} \right\rfloor=83, \quad |A_3|=\left\lfloor \frac{250}{5} \right\rfloor=50, \quad |A_4|=\left\lfloor \frac{250}{7} \right\rfloor=35$$

$$|A_1 \cap A_2|=\left\lfloor \frac{250}{2 \times 3} \right\rfloor=41, \quad |A_1 \cap A_3|=\left\lfloor \frac{250}{2 \times 5} \right\rfloor=25, \quad |A_1 \cap A_4|=\left\lfloor \frac{250}{2 \times 7} \right\rfloor=17$$

$$|A_2 \cap A_3|=\left\lfloor \frac{250}{3 \times 5} \right\rfloor=16, \quad |A_2 \cap A_4|=\left\lfloor \frac{250}{3 \times 7} \right\rfloor=11, \quad |A_3 \cap A_4|=\left\lfloor \frac{250}{5 \times 7} \right\rfloor=7$$

$$|A_1 \cap A_2 \cap A_3|=\left\lfloor \frac{250}{2 \times 3 \times 5} \right\rfloor=8, \quad |A_1 \cap A_2 \cap A_4|=\left\lfloor \frac{250}{2 \times 3 \times 7} \right\rfloor=5$$

$$|A_1 \cap A_3 \cap A_4|=\left\lfloor \frac{250}{2 \times 5 \times 7} \right\rfloor=3, \quad |A_2 \cap A_3 \cap A_4|=\left\lfloor \frac{250}{3 \times 5 \times 7} \right\rfloor=2$$

$$|A_1 \cap A_2 \cap A_3 \cap A_4|=\left\lfloor \frac{250}{2 \times 3 \times 5 \times 7} \right\rfloor=1$$

利用定理 3-7 得

$$|A_1 \cup A_2 \cup A_3 \cup A_4|=125+83+50+35-41-25-17-16-11-$$
$$7+8+5+3+2-1=193$$

即 $1 \sim 250$ 之间能被 $2,3,5$ 和 7 其中之一整除的整数有 193 个.

[例 3-16] 某研究所 24 名科技人员掌握外语的情况调查结果如下:会英语、日语、德语和法语分别有 $13,5,9$ 和 10 人,同时会英语和日语的有 2 人,同时会英语和法语、英语和德语、德语和法语的各有 4 人,会日语的人既不懂德语、也不懂法语.问仅掌握英语、日语、德语和法语的各有几人? 同时会英语、德语和法语的有几人?

解 用 A,B,C,D 分别表示会英语、德语、法语和日语的人的集合,依题设有

$$|A|=13, \quad |B|=9, \quad |C|=10, \quad |D|=5$$
$$|A \cap B|=|B \cap C|=|A \cap C|=4, \quad |A \cap D|=2, \quad |B \cap D|=|C \cap D|=0$$

仅懂日语的人数为

$$|D|-|A \cap D|=5-2=3$$

从而 $\qquad\qquad\qquad |A \cup B \cup C| = 24 - 3 = 21$

又因为

$$|A \cup B \cup C| = |A| + |B| + |C| - |A \cap B| - |A \cap C| - |B \cap C| + |A \cap B \cap C| =$$
$$13 + 9 + 10 - 4 - 4 - 4 + |A \cap B \cap C|$$

所以得 $\qquad\qquad\qquad |A \cap B \cap C| = 1$

即仅有 1 人同时会英语、德语和法语.

$$|A - (B \cup C)| = |A| - (|A \cap B| + |A \cap C|) + |A \cap B \cap C| =$$
$$13 - (4 + 4) + 1 = 6$$

在上述 6 人中除去同时会日语的 2 人,即得仅会英语有 4 人.

同理

$$|B - (A \cup C)| = |B| - (|B \cap A| + |B \cap C|) + |A \cap B \cap C| =$$
$$9 - (4 + 4) + 1 = 2$$
$$|C - (A \cup B)| = |C| - (|C \cap A| + |C \cap B|) + |A \cap B \cap C| =$$
$$10 - (4 + 4) + 1 = 3$$

即仅会德语有 2 人,仅会法语有 3 人.

习　题　3

1. 用列举法表示下列集合.

(1) $A = \{x \mid x$ 是十进制的一位数字$\}$.

(2) $A = \{x \mid x^2 + x - 6 = 0, x$ 为复数$\}$.

(3) 构成 tomorrow 的字母集合.

2. 用描述法表示下列集合.

(1) 所有奇数的集合.

(2) 能被 7 整除的整数集合.

(3) 36 的所有正整数因子.

3. 对下列集合给出递归定义.

(1) 十进制无符号整数集合,定义的集合将包含 6,235,4 500 等.

(2) 十进制的以小数部分为结束的实数集合,定义的集合将包含 5.3,453.5,10.270 0, 0.480 等.

4. 判定下列命题是否成立.

(1) $\varnothing \subseteq \varnothing$

(2) $\varnothing \in \varnothing$

(3) $\varnothing \in \{\varnothing\}$

(4) $\{a,b\} \in \{a,b,\{\{a,b\}\}\}$

(5) $\{a,b\} \in \{a,b,\{a,b,c\}\}$

5. 求下列集合的幂集合.

(1) $\{\varnothing\}$

(2) $\{\varnothing, \{\varnothing\}\}$

(3) $\{\{\varnothing,a\},\{a\}\}$

(4) $\{\{a,b\},\{a,a,b\},\{b,a,b\}\}$

6. 设 A 和 B 为任意集合,证明:

(1) $2^A \bigcap 2^B = 2^{A \cap B}$

(2) $2^A \bigcup 2^B \subseteq 2^{A \cup B}$

7. 给定自然数集合 $\mathbf{N}$ 的下列子集.

$A = \{1,2,7,8\}, B = \{i \mid i^2 < 50\}, C = \{i \mid i \text{ 能被 } 30 \text{ 整除}\}, D = \{i \mid i = 2^k, k \in \mathbf{Z} \text{ 且 } 0 \leqslant k \leqslant 6\}$

求出下列集合:

(1) $A \bigcup (B \bigcup (C \bigcup D))$

(2) $A \bigcap (B \bigcap (C \bigcap D))$

(3) $B - (A \bigcup C)$

(4) $(\overline{A} \bigcap B) \bigcup D$

8. 设 A, B, C 是集合,证明

(1) $(A - B) - C = (A - C) - B$

(2) $(A \oplus B) \oplus C = A \oplus (B \oplus C)$

9. 设 A 和 B 为任意集合,证明以下命题是等价的.

(1) $A \subset B$

(2) $A - B = \varnothing$

(3) $A \bigcap B = A$

(4) $A \bigcup B = B$

(5) $\overline{A} \bigcup B = U$

10. 画出下列集合的文氏图.

(1) $\overline{A} \bigcap \overline{B}$

(2) $A - \overline{(B \bigcup C)}$

(3) $A \bigcup (\overline{B} \bigcap C)$

11. 如果 $A = \{a,b\}$ 和 $B = \{c\}$,试确定下列集合.

(1) $A \times \{0,1\} \times B$

(2) $B \times B \times A$

(3) $(A \times B) \times (A \times B)$

12. 设 A, B, C, D 是任意集合,试证明

$$(A \bigcap B) \times (C \bigcap D) = (A \times C) \bigcap (B \times D)$$

13. 在一个班级的 50 个学生中,有 26 人在第一次考试中得到 A,21 人在第二次考试中得到 A,假如有 17 人在两次考试中都没有得到 A,问有多少学生两次考试中都得到 A?

14. 设某校足球队有球衣 28 件,篮球队有球衣 15 件,棒球队有球衣 20 件,3 队队员的总数为 38 人,且其中只有 3 人同时参加 3 队,试求同时参加两队的队员共有几人.

15. 设由某项调查发现学生阅读杂志的情况如下:60% 阅读甲类杂志,50% 阅读乙类杂志,50% 阅读丙类杂志,30% 阅读甲类杂志与乙类杂志,30% 阅读甲类杂志与丙类杂志,30% 阅读乙类杂志与丙类杂志,10% 阅读 3 类杂志.求:

（1）阅读两类杂志的学生百分比；

（2）不读任何杂志的学生的百分比.

16. 共 75 个儿童到公园游乐场, 他们在那里可以骑旋转木马, 坐滑行铁道, 乘"宇宙飞船", 已知有 20 人这 3 种都乘坐过, 有 55 人至少乘坐过其中的两种. 若每样乘坐一次的费用是 0.50 元, 公园游乐场总共收入 70 元, 试确定有多少儿童没有乘过其中任何一种.

第4章 二元关系

集合是为研究现实世界而抽象的数学概念,而现实世界中的事物不是孤立存在的,集合中的事物之间往往存在一定的联系和相关性,例如人际关系中的弟兄关系、父子关系、兄妹关系、同学关系等;数与数之间的大小关系、相等关系、整除关系;计算机之间的兼容关系等.离散数学把关系作为一个数学概念,用集合的语言来描述.

本章主要内容有:关系的概念、表示和特性,关系的运算,集合的划分与覆盖,相容关系、等价关系、偏序关系等.

4.1 关系及其特性

4.1.1 关系的概念

定义 4-1 集合 $A \times B$ 的任一了集称为 A 到 B 的 个二元关系,简称 A 到 B 的一个关系,$A_1 \times A_2 \times \cdots \times A_n (n \geqslant 1)$ 的子集称为 $A_1 \times A_2 \times \cdots \times A_n$ 上的一个 n 元关系;特别地,$A^n = A \times A \times \cdots \times A (n \geqslant 1)$ 的子集称为 A 上的 n 元关系.设 $R \subseteq A \times B, x \in A, y \in B$,若 $(x, y) \in R$,则称 x, y 有关系 R,可记作 xRy;若 $(x, y) \notin R$,则称 x, y 没有关系 R,可记作 $x\bar{R}y$.

如图 4-1 所示,集合 A 到 B 上的一个关系

$$R = \{(a_1, b_1), (a_1, b_2), (a_2, b_2), (a_3, b_1), (a_3, b_3)\}$$

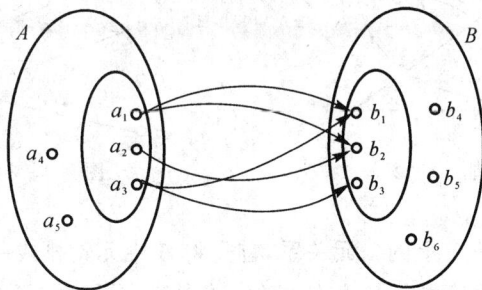

图 4-1

现实生活中事物与事物的关系也可用集合的形式来表示.

例如有两组学生,A 组有甲、乙、丙 3 个学生,B 组有丁、戊两个学生,假设甲和丁是老乡,乙和戊是老乡,丙和戊是老乡,则 $R = \{(甲, 丁), (乙, 戊), (丙, 戊)\}$ 是集合 A 到 B 上的关系,它反映了上述"老乡关系".

特别地,设 A 和 B 是两个集合,

若 $R = \varnothing$,则称 R 为 A 到 B 上的空关系;

若 $R = A \times B$，则称 R 为 A 到 B 上的全关系；

若 $A = B$ 且 $R = \{(x,x) \mid \forall x \in A\}$，则称 R 为 A 上的恒等关系，记作 I_A.

例如：自然数之间的大于关系 $= \{(x,y) \mid x,y \in \mathbf{N} \text{ 且 } x > y\}$.

某人群中的同学关系 $= \{(x,y) \mid x,y \text{ 属于某人群且 } x \text{ 和 } y \text{ 是同学}\}$.

设 $A = \{2,3,4,6,8,12,24\}$，则 A 上的整除关系 $= \{(2,2),(2,4),(2,6),(2,8),(2,12),$ $(2,24),(3,3),(3,6),(3,12),(3,24),(4,4),(4,8),(4,12),(4,24),(6,6),(6,12),(6,24),$ $(8,8),(8,24),(12,12),(12,24),(24,24)\}$.

4.1.2　关系的表示

关系既然是一个集合，当然可以用集合的方法来表示. 但当 A（或者 A 和 B）为有限集合时，A 上（A 到 B）的关系 R 还可用关系图和关系矩阵来表示.

用关系图表示关系时，若 R 是 A 上的二元关系，将 A 的元素用小圆圈表示，若 A 中元素 a 和 b 有关系 R 时，用从 a 到 b 的有向线段或有向弧表示. 若 R 是 A 到 B 上的二元关系，将 A 和 B 的元素仍用小圆圈表示，通常 A 的元素画在左侧，B 的元素画在右侧，用从 a 到 b 的有向线段或有向弧表示. 在关系图中，点的位置和有向线段的长短是无关紧要的.

[例 4-1]　设 $A = \{a,b,c,d\}$，A 上的二元关系为
$$R = \{(a,b),(a,d),(d,c),(c,b),(b,c),(a,a)\}$$
则 R 的关系可用图 4-2 表示.

[例 4-2]　设 $A = \{a,b,c,d\}$，$B = \{1,2,3\}$，A 到 B 上的二元关系为
$$R = \{(a,1),(a,2),(b,3),(d,3)\}$$
则 R 的关系图如图 4-3 所示. 用关系图表示关系形象、直观.

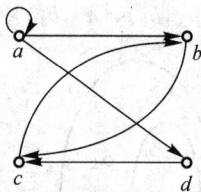
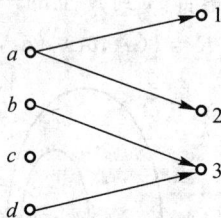

图　4-2　　　　　　　　图　4-3

求关系矩阵时，若 R 是 A 上的二元关系，首先将 A 中元素排成一定顺序，写在矩阵上方和左侧，若 aRb，则左侧 a 所对应的行与上方 b 对应的列的元素为 1；否则对应元素为 0. 若 R 是 A 到 B 上的二元关系，同样，将 A 和 B 中元素各自排成一定顺序，A 中元素列在矩阵左侧，B 中元素列在矩阵上方，若 A 中的元素 a 与 B 中的元素 b 有关系，则矩阵在 a 所对应的行与 b 所对应的列的元素为 1，否则为 0.

可以看到，若 A 的元素排列次序不同，会得到不同形式的矩阵. 现在给出例 4-1 和例 4-2 中两个关系的矩阵表示.

$$
\begin{array}{c}
\begin{array}{cccc} a & b & c & d \end{array} \\
\begin{array}{c} a \\ b \\ c \\ d \end{array}
\begin{bmatrix}
1 & 1 & 0 & 1 \\
0 & 0 & 1 & 0 \\
0 & 1 & 0 & 0 \\
0 & 0 & 1 & 0
\end{bmatrix}
\end{array}
\qquad
\begin{array}{c}
\begin{array}{ccc} 1 & 2 & 3 \end{array} \\
\begin{array}{c} a \\ b \\ c \\ d \end{array}
\begin{bmatrix}
1 & 1 & 0 \\
0 & 0 & 1 \\
0 & 0 & 0 \\
0 & 0 & 1
\end{bmatrix}
\end{array}
$$

后面将会看到,关系的矩阵表示便于实现关系的运算.

事实上,A 到 B 上的二元关系可以看成 $A \cup B$ 上的二元关系,以后讨论的二元关系指的都是 A 上的二元关系,而不专门提及 A 到 B 上的二元关系.

4.1.3 关系的特性

定义 4 - 2 设 R 是集合 A 上的关系,如果 $\forall x \in A$,都有 xRx,则称 R 具有反身性或自反性.

例如,整数集上的整除关系具有自反性,恒等关系和全关系都具有自反性.

若关系 R 具有自反性,则其关系图中每个元素都有自回路;关系矩阵的主对角线上元素全为 1.

定义 4 - 3 设 R 是集合 A 上的关系,如果 $\forall x \in A$,都有 $x\bar{R}x$,则称 R 具有反自反性.

例如,实数集上的小于关系具有反自反性,空关系具有反自反性.

若关系 R 具有自反性,则其关系图中每个元素都不会有自回路;关系矩阵的主对角线上元素全为 0.

显然,没有既具有自反性,又具有反自反性的关系;但有些关系既不具有自反性,又不具有反自反性,如例 4 - 1 中的关系 R.

定义 4 - 4 设 R 是集合 A 上的关系,如果 $\forall x, y \in A$,只要 xRy,就必有 yRx,则称 R 具有对称性.

例如,正整数集上除 m 同余关系具有对称性,空关系、恒等关系、全关系都具有对称性.

当关系具有对称性时,在其关系图中,若元素 a,b 之间有弧的话,必然有两条方向相反的弧;而关系矩阵必定是对称矩阵.

定义 4 - 5 设 R 是集合 A 上的关系,如果 $\forall x, y \in A$,当 xRy 且 yRx 时,就必有 $x = y$,则称 R 具有反对称性.

反对称性的另一说法为:若 $x \neq y$,则 xRy 和 yRx 最多只有一个成立.

例如,实数集上的小于关系、小于等于关系具有反对称性,整数集上的整除关系具有反对称性,空关系、恒等关系具有反对称性.

当关系具有反对称性时,从关系图上来看,代表不同元素的任意两节点间最多只有一条有向弧;从 R 的关系矩阵来看,当 $i \neq j$ 时,矩阵的元素 a_{ij} 与 a_{ji} 最多有一个是 1,也可能二者均为 0.

有些关系既具有对称性,又具有反对称性,例如空关系,这种关系中的序偶都是 (x, x) 型,即 R 中没有由不同元素构成的序偶;从关系图上来看,最多只有自回路,没有别的有向弧;从关系矩阵来看,除主对角线上可能出现 1,其余元素全为 0. 有些关系既不具有对称性,又不具有反对称性,如例 4 - 1 中的关系 R.

定义 4 - 6 设 R 是集合 A 上的关系,如果 $\forall x, y, z \in A$,当 xRy 且 yRz 时,就必有 xRz,则称 R 具有传递性.

例如,实数集上的小于关系、小于等于关系具有传递性,正整数集上的除 m 同余关系具有传递性,空关系、恒等关系、全关系都具有传递性.

当 R 具有传递性时,从关系图上来看,若连续有两条弧首尾相接,则必然由前一弧的始点到后一弧的终点还有一有向弧.注意:若 R 中还有些弧不与任何其他弧首尾相接,这并不影响 R 的传递性.

例如,设 $A=\{a,b,c\}$,$R_1=\{(a,b),(c,b)\}$,$R_2=\{(a,b),(b,a),(c,c)\}$,$R_1$ 中 (a,b) 和 (c,b) 无首尾相接,但 R_1 是具有传递性的.由于 R_2 中 (a,b) 和 (b,a) 首尾相接,而 $(a,a),(b,b)$ 均不在 R_2 中,故 R_2 不具有传递性.

上述关于关系的 5 个特性,有些关系会同时兼有几个.例如,空关系具有反自反性、对称性、反对称性和传递性;全关系具有自反性、对称性和传递性;恒等关系具有自反性、对称性、反对称性和传递性;实数集上的小于关系具有反自反性、反对称性和传递性;正整数集上除 m 同余关系具有自反性、对称性和传递性;父子关系只具有反对称性等.

4.2　关系的运算

4.2.1　关系的并、交、补、差运算

既然关系是一种集合,那么自然在关系之间也有像集合之间那样的并、交、补、差运算.

定义 4-7　设 R 和 S 是集合 A 上的两个关系,则

关系 R 和 S 的并关系记作 $R \bigcup S$,这里,$R \bigcup S=\{(x,y) \mid x,y \in A, xRy \text{ 或者 } xSy\}$;

关系 R 和 S 的交关系记作 $R \bigcap S$,这里,$R \bigcap S=\{(x,y) \mid x,y \in A, xRy \text{ 并且 } xSy\}$;

关系 R 的补关系记作 $\bar{R}$ 或者 $\sim R$,这里,$\bar{R}=\{(x,y) \mid x,y \in A, x\bar{R}y\}$;

关系 R 和 S 的差关系记作 $R-S$,这里,$R-S=\{(x,y) \mid x,y \in A, xRy \text{ 并且 } x\$y\}$.

[例 4-3]　设 $A=\{a,b,c,d\}$,R 和 S 是集合 A 上的两个关系,有

$$R=\{(a,a),(a,c),(b,a),(c,b),(c,c),(d,c),(d,d)\}$$
$$S=\{(a,b),(a,d),(b,c),(b,d),(c,b),(d,a),(d,d)\}$$

求 $R \bigcup S, R \bigcap S, \bar{R}$ 及 $R-S$.

解　由定义得

$R \bigcup S=\{(a,a),(a,b),(a,c),(a,d),(b,a),(b,c),(b,d),(c,b),(c,c),\ (d,a),(d,c),\ (d,d)\}$

$R \bigcap S=\{(c,b),(d,d)\}$

$\bar{R}=\{(a,b),(a,d),(b,b),(b,c),(b,d),(c,a),(c,d),\ (d,a),(d,b)\}$

$R-S=\{(a,a),(a,c),(b,a),(c,c),(d,c)\}$

设关系 R 和 S 的矩阵分别为 $\boldsymbol{M}_R$ 和 $\boldsymbol{M}_S$,则关系 $R \bigcup S, R \bigcap S, \bar{R}$ 和 $R-S$ 的矩阵分别为

$$\boldsymbol{M}_{R \bigcup S}=\boldsymbol{M}_R \bigvee \boldsymbol{M}_S$$

$$\boldsymbol{M}_{R \bigcap S}=\boldsymbol{M}_R \bigwedge \boldsymbol{M}_S$$

$$\boldsymbol{M}_{\bar{R}}=\boldsymbol{M}_{A \times A}-\boldsymbol{M}_R=\overline{\boldsymbol{M}_R}$$

$$\boldsymbol{M}_{R-S}=\boldsymbol{M}_R-\boldsymbol{M}_S$$

其中矩阵间的 $\bigvee$ 和 $\bigwedge$ 运算表示两矩阵对应元素进行布尔乘与布尔加运算.

$0 \lor 0 = 0, 0 \lor 1 = 1, 1 \lor 0 = 1, 1 \lor 1 = 1; 0 \land 0 = 0, 0 \land 1 = 0, 1 \land 0 = 0, 1 \land 1 = 1$

$\overline{M_R}$ 的元素是 M_R 的元素求反的结果(1 的反是 0,0 的反是 1).

$M_R - M_S$ 的元素是按照以下规则运算.

$$0 - 0 = 0, \quad 0 - 1 = 0, \quad 1 - 0 = 1, \quad 1 - 1 = 0$$

对于例 4-3,关系 R 和 S 的关系矩阵分别为

$$M_R = \begin{bmatrix} 1 & 0 & 1 & 0 \\ 1 & 0 & 0 & 0 \\ 0 & 1 & 1 & 0 \\ 0 & 0 & 1 & 1 \end{bmatrix}, \quad M_S = \begin{bmatrix} 0 & 1 & 0 & 1 \\ 0 & 0 & 1 & 1 \\ 0 & 1 & 0 & 0 \\ 1 & 0 & 0 & 1 \end{bmatrix}$$

则

$$M_{R \cup S} = \begin{bmatrix} 1 & 0 & 1 & 0 \\ 1 & 0 & 0 & 0 \\ 0 & 1 & 1 & 0 \\ 0 & 0 & 1 & 1 \end{bmatrix} \lor \begin{bmatrix} 0 & 1 & 0 & 1 \\ 0 & 0 & 1 & 1 \\ 0 & 1 & 0 & 0 \\ 1 & 0 & 0 & 1 \end{bmatrix} = \begin{bmatrix} 1 & 1 & 1 & 1 \\ 1 & 0 & 1 & 1 \\ 0 & 1 & 1 & 0 \\ 1 & 0 & 1 & 1 \end{bmatrix}$$

$$M_{R \cap S} = \begin{bmatrix} 1 & 0 & 1 & 0 \\ 1 & 0 & 0 & 0 \\ 0 & 1 & 1 & 0 \\ 0 & 0 & 1 & 1 \end{bmatrix} \land \begin{bmatrix} 0 & 1 & 0 & 1 \\ 0 & 0 & 1 & 1 \\ 0 & 1 & 0 & 0 \\ 1 & 0 & 0 & 1 \end{bmatrix} = \begin{bmatrix} 0 & 0 & 0 & 0 \\ 0 & 0 & 0 & 0 \\ 0 & 1 & 0 & 0 \\ 0 & 0 & 0 & 1 \end{bmatrix}.$$

$$M_{\overline{R}} = \begin{bmatrix} 0 & 1 & 0 & 1 \\ 0 & 1 & 1 & 1 \\ 1 & 0 & 0 & 1 \\ 1 & 1 & 0 & 0 \end{bmatrix} \qquad M_{R-S} = \begin{bmatrix} 1 & 0 & 1 & 0 \\ 1 & 0 & 0 & 0 \\ 0 & 0 & 1 & 0 \\ 0 & 0 & 1 & 0 \end{bmatrix}$$

4.2.2 关系的乘积运算与逆运算

1. 关系的乘积

定义 4-8 设 R 和 S 是集合 A 上的两个关系,令

$R \cdot S = \{(x,y) \mid x,y \in A \text{ 且存在 } z \in A \text{ 使 } (x,z) \in R, (z,y) \in S\}$

称关系 $R \cdot S$ 为关系 R 和 S 的乘积,又称为合成或复合.

例如,如果 R_1 是关系"… 是 … 的兄弟",R_2 是关系"… 是 … 的父亲",那么 $R_1 \cdot R_2$ 是关系 "… 是 … 的叔伯".

关系的乘积运算是一种二元运算,它可以由两个关系生成新的关系.

[例 4-4] 设 $A = \{1,2,3,4,5\}$ 上的两个关系 $R = \{(1,2),(3,4),(2,2)\}$,$S = \{(4,2),(2,5),(3,1),(1,3)\}$,试求 $R \cdot S, S \cdot R, (R \cdot S) \cdot R$.

解 $\qquad\qquad R \cdot S = \{(1,5),(3,2),(2,5)\}$

$$S \cdot R = \{(4,2),(3,2),(1,4)\}$$

$$(R \cdot S) \cdot R = \{(3,2)\} = R \cdot (S \cdot R)$$

设 R,S,T 都是集合 A 上的关系,关系的乘积运算满足下列运算规则:

(1) $(R \cdot S) \cdot T = R \cdot (S \cdot T)$

(2) $R \cdot (S \cup T) = (R \cdot S) \cup (R \cdot T)$, $\qquad (R \cup S) \cdot T = (R \cdot T) \cup (S \cdot T)$

(3) $R \cdot (S \cap T) \subseteq (R \cdot S) \cap (R \cdot T)$,　　$(R \cap S) \cdot T \subseteq (R \cdot T) \cap (S \cdot T)$

现仅就(2)的第一式和(3)的第一式给出证明. 先证(2)的第一式.

$\forall x, z \in A$, 若$(x, z) \in R \cdot (S \cup T)$, 则$\exists y \in A$, 使得$(x, y) \in R$, $(y, z) \in S \cup T$, 即$(y, z) \in S$或$(y, z) \in T$, 从而知$(x, z) \in R \cdot S$或$(x, z) \in R \cdot T$, 故$(x, z) \in (R \cdot S) \cup (R \cdot T)$.

反之, $\forall a, c \in A$, 若$(a, c) \in (R \cdot S) \cup (R \cdot T)$, 即$(a, c) \in R \cdot S$或$(x, z) \in R \cdot T$, 不妨设$(a, c) \in R \cdot S$, 则存在$b \in A$使得$(a, b) \in R$, $(b, c) \in S \in S \cup T$, 从而可知

$$(a, c) \in R \cdot (S \cup T)$$

再证(3)的第一式.

$\forall x, y \in A$, 若$(x, y) \in R \cdot (S \cap T)$. 根据关系乘积的定义, 则$\exists z \in A$使$(x, z) \in R$且$(z, y) \in S \cap T$, 由后者知$(z, y) \in S$且$(z, y) \in T$, 结合前者得$(x, y) \in R \cdot S$且$(x, y) \in R \cdot T$, 从而$(x, y) \in (R \cdot S) \cap (R \cdot T)$. 故得

$$R \cdot (S \cap T) \subseteq (R \cdot S) \cap (R \cdot T)$$

注意, 关系的乘积运算不满足交换律, 乘运算对交运算不满足分配律, 即(3)中是包含关系, 不是等式.

例如, 设$R = \{(1, 2), (1, 3)\}$, $S = \{(2, 4)\}$, $T = \{(3, 4)\}$, 则$(1, 4) \in R \cdot S$且$(1, 4) \in R \cdot T$, 即$(1, 4) \in (R \cdot S) \cap (R \cdot T)$, 但因为$S \cap T = \varnothing$, 所以$(1, 4) \notin R \cdot (S \cap T)$.

关系的乘积也可用矩阵表示, 设R和S是集合A上的两个关系, R的矩阵$\boldsymbol{M}_R = [a_{ij}]_{n \times n}$, S的矩阵为$\boldsymbol{M}_S = [b_{ij}]_{n \times n}$, 则关系$R \cdot S$的矩阵为

$$\boldsymbol{M}_{R \cdot S} = \boldsymbol{M}_R \boldsymbol{M}_S = [c_{ij}]_{n \times n}$$

其中, $c_{ij} = \bigvee\limits_{k=1}^{n} (a_{ik} \wedge b_{kj})$, $i = 1, \cdots, n$, $j = 1, \cdots, n$, $\wedge$和$\vee$是集合$\{0, 1\}$上的布尔乘和布尔加运算.

[例4-5] 设$A = \{1, 2, 3, 4\}$, $R = \{(1, 1), (1, 2), (2, 2), (2, 3), (3, 1), (3, 2), (3, 4), (4, 2), (4, 3)\}$, $S = \{(1, 1), (1, 3), (2, 1), (2, 3), (3, 1), (3, 3), (3, 4), (4, 1), (4, 2)\}$, 求$R \cdot S$的关系矩阵.

解

$$\boldsymbol{M}_{R \cdot S} = \boldsymbol{M}_R \boldsymbol{M}_S = \begin{bmatrix} 1 & 1 & 0 & 0 \\ 0 & 1 & 1 & 0 \\ 1 & 1 & 0 & 1 \\ 0 & 1 & 1 & 0 \end{bmatrix} \begin{bmatrix} 1 & 0 & 1 & 0 \\ 1 & 0 & 1 & 0 \\ 1 & 0 & 1 & 1 \\ 1 & 1 & 0 & 0 \end{bmatrix} = \begin{bmatrix} 1 & 0 & 1 & 0 \\ 1 & 0 & 1 & 1 \\ 1 & 1 & 1 & 0 \\ 1 & 0 & 1 & 1 \end{bmatrix}$$

2. 关系的方幂

定义4-9 设R是集合A上的二元关系, $n \in N$, R的n次幂记作R^n, 定义如下:

(1)R^0是A上的恒等关系, 即$R^0 = \{(x, x) \mid \forall x \in A\}$.

(2)$R^{n+1} = R^n \cdot R$.

定理4-1 设R是集合A上的二元关系, $m, n \in \mathbf{N}$, 则

(1)$R^m \cdot R^n = R^{m+n}$.

(2)$(R^m)^n = R^{mn}$.

该定理用数学归纳法不难证明(略).

定理4-2 设R是A上的二元关系, $|A| = n$, 则存在i和j, 使得$R^i = R^j$而$0 \leqslant i < j \leqslant 2^{n^2}$.

证 因为集合 A 上的任一二元关系是 $A \times A$ 的子集,而

$$|A \times A| = n^2, \quad |\rho(A \times A)| = 2^{n^2}$$

即 A 上有 2^{n^2} 个不同二元关系,所以,R 不同的幂不会超过 2^{n^2} 个. 但序列 $R^0, R^1, \cdots, R^{2^{n^2}}$ 有 $2^{n^2} + 1$ 项,因此 R 的这些幂中至少有两个是相等的.

注意:对于无限集,本定理不一定成立. 例如 $A = \mathbf{Z}$(整数集),$R = \{(x, y) \mid x, y \in A$ 且 $y = 2x\}$,则 $(x, z) \in R^i \Leftrightarrow z = 2^i x$,只要 $i \neq j, R^i \neq R^j, \{R^n \mid n \in \mathbf{N}\}$ 是无限的.

定理 4 - 3 设 R 是集合 A 上的二元关系,$a_1, a_2 \in A$,则 $a_1 R^n a_2$ 的充要条件是存在 t_1, $t_2, \cdots, t_{n-1} \in A$,使 $a_1 R t_1, t_1 R t_2, \cdots, t_{n-1} R a_2$.

证 用数学归纳法证明. 当 $n = 1$ 时,命题显然成立.

假设 $n = k - 1$ 时命题成立,则当 $n = k$ 时,$R^k = R^{k-1} R$

因为 R^{k-1} 也是 A 上的关系,所以对任意 $a_1, a_2 \in A, a_1 R^k a_2$ 成立的充要条件是存在 $t_{k-1} \in A$,使

$$a_1 R^{k-1} t_{k-1} \text{ 且 } t_{k-1} R a_2$$

由归纳假设,当 $n = k - 1$ 时,$a_1 R^{k-1} t_{k-1}$ 成立的充要条件是存在 $t_1, t_2, \cdots, t_{k-2} \in A$,使

$$a_1 R t_1, t_1 R t_2, \cdots, t_{k-2} R t_{k-1}$$

综上所述,命题得证.

一般地,在 R^n 的关系图中,如果 x 到 y 有一条弧,则在 R^n 的关系图中有一条从 x 到 y 长度为 n 的路径.

3. 关系的逆

定义 4 - 10 设 R 是集合 A 上的关系,令 $\widetilde{R} = \{(x, y) \mid x, y \in A$ 且 $yRx\}$,则 $\widetilde{R}$(也可记作 R^{-1})称为 R 的逆关系.

例如,设 $A = \{a, b, c, d\}, R = \{(a, a), (a, c), (c, d)\}$,则

$$\widetilde{R} = \{(a, a), (c, a), (d, c)\}$$

再如,若 R 是整数集合上的小于等于关系,则 $\widetilde{R}$ 是整数集合上的大于等于关系.

关系的逆运算是一个一元运算,设 R 和 S 是集合 A 上的关系,它满足下列运算规则:

(1) $\widetilde{\widetilde{R}} = R$

(2) $\widetilde{R \cup S} = \widetilde{R} \cup \widetilde{S}$

(3) $\widetilde{R \cap S} = \widetilde{R} \cap \widetilde{S}$

(4) $\widetilde{R \cdot S} = \widetilde{S} \cdot \widetilde{R}$

现仅就(3)和(4)给出证明.

先证明(3). $\forall x, y \in A$,若 $(x, y) \in \widetilde{R \cap S}$,由逆关系定义知,$(y, x) \in R \cap S$,即 $(y, x) \in R$ 且 $(y, x) \in S$,由此得 $(x, y) \in \widetilde{R}$ 且 $(x, y) \in \widetilde{S}$,从而 $(x, y) \in \widetilde{R} \cap \widetilde{S}$.

反之,$\forall a, b \in A$,若 $(a, b) \in \widetilde{R} \cap \widetilde{S}$,则 $(a, b) \in \widetilde{R}$ 且 $(a, b) \in \widetilde{S}$,由逆关系定义知,$(b, a) \in R$ 且 $(b, a) \in S$,从而 $(b, a) \in R \cap S$,根据逆关系定义,有 $(a, b) \in \widetilde{R \cap S}$.

再证明(4). $\forall x, y \in A$,若 $(x, y) \in \widetilde{R \cdot S}$,由逆关系定义知,$(y, x) \in R \cdot S$,即 $\exists z \in A$,使得 $(y, z) \in R$ 且 $(z, x) \in S$,于是有 $(z, y) \in \widetilde{R}, (x, z) \in \widetilde{S}$,注意序偶的首尾元素,得

$$(x, y) \in \widetilde{S} \cdot \widetilde{R}$$

上述过程也是可逆的.

逆关系 $\tilde{R}$ 的关系图及关系矩阵也可通过关系 R 的关系图和关系矩阵而得到. 将关系 R 中的所有有向弧的方向颠倒,便得到 $\tilde{R}$ 的关系图;关系 R 的关系矩阵的转置就是 $\tilde{R}$ 的关系矩阵.

4. 关系性质的集合描述

上节定义了关系的性质,本节又定义了关系的并、交、补、差运算和乘积、方幂、逆运算,有了上述运算,关系的性质用集合描述如下:

(1) 自反性:$I_A \subseteq R$.

(2) 反自反性:$I_A \cap R = \varnothing$.

(3) 对称性:$\tilde{R} = R$.

(4) 反对称性:$R \cap \tilde{R} \subseteq I_A$.

(5) 传递性:$R^2 \subseteq R$.

(6) 既对称,又反对称:$R \subseteq I_A$.

这里,仅将(5)作为一个定理给出证明,其他各式留给读者自己证明.

定理 4 - 4 设 R 是非空集合 A 上的二元关系,R 具有传递性当且仅当 $R^2 \subseteq R$.

证   充分性. $\forall (x,y) \in R^2$,则 $\exists z \in A$,使得 $(x,z) \in R$ 且 $(z,y) \in R$. 由于 R 具有传递性,故是 $(x,y) \in R$,从而得到 $R^2 \subseteq R$.

必要性. $\forall x,y,z \in A$,若 $(x,y) \in R$ 且 $(y,z) \in R$,由关系的乘法运算,得 $(x,z) \in R^2$,又因为 $R^2 \subseteq R$,所以 $(x,z) \in R$,由定义知,R 具有传递性.

作为总结,表4-1给出了关系并、交、补、差、乘积和逆运算与关系的性质之间的关系. 表中打 √ 的项表示若参与运算的关系具有某种性质,则运算后得到的关系仍具有某种性质,打 × 的项表示若参与运算的关系具有某种性质,则运算后得到的关系不一定具有某种性质.

表　4 - 1

原有性质　关系运算	自反性	反自反性	对称性	反对称性	传递性
$R \cup S$	√	√	√	×	×
$R \cap S$	√	√	√	√	√
$\tilde{R}$	×	×	√	√	×
$R - S$	×	√	√	√	×
$R \cdot S$	√	×	×	×	×
$\tilde{R}$	√	√	√	√	√

4.3　关系的闭包运算

关系的闭包运算是关系上的一元运算,其实质是把给出的关系 R 扩充为一新的关系 S,使 S 具有一定的性质,且所进行的扩充又是最"节约"的.

定义 4 - 11 设 R 和 S 是集合 A 上的关系,若 S 满足

(1)S 是自反的(对称的,传递的);

(2)$R \subseteq S$;

(3) 对 A 上的任何自反的(对称的,传递的) 关系 R',如果 $R \subseteq R'$,那么 $S \subseteq R'$.

则称关系 S 是 R 的自反(对称,传递) 闭包,分别记为 $r(R),s(R)$ 和 $t(R)$.

由定义可以看出,R 的自反(对称,传递) 闭包是包含 R 并且具有自反(对称,传递) 性质的最小关系.显然当 R 本身已具有自反(对称,传递) 性时,其自反(对称,传递) 闭包就是自身.

定理 4-5　设 R 是 A 上的关系,则 R 的自反、对称和传递闭包分别为

(1) 自反闭包 $r(R) = R \cup I_A$.

(2) 对称闭包 $s(R) = \tilde{R} \cup R$.

(3) 传递闭包 $t(R) = \bigcup\limits_{i=1}^{\infty} R^i$.

其中,I_A 是 A 上的恒等关系,$R^i = \underbrace{R \cdot R \cdots R}_{i个}$ 是 i 个关系的乘积.

证　(1) 由 I_A 的定义知,$R \cup I_A$ 具有自反性,显然 $R \subseteq I_A \cup R$.

若另有自反关系 R',且 $R \subseteq R'$,由于 $I_A \subseteq R'$,则 $R \cup I_A \subseteq R'$;由 $r(R)$ 的定义知

$$r(R) = R \cup I_A$$

(2) 由 $\tilde{R}$ 的定义知,$R \cup \tilde{R}$ 具有对称性,显然 $R \subseteq R \cup \tilde{R}$.

若另有对称关系 R',且 $R \subseteq R'$,由于 $\forall (x,y) \in \tilde{R}$,即 $(y,x) \in R \subseteq R'$,由 R' 的对称性,得 $(x,y) \in R'$,说明 $\tilde{R} \subseteq R'$,从而 $R \cup \tilde{R} \subseteq R'$;由 $s(R)$ 的定义,有

$$s(R) = R \cup \tilde{R}$$

(3) 首先,$\forall x,y,z \in A$,若 (x,y) 及 $(y,z) \in \bigcup\limits_{i=1}^{\infty} R^i$,必存在 m 和 n,使得

$$(x,y) \in R^m, (y,z) \in R^n$$

从而 $(x,y) \in R^m \cdot R^n = R^{n+m} \subseteq \bigcup\limits_{i=1}^{\infty} R^i$,即 $\bigcup\limits_{i=1}^{\infty} R^i$ 具有传递性.

其次,$R \subseteq \bigcup\limits_{i=1}^{\infty} R^i$ 是显然的.

最后,设有关系 R',使得 $R \subseteq R'$ 且 R' 具有传递性,我们来证明 $\bigcup\limits_{i=1}^{\infty} R^i \subseteq R'$.

事实上,$\forall (a,b) \in \bigcup\limits_{i=1}^{\infty} R^i$,即存在自然数 m,使得 $(a,b) \in R^m$,由关系的乘积定义,$\exists t_1, t_2, \cdots, t_{m-1} \in A$,使得

$$aRt_1, t_1Rt_2, \cdots, t_{m-1}Rb$$

由 $R \subseteq R'$ 知,也有

$$aR't_1, t_1R't_2, \cdots, t_{m-1}R'b$$

由 R' 的传递性,可得 $(a,b) \in R'$,说明 $\bigcup\limits_{i=1}^{\infty} R^i \subseteq R'$.由 $t(R)$ 的定义知,$t(R) = \bigcup\limits_{i=1}^{\infty} R^i$.

定理 4-6　当 A 是基数为 n 的有限集时,A 上的关系 R 的传递闭包为

$$t(R) = \bigcup\limits_{i=1}^{n} R^i$$

证　由定理 4-5 得,$\bigcup\limits_{i=1}^{n} R^i \subseteq t(R)$,下面证明 $t(R) \subseteq \bigcup\limits_{i=1}^{n} R^i$.

$\forall (a,b) \in t(R) = \bigcup\limits_{i=1}^{\infty} R^i$,必有自然数 m,使 $(a,b) \in R^m$,这样的 m 可能不止一个,设 m_0 为其中最小的,现证明 $1 \leqslant m_0 \leqslant n$.

用反证法,假设 $m_0 > n$,那么由 $(a,b) \in R^{m_0}$ 及关系乘积的定义知,存在 $m_0 - 1$ 个 A 中元素 $t_1, t_2, \cdots, t_{m_0-1}$,使

$$aRt_1, t_1Rt_2, \cdots, t_{m_0-1}Rb$$

由于 A 中只有 n 个元素,所以 $a, t_1, t_2, \cdots, t_{m_0-1}, b$ 中必有重复,不妨设 $t_i = t_j$,且 $i < j$,则根据

$$aRt_1, t_1Rt_2, \cdots, t_{i-1}Rt_i, t_jRt_{j+1}, \cdots, t_{m_0-1}Rb$$

得到 $(a,b) \in R^k$,这里是 $k = m_0 - (j-i) < m_0$,这与 m_0 的最小性矛盾,说明只有 $m_0 \leqslant n$,即得

$$(a,b) \in \bigcup\limits_{i=1}^{n} R^i$$

由 (a,b) 的任意性,得出 $\bigcup\limits_{i=1}^{\infty} R^i \subseteq \bigcup\limits_{i=1}^{n} R^i$.

[例 4-6] 设 $A = \{a,b,c,d\}, R = \{(a,b),(b,b),(a,d),(c,d)\}$,试求 $r(R)$ 和 $s(R)$.

解
$$I_A = \{(a,a),(b,b),(c,c),(d,d)\}$$
$$\widetilde{R} = \{(b,a),(b,b),(d,a),(d,c)\}$$

由此得
$$r(R) = R \bigcup I_A = \{(a,a),(a,b),(a,d),(b,b),(c,c),(c,d),(d,d)\}$$
$$s(R) = R \bigcup \widetilde{R} = \{(a,b),(a,d),(b,a),(b,b),(c,d),(d,a),(d,c)\}$$

从关系图的角度考虑,在关系 R 的关系图中没有自回路的节点添上自回路就得到 $r(R)$ 的关系图;而在 R 的关系图中,补齐每一有单向弧的节点间的反向弧,得到的图就是 $s(R)$ 的关系图.

从矩阵角度考虑,将 R 的关系矩阵中主对角线上是 0 的元素改为 1,便得到 $r(R)$ 的关系矩阵;而对 R 的关系矩阵,将元素为 1 的对称位置的 0 元素改为 1,使其成为对称矩阵时便得到 $s(R)$ 的关系矩阵.

求关系 R 的传递闭包比自反闭包和对称闭包麻烦得多,从 $t(R)$ 的表示形式中可以看出这一点. 当 A 有 n 个元素时,可以用作图的方法或求关系矩阵的方法求 $t(R)$.

[例 4-7] 如图 4-4 所示有 3 个关系图(a),(b),(c),用作图法求各自的传递闭包.

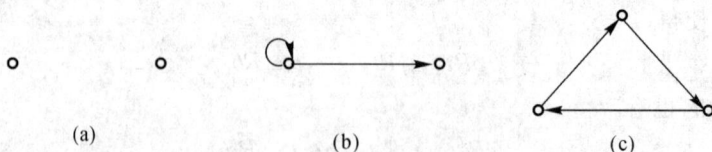

图 4-4

解 用作图法时,检查若有两条弧首尾相接,则可以从前一弧的始端向后一弧的终端引一条有向弧(已经有时不必加),然后继续检查,特别注意若有 (a,b) 和 (b,a) 弧时要加自回路 (a,a) 和 (b,b),依照这种作法可得 3 个关系的传递闭包关系图,如图 4-5 所示.

当 n 较大时,用作图法较烦琐,且容易遗漏该加的弧,而用矩阵法较好.

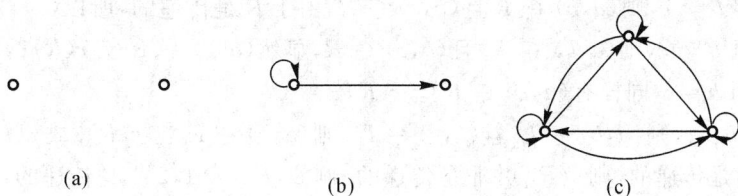

图　4-5

[例 4-8]　用矩阵法求例 4-7 中图 4-5(c) 代表的关系 R 的传递闭包.

解　因为图中有 3 个节点,根据定理 4-6 有

$$t(R) = R \cup R^2 \cup R^3$$

而

$$\boldsymbol{M}_R = \begin{bmatrix} 0 & 1 & 0 \\ 0 & 0 & 1 \\ 1 & 0 & 0 \end{bmatrix}$$

$$\boldsymbol{M}_{R^2} = \begin{bmatrix} 0 & 1 & 0 \\ 0 & 0 & 1 \\ 1 & 0 & 0 \end{bmatrix} \begin{bmatrix} 0 & 1 & 0 \\ 0 & 0 & 1 \\ 1 & 0 & 0 \end{bmatrix} = \begin{bmatrix} 0 & 0 & 1 \\ 1 & 0 & 0 \\ 0 & 1 & 0 \end{bmatrix}$$

$$\boldsymbol{M}_{R^3} = \begin{bmatrix} 0 & 0 & 1 \\ 1 & 0 & 0 \\ 0 & 1 & 0 \end{bmatrix} \begin{bmatrix} 0 & 1 & 0 \\ 0 & 0 & 1 \\ 1 & 0 & 0 \end{bmatrix} = \begin{bmatrix} 1 & 0 & 0 \\ 0 & 1 & 0 \\ 0 & 0 & 1 \end{bmatrix}$$

$$\boldsymbol{M}_{t(R)} = \boldsymbol{M}_R \vee \boldsymbol{M}_{R^2} \vee \boldsymbol{M}_{R^3} = \begin{bmatrix} 1 & 1 & 1 \\ 1 & 1 & 1 \\ 1 & 1 & 1 \end{bmatrix}$$

从 $t(R)$ 的关系矩阵看出,$t(R)$ 是一个全关系,与作图法求出的结论一致.

定理 4-7　设 R 是集合 A 上的二元关系,那么

(1)若 R 是自反的,则 $s(R)$ 和 $t(R)$ 也是自反的.

(2)若 R 是对称的,则 $r(R)$ 和 $t(R)$ 也是对称的.

(3)若 R 是传递的,则 $r(R)$ 也是传递的.

证　(1)因为 $s(R) = R \cup \tilde{R}$,所以 $R \subseteq s(R)$.又因为 R 是自反的,所以 $I_A \subseteq R \subseteq s(R)$,即 $s(R)$ 是自反的.

因为 $t(R) = R \cup R^2 \cup R^3 \cup \cdots$ 所以 $R \subseteq t(R)$.又因为 R 是自反的,所以 $I_A \subseteq R \subseteq t(R)$,即 $t(R)$ 是自反的.

(2)因为 R 是对称的,而 I_A 也是对称的,所以 $r(R) = R \cup I_A$ 也是对称的.

用数学归纳法可以证明若 R 是对称的,则 $R^i (i=1,2,3,\cdots)$ 也是对称的.事实上,当 $i=1$ 时,命题显然成立.

假设 R^k 是对称的,由于 $R^{k+1} = R^k \cdot R$,$\forall (a,b) \in R^k \cdot R$,则 $\exists c \in A$,使 $(a,c) \in R^k$ 且 $(c,b) \in R$,于是 $(c,a) \in R^k$ 且 $(b,c) \in R$,从而 $(b,a) \in R \cdot R^k = R^{k+1}$,故 R^{k+1} 是对称的.

由以上可得,$t(R) = R \cup R^2 \cup R^3 \cup \cdots$ 也是对称的.

(3)$\forall a,b,c \in A$,若 $(a,b) \in r(R) = R \cup I_A$ 且 $(b,c) \in r(R) = R \cup I_A$,分 4 种情况讨论:

若 $a \neq b$ 且 $b \neq c$,则 $(a,b) \in R$ 且 $(b,c) \in R$,由于 R 是传递的,所以 $(a,c) \in R \subseteq r(R)$;

若 $a = b$,且 $b \neq c$,则 $(a,b) \in I_A$ 且 $(b,c) \in R$,显然 $(a,c) \in R \subseteq r(R)$;

若 $a \neq b$ 且 $b = c$,同样有 $(a,c) \in R \subseteq r(R)$;

若 $a = b$ 且 $b = c$,则 $(a,b) \in I_A$ 且 $(b,c) \in I_A$,则 $(a,c) \in I_A \subseteq r(R)$. 故 $r(R)$ 也是传递的.

注意:若 R 是传递的,则 $s(R)$ 并非是传递的. 例如,$R = \{(1,2)\}$ 是传递的,而 $s(R) = \{(1,2),(2,1)\}$ 显然不是传递的.

定理 4-8 设 R 是集合 A 上的二元关系,那么

(1) $rs(R) = sr(R)$.

(2) $rt(R) = tr(R)$.

(3) $ts(R) \supseteq st(R)$.

证 (1)
$$sr(R) = s(R \cup I_A) = (R \cup I_A) \cup (R \cup I_A)^{-1} =$$
$$R \cup I_A \cup R^{-1} \cup I_A^{-1} = R \cup R^{-1} \cup I_A =$$
$$r(R \cup R^{-1}) = rs(R)$$

(2) 前文所述,关系的乘法不满足交换律,但当其中的一个关系是恒等关系时,交换是成立的. 即

$$R \cdot I_A = I_A \cdot R = R$$

从而可得

$$\bigcup_{i=1}^{n} (R \cup I_A)^i = \bigcup_{i=1}^{n} R^i \cup I_A$$

于是
$$tr(R) = t(R \cup I_A) = \bigcup_{i=1}^{\infty} (R \cup I_A)^i =$$
$$\bigcup_{i=1}^{\infty} (\bigcup_{j=1}^{i} R^j \cup I_A) = t(R) \cup I_A = tr(R)$$

(3) 不难证明,如果 $R_1 \supseteq R_2$,那么

$$s(R_1) \supseteq s(R_2), t(R_1) \supseteq t(R_2)$$

由于 $s(R) \supseteq R$,应用上述结论得

$$ts(R) \supseteq t(R), sts(R) \supseteq st(R)$$

由于 $s(R)$ 是对称的,根据定理 4-7(2),知 $ts(R)$ 是对称的. 而对称关系的对称闭包就是自身,即 $sts(R) = ts(R)$. 因此,$ts(R) \supseteq st(R)$.

通常用 R^+ 表示 R 的传递闭包 $t(R)$,读作"R 正";用 R^* 表示 R 的自反传递闭包 $tr(R)$,读作"R 星".

4.4 集合的划分

定义 4-12 设 A 是一非空集合,$A_1, A_2, \cdots, A_m$ 都是 A 的非空子集,若 $A = \bigcup_{i=1}^{m} A_i$,则称 $\Gamma = \{A_1, A_2, \cdots, A_m\}$ 是 A 的一个覆盖;如果 $A = \bigcup_{i=1}^{m} A_i$ 且当 $i \neq j$ 时,$A_i \cap A_j = \varnothing$,则说 Γ 是 A 的一个划分,正整数 m 叫做划分的秩.

例如,把一张纸撕成几片,所得的碎片是该纸的一个划分,碎片个数是该划分的秩.

注意,集合 A 的划分是一个集合,这个集合的每个元素都是 A 的非空子集.

[例 4 - 9] 设 $S=\{1,2,3\}$, $\Gamma_1=\{\{1,2\},\{2,3\}\}$, $\Gamma_2=\{\{1,2\},\{3\}\}$, $\Gamma_3=\{\{1\},\{2\},\{3\}\}$ 则 Γ_1, Γ_2 和 Γ_3 都是 S 的覆盖, Γ_2 和 Γ_3 还是 S 的一个划分, 划分 Γ_2 的秩是 2, 划分 Γ_3 的秩是 3, 但 Γ_1 不是 S 的划分.

定义 4 - 13 设 Γ_1 和 Γ_2 都是非空集合 A 的划分, $\Gamma_1=\{A_1,A_2,\cdots,A_m\}$, $\Gamma_2=\{B_1,B_2,\cdots,B_k\}$, 若对 Γ_1 中任一 A_i, 在 Γ_2 中有一 B_j 使 $A_i\subseteq B_j$, 则称划分 Γ_1 细分 Γ_2.

由定义知, 例 4 - 9 中的 Γ_3 细分 Γ_2.

[例 4 - 10] 如图 4 - 6 所示, A 表示矩形中的点集, $\Gamma_1=\{A_1,A_2,A_3\}$ 和 $\Gamma_2=\{B_1,B_2,B_3,B_4,B_5\}$ 是 A 的两个划分, 从图中看出 Γ_2 细分 Γ_1.

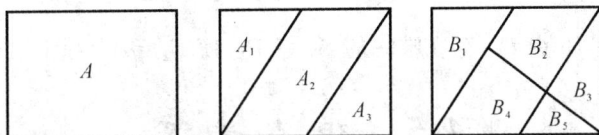

图 4 - 6

定理 4 - 9 若 $\Gamma_1=\{A_1,\cdots,A_m\}$, $\Gamma_2=\{B_1,\cdots,B_n\}$ 是非空集合 A 的两个划分, 则
$$\Gamma=\{A_1\cap B_1,\cdots,A_1\cap B_n,\cdots,A_m\cap B_1,\cdots,A_m\cap B_n\}$$
也是 A 的划分, 而且 Γ 细分 Γ_1 和 Γ_2.

证 首先, 因为 $i\neq j$ 时, $A_i\cap A_j=\varnothing$, $B_i\cap B_j=\varnothing$, 所以在 Γ 中任取两个不同元素
$$A_{i_1}\cap B_{i_2},\ A_{j_1}\cap B_{j_2}$$
由于 $i_1=j_1$ 和 $i_2=j_2$ 不同时成立, 故 $A_{i_1}\cap B_{i_2}$ 与 $A_{j_1}\cap B_{j_2}$ 的交集为空集.

其次,
$$\bigcup_{i=1}^{m}\bigcup_{j=1}^{n}(A_i\cap B_j)=\bigcup_{i=1}^{m}\left[A_i\cap(\bigcup_{j=1}^{n}B_j)\right]=\bigcup_{i=1}^{m}A_i=A$$
故得 Γ 也是 A 的划分.

另外, 从 Γ 的定义看出, 对每一个形如 $A_i\cap B_j$ 的元素, 都有
$$A_i\cap B_j\subseteq A_i,\ A_i\cap B_j\subseteq B_j$$
所以 Γ 细分 Γ_1 和 Γ_2.

定义 4 - 14 设 $\Gamma_1=\{A_1,\cdots,A_m\}$ 和 $\Gamma_2=\{B_1,\cdots,B_n\}$ 是集合 A 上的两个划分, 记划分
$$\Gamma_1\cdot\Gamma_2=\{A_1\cap B_1,\cdots,A_1\cap B_n,\cdots,A_m\cap B_1,\cdots,A_m\cap B_n\}$$
则 $\Gamma_1\cdot\Gamma_2$ 叫做划分 Γ_1 与 Γ_2 的积(或叫做 Γ_1, Γ_2 的交叉划分).

由定理 4 - 9 知, Γ_1 和 Γ_2 的积细分 Γ_1 和 Γ_2.

[例 4 - 11] 如图 4 - 7 所示, (a), (b) 表示矩形点集的两个划分 Γ_1 和 Γ_2, (c) 表示 Γ_1 与 Γ_2 的积.

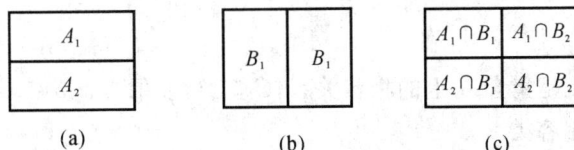

图 4 - 7

定理 4-10 设 Γ_1 和 Γ_2 是非空集合 A 上的两个划分,若 Γ_1 细分 Γ_2,且 Γ_2 细分 Γ_1,则 Γ_1 等于 Γ_2.

证 设 $\Gamma_1=\{A_1,A_2,\cdots,A_m\}$,$\Gamma_2=\{B_1,B_2,\cdots,B_n\}$,其中 $A_i\bigcap A_j=\varnothing(i\neq j,i,j=1,2,\cdots,m)$,$B_i\bigcap B_j=\varnothing(i\neq j,i,j=1,2,\cdots,n)$.

$\forall A_i\in\Gamma_1$,由于 Γ_1 细分 Γ_2,所以必然存在唯一的 $B_j\in\Gamma_2$,使 $A_i\subseteq B_j$;同理,对于 $B_j\in\Gamma_2$,由于 Γ_2 细分 Γ_1,故必存在唯一的 $A_k\in\Gamma_1$,使 $B_j\subseteq A_k$.下面证明 $A_i=A_k$.

由于 A_i 非空,且 $A_i\subseteq B_j\subseteq A_k$,所以 A_i 与 A_k 有公共元素,若 $A_i\neq A_k$,则 $A_k\neq\varnothing$,矛盾,故有 $A_i=A_k$.又由 $A_i\subseteq B_j\subseteq A_k$,得 $A_i=B_j$.这说明 $\forall A_i\in\Gamma_1$,存在唯一的 $B_j\in\Gamma_2$,使 $A_i=B_j$.

同理可知,对任一 $B_i\in\Gamma_2$,存在唯一的 $A_j\in\Gamma_1$,使 $B_i=A_j$.综上可得 Γ_1 等于 Γ_2.

4.5 相 容 关 系

定义 4-15 给定集合 A 上的关系 R,若 R 具有自反性和对称性,则称 R 是相容关系.

[例 4-12] 设 $A=\{a,b,c,d\}$,$R=\{(a,a),(b,b),(c,c),(d,d),(a,d),(d,a),(b,c),(c,b),(c,d),(d,c)\}$,则 R 是 A 上的相容关系.

R 的关系图如图 4-8 所示,R 的关系矩阵为

$$M_R=\begin{bmatrix} 1 & 0 & 0 & 1 \\ 0 & 1 & 1 & 0 \\ 0 & 1 & 1 & 1 \\ 1 & 0 & 1 & 1 \end{bmatrix}$$

由于相容关系是自反的和对称的,因此其关系矩阵的对角线元素都是 1,且矩阵是对称的.为此可将矩阵用梯形表示.如图 4-9(a) 所示.同理,在相容关系的关系图中,每个节点处都有自回路且每两个相关节点间的有向线都是成对出现的.为了简化图形,今后对相容关系图,不画自回路,并用单线代替来回弧线,这样例 4-12 的关系图可简化为图 4-9(b).

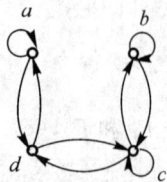

图 4-8

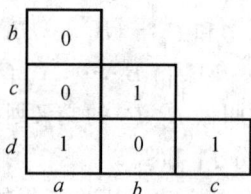

(a)

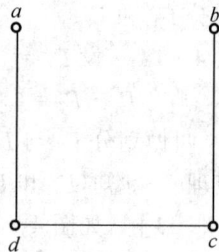

(b)

图 4-9

定义 4-16 设 R 是集合 A 上的相容关系,$C\subseteq A$,如果 $\forall a,b\in C$,都有 aRb,则称 C 是由相容关系 R 产生的相容类.

例 4-12 的相容关系 R 可产生相容类 $\{a,d\}$,$\{b,c\}$,$\{c,d\}$,$\{a\}$,$\{b\}$,$\{c\}$,$\{d\}$.

可以发现,对于后 4 个相容类,都可加进新的元素组成新的相容类.而前 3 个相容类,加入任一新元素就不再组成相容类,我们称其为最大相容类.

定义 4-17 设 R 是集合 A 上的相容关系,不能真包含在其他相容类中的相容类,称为最大相容类.记作 C_R.

若 C_R 为最大相容类,显然它是 A 的子集,对于任意 $x \in C_R$,x 必与 C_R 中所有元素有相容关系.而在 $A - C_R$ 中没有任何元素与 C_R 的所有元素有相容关系.

在相容关系图中,最大完全多边形的顶点集合,就是最大相容类.所谓完全多边形,就是其每个顶点都与其他顶点连接的多边形.例如,一个三角形是完全多边形,一个四边形加上两条对角线就是完全多边形.一个孤立节点,以及不是完全多边形边的两个节点的连线,也是最大相容类.

[例 4-13] 设给定相容关系如图 4-10 所示,写出最大相容类.

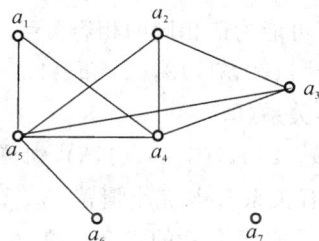

图 4-10

解 最大相容类为 $\{a_2, a_3, a_4, a_5\}, \{a_1, a_4, a_5\}, \{a_5, a_6\}, \{a_7\}$.

定理 4-11 设 R 是有限集合 A 上的相容关系,C 是一个相容类,那么必存在一个最大相容类 C_R,使得 $C \subseteq C_R$.

证 设 $A = \{a_1, a_2, \cdots, a_n\}$,构造相容类序列

$$C_0 \subset C_1 \subset C_2 \subset \cdots$$

其中 $C_0 = C$,且 $C_{i+1} = C_i \bigcup \{a_j\}$,$j$ 是满足 $a_j \notin C_i$,而 a_j 与 C_i 中各元素都有相容关系的最小下标.

由于 A 的基数 $|A| = n$,所以至多经过 $n - |C|$ 步,就使这个过程终止,而此序列的最后一个相容类,就是要找的最大相容类.

从定理 4-11 中可以看到,A 中任一元素 a,它可以组成相容类 $\{a\}$,而 $\{a\}$ 必包含在某个最大相容类 C_R 中,因此由所有最大相容类构成一个集合,则 A 的每一元素至少属于该集合的一个成员之中.

定义 4-18 在集合 A 上给定相容关系 R,其最大相容类的集合称为集合 A 的完全覆盖,记作 $C_R(A)$.

例如,例 4-13 中相容关系的完全覆盖

$$C_R(A) = \{\{a_2, a_3, a_4, a_5\}, \{a_1, a_4, a_5\}, \{a_5, a_6\}, \{a_7\}\}$$

但需注意,集合 A 的覆盖不是唯一的,因此给定相容关系 R,可以组成不同的相容类的集合,它们都是 A 的覆盖,但只能对应唯一的完全覆盖.

例如,对于例 4-12 来说,$\{\{a, d\}, \{b, c\}, \{c, d\}, \{a\}, \{b\}, \{c\}, \{d\}\}, \{\{a, d\}, \{b, c\}\}$ 及 $\{\{a\}, \{b\}, \{c\}, \{d\}\}$ 等都是 A 的覆盖,但只有 $\{\{a, d\}, \{b, c\}, \{c, d\}\}$ 是 A 的完全覆盖.

定理 4-12 给定集合 A 的覆盖 $\{A_1, A_2, \cdots, A_n\}$,由它确定的关系

$$R = (A_1 \times A_1) \bigcup (A_2 \times A_2) \bigcup \cdots \bigcup (A_n \times A_n)$$

是 A 上的相容关系.

证 因为 $A=\bigcup_{i=1}^{n}A_i$,则 $\forall x\in A$,必存在某个 $j>0$,使得 $x\in A_j$,所以 $(x,x)\in A_j\times A_j$,而 $A_j\times A_j\subseteq R$,所以 $(x,x)\in R$,因此 R 是自反的.

其次,$\forall x,y\in A$,若 $(x,y)\in R$,则必存在某个 $h>0$,使 $(x,y)\in A_h\times A_h$,故必有 $x\in A_h$,$y\in A_h$,从而

$$(y,x)\in A_h\times A_h$$

又 $A_h\times A_h\subseteq R$,从而有 $(y,x)\in R$,因此 R 是对称的.

由此证得 R 是 A 上的相容关系.

从上述定理可以看到,给定集合 A 上的任意一个覆盖,必可在 A 上构造对应于此覆盖的一个相容关系,但是不同的覆盖却有可能构造相同的相容关系.

例如,设 $A=\{1,2,3,4\}$,集合 $\{\{1,2,3\},\{3,4\}\}$ 和 $\{\{1,2\},\{2,3\},\{3,4\},\{1,3\}\}$ 都是 A 的覆盖,但它们可以产生相同的相容关系,即

$R=\{(1,1),(1,2),(2,1),(2,2),(2,3),(3,2),(1,3),(3,1),(3,3),(4,4),(3,4),(4,3)\}$

定理 4-13 集合 A 上的相容关系 R 与完全覆盖 $C_R(A)$ 一一对应.

证 设 $\Gamma_1=\{A_{11},A_{12},\cdots,A_{1s}\}$ 是集合 A 的完全覆盖,$A_{11},A_{12},\cdots,A_{1s}$ 是 R 产生的最大相容类,假若还有另一完全覆盖 $\Gamma_2=\{A_{21},A_{22},\cdots,A_{2t}\}$,$A_{2i}(i=1,2,\cdots,t)$ 均为 R 产生的最大相容类,现证明 $\Gamma_1=\Gamma_2$.

假若 $\Gamma_1\neq\Gamma_2$,则必然有 Γ_1 中有成员不属于 Γ_2,或者 Γ_2 中有成员不属于 Γ_1,不妨设 Γ_1 中有一 $A_{1k}\notin\Gamma_2$,而 A_{1k} 是相容关系 R 生成的最大相容类,这与 Γ_2 是由所有最大相容类构成相矛盾.由此矛盾说明 $\Gamma_1=\Gamma_2$.

另一方面,若 A 上两个相容关系 R_1,R_2 不相等,它们产生的完全覆盖 $C_{R_1}(A)$ 与 $C_{R_2}(A)$ 显然不同.综上所述,定理得证.

4.6 等价关系

定义 4-19 设 R 是集合 A 上的关系,如果 R 具有自反性、对称性和传递性,则称 R 是 A 上的等价关系.此时若 $a,b\in A$ 且 aRb,通常记作 $a\sim b$,读作"a 等价于 b".

[例 4-14] 设 $A=\{1,2,3,4,5\}$,A 上的关系 $R=\{(4,1),(4,4),(1,1),(1,4),(2,2),(2,3),(2,5),(3,2),(3,3),(3,5),(5,2),(5,3),(5,5)\}$,如图 4-11 所示.

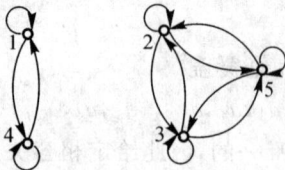

图 4-11

容易验证 R 具有自反性、对称性、传递性,因而是 A 上的等价关系.

[例 4-15] 设 $\mathbf{Z}$ 是整数集合,$R=\{(x,y)\mid x,y\in\mathbf{Z}$,且存在 $k\in\mathbf{Z}$,使 $x-y=5k\}$,证明 R 是 $\mathbf{Z}$ 上的等价关系.

证 (1) $\forall a \in \mathbf{Z}, a-a=5\times 0$,则有 $(a,a) \in R$.

(2) $\forall a,b \in \mathbf{Z}$,若 aRb,即存在 k 使 $a-b=5k$,则 $b-a=5(-k)$,则有 bRa.

(3) $\forall a,b,c \in \mathbf{Z}$,若 aRb,bRc,即存在整数 k_1,k_2,使 $a-b=5k_1$, $b-c=5k_2$.

由此得 $$a-c=(a-b)+(b-c)=5(k_1+k_2)$$

故得 aRc.

以上 3 步说明 R 是 $\mathbf{Z}$ 上的等价关系.

在例 4-15 中,若 aRb,则称 a 与 b 是模 5 同余的,类似地,可以得出模 m 同余的等价关系.

生活中有许多等价关系,如平面上的三角形集合中,三角形相似关系是等价关系;所有 n 阶矩阵集合中,矩阵秩相同关系是等价关系;特别地,集合 A 上的恒等关系 I_A 和全关系 $A\times A$ 都是等价关系.

[例 4-16] 设 R 是集合 A 上的自反关系,证明:R 是等价关系当且仅当 $(a,b)\in R$ 且 $(a,c)\in R$,则 $(b,c)\in R$.

证 必要性. $\forall a,b,c\in A$,若 $(a,b)\in R$ 且 $(a,c)\in R$,因为 R 是等价关系,由 $(a,b)\in R$ 及 R 的对称性,得 $(b,a)\in R$,结合 $(a,c)\in R$ 及 R 的传递性,得 $(b,c)\in R$.

充分性. 由于 R 是自反的,故 $\forall a\in A,(a,a)\in R$;

$\forall b\in A$,如果 $(a,b)\in R$,结合 $(a,a)\in R$ 及已知条件,得 $(b,a)\in R$,即 R 具有对称性;

$\forall b,c\in A$,如果 $(a,b)\in R$ 且 $(b,c)\in R$,由 $(a,b)\in R$ 及 R 的对称性,得 $(b,a)\in R$,结合 $(b,c)\in R$ 及已知条件,得 $(a,c)\in R$,即具有传递性.

综上,R 是集合 A 上的等价关系.

定义 4-20 设 R 是集合 A 上的等价关系,$\forall a\in A$,集合 $[a]_R=\{x\mid x\in A, aRx\}$,称为元素 a 代表的等价类.

因为 $a\in[a]_R$,所以等价类是非空的,对于集合 A 上的等价关系 R,可写出每一元素 a 代表的等价类. 在例 4-14 中显然有

$$[1]_R=[4]_R=\{1,4\}$$
$$[2]_R=[3]_R=[5]_R=\{2,3,5\}$$

[例 4-17] 设 $\mathbf{Z}$ 是整数集合,R 是 $\mathbf{Z}$ 上的模 3 同余关系,即 $R=\{(x,y)\mid x,y\in\mathbf{Z}$,且 $x-y=3k,k\in\mathbf{Z}\}$,试确定不同的等价类.

解 不同的等价类有 3 个.

$$[0]_R=\{\cdots,-6,-3,0,3,6,\cdots\}$$
$$[1]_R=(\cdots,-5,-2,1,4,7,\cdots\}$$
$$[2]_R=\{\cdots,-4,-1,2,5,8,\cdots\}$$

定理 4-14 设 R 是集合 A 上的等价关系,则 $\forall a,b\in A$,有 $[a]_R=[b]_R$ 或 $[a]_R\bigcap[b]_R=\varnothing$.

证 $\forall a,b\in A$,分两种情况讨论:

若 $[a]_R\bigcap[b]_R=\varnothing$,则命题成立;

若 $[a]_R\bigcap[b]_R\neq\varnothing$,则必有 $c\in A$,使 $c\in[a]_R$ 且 $c\in[b]_R$,即有 cRa,cRb,由 R 的对称性和传递性得 aRb. 从而 $\forall x\in[a]_R$,即 xRa,根据传递性 xRa,aRb,有 xRb,即 $x\in[b]_R$,得到 $[a]_R\subseteq[b]_R$.

同理,可得 $[b]_R\subseteq[a]_R$,从而得 $[a]_R=[b]_R$.

结合(1) 和(2),定理得证.

定义 4-21　设 R 是集合 A 上的等价关系,在 A 的元素代表的等价类中,所有不同的等价类作为元素构成的集合叫做由 R 生成的等价类集合,该集合也称为 A 关于 R 的商集,记为 A/R;不同的等价类的个数叫做 R 的秩.

例 4-14 中等价类集合为 $\{\{1,4\},\{2,3,5\}\}$ 或 $\{[1]_R,[2]_R\}$,关系 R 的秩为 2.

例 4-15 中等价类集合为 $\{[0]_R,[1]_R,[2]_R,[3]_R,[4]_R\}$,关系 R 的秩为 5.

定理 4-15　非空集合 A 上的等价关系 R 生成的等价类集合是集合 A 的一个划分.叫做由 R 生成的划分.

证　因为 A 的每一元素必属于一个等价类,而由定理 4-14 知,不同的等价类没有公共元素,因此等价类集合构成 A 的一个划分.

在等价关系 R 的关系图中,形成 k 个分离块,每块对应一个等价类的所有元素,每块可单独看成是一个全关系图.反之,若一个关系图满足这个条件,则对应的关系必是一个等价关系,以此判断一个关系是不是等价关系往往较容易.例如,图 4-12(a) 表示的关系是等价关系,而图 4-12(b) 表示的关系不是等价关系.

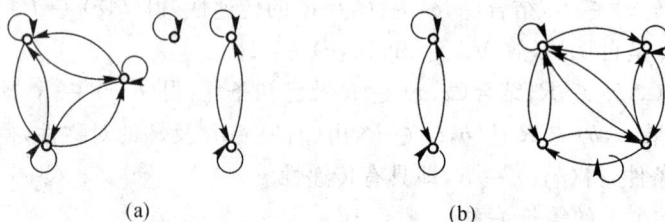

图　4-12

定理 4-16　设 R 和 S 是集合 A 上的两个等价关系,那么 $R=S$ 当且仅当 $A/R=A/S$.

证　必要性.因为 $R=S$,所以 $\forall a \in A$,有

$$[a]_R = \{x \mid xRa\} = \{x \mid xSa\} = [a]_S$$

故

$$A/R = \{[a]_R \mid a \in A\} = \{[a]_S \mid a \in A\} = A/S$$

充分性.因为 $\{[a]_R \mid a \in A\} = \{[a]_S \mid a \in A\}$,得 $[a]_R = [a]_S$,所以,$\forall a \in A$,有

$$xRa \Leftrightarrow x \in [a]_R \Leftrightarrow x \in [a]_S \Leftrightarrow xSa$$

由 a 的任意性,得 $R=S$.

此定理说明,不同的等价关系诱导出不同的等价类集合.

推论 4-1　设 R 和 R' 是集合 A 上的两个等价关系,若 $R \subseteq R'$,则对任意 $a \in A$,必有 $[a]_R \subseteq [a]_{R'}$.

此推论说明,若 $R \subseteq R'$,设各自生成的等价类集合为 Γ_1,Γ_2,则作为 A 的划分来说,Γ_1 细分 Γ_2.例如,对于整数集上的模 6 同余关系 R 及生成的划分 Γ_1,模 3 同余关系 S 及生成的划分 Γ_2,由于 $R \subset S$,故 Γ_1 细分 Γ_2.

定理 4-17　设 Γ 是非空集合 A 的一个划分,则 $R = \bigcup_{B \in \Gamma}(B \times B)$ 是 A 上的等价关系.

证　R 是自反的.因为 A 中的每一元素必在 Γ 的某一块 B 中,所以 $\forall a \in A$,都有 aRa.

R 是对称的.若有 aRb,则存在某块 $B \in \Gamma$,使得 $a \in B$ 和 $b \in B$,所以 bRa.

R 是传递的.若有 aRb 和 bRc,则存在块 $B_1 \in \Gamma$ 和 $B_2 \in \Gamma$,使得 $a,b \in B_1$ 和 $b,c \in B_2$,即

$b \in B_1 \bigcap B_2$，由划分的定义，得 $B_1 = B_2$，即有 $a, b, c \in B_1 = B_2$，所以 aRc.

综上所述，R 是 A 上的等价关系.

定义 4-22 设 A 的一个划分 $\Gamma = \{A_1, A_2 \cdots, A_m\}$，称等价关系 $R = \bigcup\limits_{i=1}^{m} (A_i \times A_i)$ 为划分 Γ 诱导的等价关系.

[**例 4-18**] 设集合 $A = \{a, b, c, d, e\}$ 的一个划分 $\Gamma = \{\{a, b\}, \{c\}, \{d, e\}\}$，试求由 Γ 诱导的 A 上的等价关系.

解 $R_1 = \{a, b\} \times \{a, b\} = \{(a,a), (a,b), (b,a), (b,b)\}$

$R_2 = \{c\} \times \{c\} = \{(c,c)\}$

$R_3 = \{d, e\} \times \{d, e\} = \{(d,d), (d,e), (e,d), (e,e)\}$

则 Γ 诱导的 A 上的等价关系为

$R = R_1 \bigcup R_2 \bigcup R_3 = \{(a,a), (a,b), (b,a), (b,b), (c,c), (d,d), (d,e), (e,d), (e,e)\}$

定理 4-15 说明，A 上的等价关系可以生成 A 上的划分，且是唯一的，定理 4-17 说明 A 上的划分可以诱导出 A 上的等价关系，从而有以下定理.

定理 4-18 非空集合 A 上的划分与 A 上的等价关系一一对应.

例如，基数为 3 的集合有 5 种不同的划分，同样有 5 个不同的等价关系与之一一对应；基数为 4 的集合有 15 种不同的划分，有 15 个不同的等价关系；基数为 5 的集合有 52 种不同的划分，有 52 个不同的等价关系.

4.7 偏序关系

在前面两节，把集合的覆盖与划分分别与定义在集合上的相容关系和等价关系联系起来进行了讨论. 为了研究集合中元素之间的次序关系，本节讨论偏序关系.

定义 4-23 设 R 是集合 A 上的关系，如果 R 具有自反性、反对称性和传递性，则称 R 是 A 上的偏序关系，称序偶 $\langle A, R \rangle$ 为偏序集合.

如果 R 是偏序，$\langle A, R \rangle$ 常记作 $\langle A, \leqslant \rangle$，常用"$\leqslant$"来表示"$R$". 此时若 aRb，通常记作 $a \leqslant b$，读作"a 小于等于 b".

[**例 4-19**] 以下几类关系是常见的偏序关系.

(1) 整除关系. 给定集合 $A = \{1, 2, 3, 4, 6, 12\}$，令

$$R_1 = \{(x, y) \mid x, y \in A, x \text{ 能整除 } y\}$$

则 R_1 是偏序关系.

给定集合 $A = \{2, 3, 6, 12, 24, 36\}$，令

$$R_2 = \{(x, y) \mid x, y \in A, x \text{ 能整除 } y\}$$

则 R_2 是偏序关系.

(2) $\rho(A)$ 上的包含关系. 设 $A = \{a, b, c\}$，A 的幂集合

$$\rho(A) = \{\varnothing, \{a\}, \{b\}, \{c\}, \{a, b\}, \{a, c\}, \{b, c\}, \{a, b, c\}\}$$

令 $$R_3 = \{(x, y) \mid x, y \in \rho(A), x \subseteq y\}$$

则 R_3 是偏序关系.

(3) 小于等于(大于等于) 关系. 给定集合 $A = \{1, 2, 3, 4\}$，令

$$R_4 = \{(x,y) \mid x,y \in A, x \leqslant y\}$$

则 R_4 是偏序关系.

给定集合 $A = [0,3]$，令

$$R_5 = \{(x,y) \mid x,y \in A, x \geqslant y\}$$

则 R_5 是偏序关系.

不难验证，上述关系都具有自反性、反对称性和传递性，因而是偏序关系. 其中偏序关系 R_1 的关系图如图 4-13 所示.

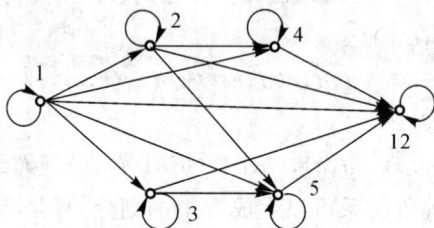

图　4-13

[例 4-20]　设集合 $A = \{1,2,3,4,5\}$，令

$$R_6 = I_A \bigcup \{(1,5),(2,3),(4,2),(4,1),(4,5),(2,5),(4,3)\}$$

容易验证，R_6 是偏序关系. 其关系图如图 4-14 所示.

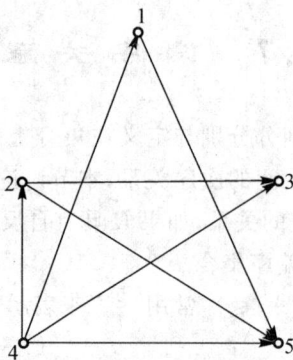

图　4-14

由于偏序关系具有自反性、反对称性和传递性，可对其关系图进行如下简化：

(1) 去掉所有的自回路；

(2) 若 $x \neq y$，$x \leqslant y$，则将 x 代表的节点画在 y 节点的下方（即使弧的箭头向上）；

(3) 若 $x \leqslant y$，$y \leqslant z$，则去掉 (x,z) 弧（即去掉能用传递性得到的弧）；

(4) 去掉箭头，变为无向图.

这样得到的图称为偏系关序的哈斯（Hasse）图. 如图 4-15 所示是例 4-19 中偏序关系 R_1，R_3，R_4 及例 4-20 中偏序关系 R_6 的哈斯图.

显然，给哈斯图的各连线加上箭头，并求其自反和传递闭包，便得到偏序关系的关系图. 即偏序关系与哈斯图一一对应.

下文介绍偏序集的子集的特殊元素.

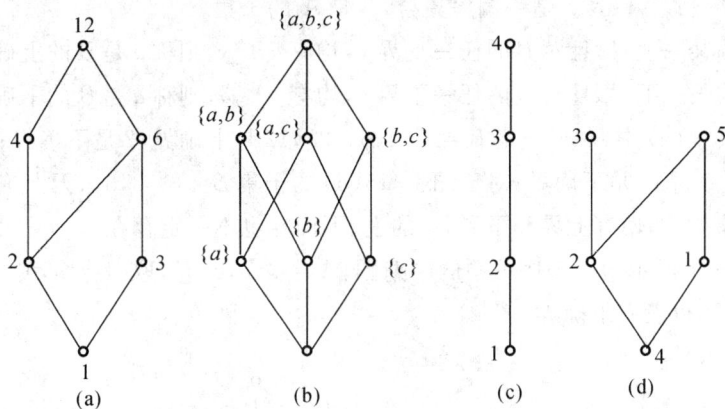

图　4－15

定义 4－24　设 $\langle A, \leqslant \rangle$ 是一偏序集合，B 是 A 的子集.

如果 $\exists b \in B$，对于 $\forall x \in B$，都有 $x \leqslant b$，则称元素 b 是 B 的最大元;

如果 $\exists b \in B$，对于 $\forall x \in B$，都有 $b \leqslant x$，则称元素 b 是 B 的最小元.

例如，图 4－15(a) 中，对于子集 $B = \{2,4,6,12\}$，12 是最大元，2 是最小元;而对于子集 $B = \{2,3,6\}$，6 是最大元，没有最小元;对于图 4－15(d) 的子集 $B = \{1,2,3\}$，既没有最大元，也没有最小元.

可见对给定的子集，最大元(最小元)可能存在，也可能不存在，但仍有下面的定理.

定理 4－19　设 $\langle A, \leqslant \rangle$ 是一个偏序集合，$B \subseteq A$，如果 B 存在最大元(最小元)，那么它一定是唯一的.

证　设 a 和 b 都是 B 的最大元(最小元)，由定义，有 $a \leqslant b$ 和 $b \leqslant a$.由偏序关系的反对称性，得 $a = b$.

定义 4－25　设 $\langle A, \leqslant \rangle$ 是一偏序集合，B 是 A 的子集.

如果 $\exists b \in B$，且不存在任何不等于 b 的元素 x 使 $b \leqslant x$，则称 b 是 B 的一个极大元;

如果 $\exists b \in B$，且不存在任何不等于 b 的元素 x 使 $x \leqslant b$，则称 b 是 B 的一个极小元.

例如，图 4－15(a) 中，对于子集 $B = \{2,4,6,12\}$，12 是极大元，2 是极小元;而子集 $B = \{2,3,6\}$，6 是极大元，2，3 是极小元;对于图 4－15(d) 的子集 $B = \{1,2,3\}$，1，3 是极大元，1，2 是极小元.

可见对给定的非空有限子集，极大元(极小元)一定存在，但可能不唯一.实质上，只要 B 中没有比 b 更"大"的元素，则 b 就是 B 的一个极大元;只要 B 中没有比 b 更"小"的元素，则 b 就是 B 的一个极小元.

定义 4－26　设 $\langle A, \leqslant \rangle$ 是一偏序集合，B 是 A 的子集.

如果 $\exists a \in A$，使得 $\forall x \in B$，都有 $x \leqslant a$，则称元素 a 是 B 的一个上界;

如果 $\exists a \in A$，使得 $\forall x \in B$，都有 $a \leqslant x$，则称元素 a 是 B 的一个下界.

例如，图 4－15(a) 中，对于子集 $B = \{2,4,6,12\}$，12 是上界，1，2 是下界;而对于子集 $B = \{2,3,6\}$，6，12 都是上界，1 是下界;对于图 4－15(d) 的子集 $B = \{1,2,3\}$，无上界，4 是下界.

对于上界(下界)来说，可能存在，也可能不存在;如果存在上界(下界)，可能在 B 中，也可能不在 B 中，也并非唯一.

定义 4-27 设 $\langle A, \leqslant \rangle$ 是一偏序集合,B 是 A 的子集.

若 a 是 B 的某一上界,且对 B 的任一上界 y,均有 $a \leqslant y$,则称 a 是 B 的上确界(最小上界);

若 a 是 B 的某一下界,且对 B 的任一下界 y,均有 $y \leqslant a$,则称 a 是 B 的下确界(最大下界).

例如,图 4-15(a) 中,对于子集 $B = \{2, 4, 6, 12\}$,12 是上确界,2 是下确界;而对于子集 $B = \{2, 3, 6\}$,6 是上确界,1 是下确界;对于图 4-15(d) 的子集 $B = \{1, 2, 3\}$,无上确界,4 是下确界.

对任一子集 B,即使有上界和下界,B 的上、下确界也不一定存在.

例如,图 4-16 所示为一偏序关系的哈斯图,$A = \{a, b, c, d\}$,取 $B = \{a, b\}$,则 B 有上界 c 和 d,但没有上确界,也没有下确界.

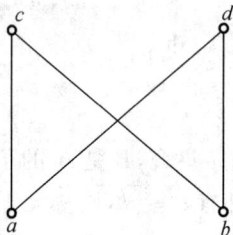

图　4-16

定理 4-20 设 $\langle A, \leqslant \rangle$ 是一个偏序集合,$B \subseteq A$,如果 B 存在上(下)确界,那么它一定是唯一的.

证明同定理 4-19.下面的定理描述了诸特殊元素之间的某些关系.

定理 4-21 设 $\langle A, \leqslant \rangle$ 是一个偏序集合,$B \subseteq A$.

(1) 若 B 存在最大元 b,则 b 一定是 B 的极大元,同时也是 B 的上确界;

若 B 存在最小元 b,则 b 一定是 B 的极小元,同时也是 B 的下确界.

(2) 若 B 存在一个上界 b,且 $b \in B$,则 b 是 B 的最大元;

若 B 存在一个下界 b,且 $b \in B$,则 b 是 B 的最小元.

证 (1) 设 b 是 B 的最大元,即 $\forall x \in B$,都有 $x \leqslant b$,也就是说,不存在任何不等于 b 的元素 x 使 $b \leqslant x$,于是 b 也是 B 的极大元. 由上界和上确界的定义知,b 也是 B 的上确界. 同理可证最小元的情形.

(2) 由上(下)界和最大(小)元的定义可得.

定义 4-28 设 $\langle A, \leqslant \rangle$ 是一个偏序集合,如果 $\forall a, b \in A$,都有 $a \leqslant b$ 或 $b \leqslant a$,即 A 中的任意两个元素必有关系,则称 $\leqslant$ 是 A 上的全序关系,称偏序集 $\langle A, \leqslant \rangle$ 为全序集(或线序集),简称序集或链.

例如,实数上的小于等于(大于等于)关系是全序关系.

定义 4-29 设 $\langle A, \leqslant \rangle$ 是一个偏序集合,若 A 的任一非空子集存在最小元素,则称偏序集 $\langle A, \leqslant \rangle$ 为良序集.

例如,全体正整数集合上的小于等于关系是良序集,而全体正实数集合上的小于等于关系不是良序集.

定理 4-22 每一个良序集一定是全序集.

证 设 $\langle A, \leqslant \rangle$ 为良序集合,则 A 中任意两个元素 x, y 构成的子集 $\{x, y\}$ 必有最小元,即

必有 $x \leqslant y$ 或 $y \leqslant x$，从而得 $\langle A, \leqslant \rangle$ 是全序集.

定理 4 - 23 每一个有限的全序集合一定是一良序集合.

证 设 $A = \{a_1, a_2, \cdots, a_n\}$，$\langle A, \leqslant \rangle$ 是一全序集合，假若 $\langle A, \leqslant \rangle$ 不是一良序集合，则存在 A 的某个子集 B，使 B 中没有最小元，由于 B 是有限的，必然至少存在 B 中元素 x, y，使 x, y 没有关系 $\leqslant$，这与 $\langle A, \leqslant \rangle$ 是全序集矛盾，此矛盾说明 $\langle A, \leqslant \rangle$ 是良序集.

例 4 - 21 对于下列每一种情况，各举出一个有限集合和无限集合的例子.

(1) 非空偏序集合，其中某些子集没有最大元素.

(2) 非空偏序集合，其中有一个子集存在最大下界，但没有最小元素.

(3) 非空偏序集合，其中有一个子集存在上界，但没有最小上界.

解 (1) 令 $A = \{1,2,3,4\}$，$R = I_A$，则 $\langle A, R \rangle$ 是偏序集合，但 A 没有最大元素；$\langle N, \leqslant \rangle$ 是偏序集合，但 N 没有最大元素.

(2) 令 $A = \{1,2,3\}$，$R = I_A \bigcup \{(1,2),(1,3)\}$，则 $\langle A, R \rangle$ 是偏序集合，但子集 $B = \{2,3\}$ 存在最大下界 1，但 B 没有最小元素；

设 A 表示非负实数的集合，则 $\langle A, \leqslant \rangle$ 是偏序集合. 令 B 表示正实数的集合，则 B 存在最大下界 0，但 B 没有最小元素.

(3) 令 $A = \{1,2,3,4\}$，$R = I_A \bigcup \{(1,3),(2,3),(1,4),(2,4)\}$，则 $\langle A, R \rangle$ 是偏序集合. 令 $B = \{1,2\}$，则 B 存在上界 3 和 4，但 B 没有最小上界.

设 $A = [-1,0) \bigcup (0,1]$，则 $\langle A, \leqslant \rangle$ 是偏序集合. 令 $B = [-1,0)$，则 $(0,1]$ 中的元素都是 B 的上界，但 B 没有最小上界.

习 题 4

1. 设 A 是 n 个元素的有限集合，请指出 A 上有多少个二元关系，并说明理由.

2. 设 $A = \{1,2\}$，$B = \{a,b\}$，求出所有由 A 到 B 的关系.

3. 定义在整数集合 $\mathbf{Z}$ 上的相等关系、"$\leqslant$"关系、"$>$"关系、全关系和空关系是否有表中所指的性质，请用 Y(有) 或 N(无) 填在表中.

	自反的	反自反的	对称的	反对称的	传递的
相等关系					
$\leqslant$ 关系					
$>$ 关系					
全关系					
空关系					

4. $A = \{1,2,3,4\}$，定义 A 上的下列关系：

$R_1 = \{(1,1),(1,2),(3,3),(3,4)\}$

$R_2 = \{(1,2),(2,1)\}$

$R_3 = \{(1,1),(1,2),(2,2),(2,1),(3,3),(3,4),(4,3),(4,4)\}$

$R_4 = \{(1,2),(2,4),(3,3),(4,1)\}$

试给出每个关系的关系图和关系矩阵,并指出它们具有的特性.

5. 设 R_1 和 R_2 都是集合 A 上的二元关系,下列命题是否成立? 若成立,试证明;若不成立,举出反例.

(1) 如果 R_1 和 R_2 都是自反的,那么 $R_1 \cdot R_2$ 是自反的.

(2) 如果 R_1 和 R_2 都是对称的,那么 $R_1 \cdot R_2$ 是对称的.

(3) 如果 R_1 和 R_2 都是反对称的,那么 $R_1 \cdot R_2$ 是反对称的.

(4) 如果 R_1 和 R_2 都是传递的,那么 $R_1 \cdot R_2$ 是传递的.

6. 设 R 和 S 是集合 A 上的二元关系,证明

(1) $(\sim R)^{-1} = \sim R^{-1}$;

(2) $(R \bigcap S)^{-1} = R^{-1} \bigcap S^{-1}$;

(3) 若 $R \subseteq S$,则 $R^{-1} \subseteq S^{-1}$.

7. 设 $A = \{1,2,3,4\}$,R_1,R_2 为 A 上的关系,且

$$R_1 = \{(1,1),(1,2),(2,4)\}, R_2 = \{(1,4),(2,3),(2,4),(3,2)\}$$

求 $R_1 \cdot R_2, R_1 \cdot R_2 \cdot R_1, R_1^3, R_1^2$.

8. 设 R 是集合 A 上的二元关系,证明:如果 R 是自反的和传递的,则 $R \cdot R = R$.

9. 设 R_1,R_2 是集合 A 上的二元关系,证明:如果 $R_1 \supseteq R_2$,那么

$$s(R_1) \supseteq s(R_2), t(R_1) \supseteq t(R_2)$$

10. 设 $A = \{1,2,3,4,5\}$,$R \subseteq A \times A$,$R = \{(1,2),(2,3),(2,5),(3,4),(4,3),(5,5)\}$ 用作图方法和矩阵运算的方法求 $r(R), s(R), t(R)$.

11. 设 $A = \{1,2,3,4\}$,$R = \{(1,2),(2,4),(3,4),(3,3),(4,3)\}$.

(1) 证明 R 不是传递的.

(2) 求 R_1,使 $R \subseteq R_1$,并且 R_1 是传递的.

(3) 是否存在 R_2,使 $R \subseteq R_2$,R_2 是传递的且 $R_2 \neq R_1$.

12. 设 A 是一个非空集合,$R \subseteq A \times A$,如果 R 在 A 上是对称的和传递的,下面推导 R 是自反的.

对任意 $a,b \in A$,由于 R 是对称的,有

$$aRb \Rightarrow bRa$$

于是有 $aRb \Rightarrow aRb$ 并且 bRa,又利用 R 的传递性,得

$$aRb \text{ 并且 } bRa \Rightarrow aRa$$

从而说明 R 是自反的.

上述推导正确吗? 并阐明理由.

13.(1) 举出两个相容关系的例子.

(2) 设 R_1,R_2 是 A 上的相容关系,那么 $R_1 \bigcap R_2, R_1 \bigcup R_2, R_1 \cdot R_2$ 是 A 上的相容关系吗? 为什么?

14. 设 R 是 A 上的二元关系,试证明 $S=I_x \cup R \cup \tilde{R}$ 是 A 上的相容关系.

15. 给定集合 $A=\{a_1,a_2,\cdots,a_6\}$,R 是 A 上的相容关系且 M_R 的简化矩阵为

a_2	1				
a_3	1	1			
a_4	0	0	1		
a_5	0	0	1	1	
a_6	1	0	1	0	1
	a_1	a_2	a_3	a_4	a_5

试求出 A 的完全覆盖.

16. 设 $C=\{A_1,A_2,\cdots,A_n\}$ 为集合 A 的覆盖,试由此覆盖确定 A 的等价关系.

17. 设 $A=\{1,2,3,4,5,6\}$ 上有关系
$$\beta=\{(1,2),(1,3),(2,3),(2,4),(3,4),(2,5),(4,5),(3,6),(4,6)\}$$
试证:至少有 A 的两个不同的覆盖可以产生 $\alpha=I_A \cup \beta \cup \tilde{\beta}$.

18. 设 R 是集合 A 上的关系,令 $S=\{(a,b) \mid \exists c \in A,$ 使 $(a,c) \in R$ 且 $(c,b) \in R\}$. 证明:如果 R 是等价关系,则 S 也是等价关系.

19. 设 R_1 和 R_2 是非空集合 A 上的等价关系,对下列各种情况,指出哪些是 A 上的等价关系;若不是,举例说明.

(1) $(A \times A)-R_1$

(2) R_1-R_2

(3) R_1^2

(4) $r(R_1-R_2)$

(5) $R_1 \cdot R_2$

20. 设 R 是 A 上的二元关系,$\forall a,b,c \in A$,若 aRb,bRc,则 cRa,称 R 是 A 上的循环关系. 证明:R 是 A 上的自反和循环关系 $\Leftrightarrow R$ 是 A 上的等价关系.

21. 设 $A=\{1,2,3\}$,$B=\{1,2,3,4\}$,请指出 A 和 B 上所有等价关系各有多少个? 并阐明理由.

22. 设 R 是 $\mathbf{Z}$ 上的模 6 同余关系,试求等价类集合.

23. 设 Γ_1 和 Γ_2 是非空集合 A 的划分,说明下面哪些是 A 的划分,哪些不是,为什么?

(1) $\Gamma_1 \cup \Gamma_2$

(2) $\Gamma_1 \cap \Gamma_2$

(3) $\Gamma_1-\Gamma_2$

24. 设 R_j 表示 Z 上的模 j 等价关系,R_k 表示 Z 的模 k 等价关系,证明:Z/R_k 细分 Z/R_j,当且仅当 k 是 j 的整数倍.

25. 对下列集合上的整除关系画出哈斯图,并对(3)中的子集 $\{2,3,6\}$,$\{2,4,6\}$,$\{4,8,12\}$ 分别找出最大元、最小元、极大元、极小元、上确界、下确界.

(1) $\{1,2,3,4\}$

(2) $\{2,3,6,12,24,36\}$

(3) $\{1,2,3,4,5,6,7,8,9,10,11,12\}$

26. 对下面偏序集合 $\langle A, \leqslant \rangle$ 的哈斯图(见图 4-17),写出集合 A 及偏序关系 $\leqslant$ 的所

有元素.

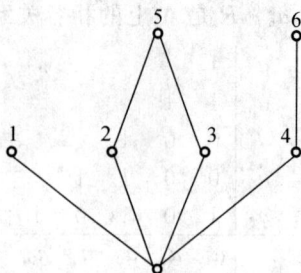

图 4-17

27. 设 R 是集合 X 上的偏序关系, $A \subseteq X$, 证明 $R \bigcap (A \times A)$ 是 A 上的偏序关系.

28. 设 $\langle A, \leqslant_1 \rangle$ 和 $\langle B, \leqslant_2 \rangle$ 是两个偏序集合, 定义 $A \times B$ 上的关系 $\leqslant_3$ 如下:

对于 $a_1, a_2 \in A, b_1, b_2 \in B$, 有

$$((a_1, b_1), (a_2, b_2)) \in \leqslant_3 \Leftrightarrow (a_1, a_2) \in \leqslant_1 \text{ 且 } (b_1, b_2) \in \leqslant_2$$

试证: $\leqslant_3$ 是 $A \times B$ 上的偏序关系.

29. 对于非空集合 A, 是否存在这样的关系 R, 它既是等价关系又是偏序关系? 若有, 请举出例子.

30. 指出下面的集合中, 哪些是偏序集合, 全序集合或良序集合?

(1) $\langle 2^{\mathbf{N}}, \subseteq \rangle$, 这里 $2^{\mathbf{N}}$ 表示自然数集 $\mathbf{N}$ 的幂集.

(2) $\langle 2^{(a)}, \subseteq \rangle$.

(3) $\langle 2^{\varnothing}, \subseteq \rangle$.

第5章 函　　数

函数是许多有效的数学工具的基础,在计算机科学中,获得了广泛的应用。在通常高等数学的函数定义中,$y=f(x)$ 是在实数集合上讨论的,在此把函数概念予以推广,它的定义域和值域都是任意的集合,侧重讨论离散函数,把函数看做一种具有特殊性质的二元关系。

本章主要内容有:函数的概念,复合函数和逆函数,可数集与不可数集等.

5.1　函数及特殊函数类

定义 5-1　设 X 和 Y 是任意两个集合,f 是 X 到 Y 的一个二元关系,如果 $\forall x \in X$,都存在唯一的 $y \in Y$,使得 $(x,y) \in f$,则称 f 为 X 到 Y 函数,记作 $f:X \to Y$.假若 $(x,y) \in f$,则称 x 为自变元,y 为 x 在 f 作用下的像,$(x,y) \in f$ 通常记为 $y=f(x)$,称 X 为 f 的前域或定义域,记作 $D(f)$,称

$$f(X) = \{y \mid y = f(x), \forall x \in X\}$$

为 f 的后域或值域,记作 $R(f)$.

计算机中的输入与输出的关系可以看做函数,编译可以看做从高级语言程序集到机器指令程序集的函数.

从函数的定义可知,函数是一种特殊的二元关系,其特殊性体现在以下两点:

(1) X 中的每一元素都必须作为 f 的序偶的第一个元素出现.

(2) 如果 $f(x)=y_1$ 和 $f(x)=y_2$,那么 $y_1=y_2$.

例如,$\mathbf{Z}^+ \to \mathbf{N}$ 上的二元关系

$$f = \{(x_1,x_2) \mid x_1 \in \mathbf{Z}^+, x_2 \in \mathbf{N}, x_2 \text{ 为小于 } x_1 \text{ 的素数的个数}\}$$

是 $\mathbf{Z}^+ \to \mathbf{N}$ 的函数,而 $\mathbf{N}$ 上的二元关系

$$f = \{(x_1,x_2) \mid x_1,x_2 \in \mathbf{N}, x_1 + x_2 < 12\}$$

不是 $\mathbf{N} \to \mathbf{N}$ 的函数.

[例 5-1]　设 $X = \{1,5,q,w\}$,$Y = \{2,p,7,9,G\}$,函数

$$f = \{(1,2),(5,p),(q,7),(w,G)\}$$

或　　　　　　　　　　$f(1)=2, f(5)=p, f(q)=7, f(w)=G$

则　　　　　　　　　　$D(f)=X, R(f)=\{2,p,7,G\}.$

[例 5-2]　设 A 是一集合,U 为全集,则令 $\chi_A(x)$ 为 $\chi_A:U \to \{0,1\}$,$\forall x \in U$,令

$$\chi_A(x) = \begin{cases} 1, & x \in A \\ 0, & x \notin A \end{cases}$$

称 χ_A 为集合 A 上的特征函数.

当函数的前域是有限集时,可以通过列表或画有向图来表述函数的变换规则. 例如,例 5-1 中给出的函数的列表和有向图表示如表 5-1 和图 5-1 所示.

表示函数的有向图的特征是:有且仅有一条弧从表示前域元素的每个节点射出.

表 5-1

x	$f(x)$
1	2
5	p
q	7
w	G

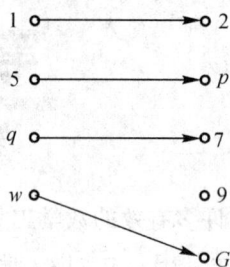

图 5-1

定义 5-2 设函数 $f:A \to B, g:C \to D$,如果 $A=C, B=D$ 且 $\forall x \in A$,有 $f(x)=g(x)$,则称函数 f 和 g 相等,记作 $f=g$.

从函数的定义可知,$X \times Y$ 的任一子集不一定能构成 X 到 Y 的函数.

[例5-3] 设 $X=\{a,b,c\}, Y=\{0,1\}$,求 $X \to Y$ 的所有函数.

解 由于 $X \to Y$ 的函数必定是 $X \times Y$ 的子集,而
$$X \times Y = \{(a,0),(b,0),(c,0),(a,1),(b,1),(c,1)\}$$
则 $X \times Y$ 有 2^6 个不同的子集,但其中只有 2^3 个子集可定义为从 X 到 Y 的函数,即

$$f_0=\{(a,0),(b,0),(c,0)\}, \quad f_1=\{(a,0),(b,0),(c,1)\}$$
$$f_2=\{(a,0),(b,1),(c,0)\}, \quad f_3=\{(a,0),(b,1),(c,1)\}$$
$$f_4=\{(a,1),(b,0),(c,0)\}, \quad f_5=\{(a,1),(b,0),(c,1)\}$$
$$f_6=\{(a,1),(b,1),(c,0)\}, \quad f_7=\{(a,1),(b,1),(c,1)\}$$

设 X 和 Y 都为有限集,分别有 m 个和 n 个不同的元素,由于每个函数有 m 个序偶,所有函数的个数相当于在 Y 中可重复地取 m 个进行排列,所以 $X \to Y$ 的不同的函数共有 n^m 个,今后用 Y^X 表示 X 到 Y 的函数集合,即使 X,Y 是无限集时也用这个符号.

定义 5-3 设有函数 $f:X \to Y$.

(1) 如果 $f(X)=Y$,即 $\forall x \in Y, \exists x \in X$,使得 $f(x)=y$,则称 f 是满射函数.

(2) 如果 $\forall x_1,x_2 \in X$ 且 $x_1 \neq x_2$,则 $f(x_1) \neq f(x_2)$,则称 f 是单射函数.

(3) 若 f 既是单射的,又是满射的,则称 f 是双射的.

例如,设 $[0,1]$ 和 $[a,b]$ 分别表示两个实数闭区间,则 $f(x)=a+x(b-a)$ 是 $[0,1] \to [a,b]$ 的双射函数.再如,设 $f(x)=e^x$,则 f 是 $(-\infty,\infty) \to (0,\infty)$ 的双射函数.

[例5-4] 下列函数中,哪些是单射的、满射的或双射的?

(1) $f:\mathbf{N} \to \mathbf{N}, f(n)=n^2+1$

(2) $f:\mathbf{N} \to \{0,1\}, f(n)=\begin{cases} 0, & n \text{ 为奇数} \\ 1, & n \text{ 为偶数} \end{cases}$

(3) $f:\mathbf{N} \to \mathbf{N}, f(n)=\begin{cases} 1, & n \text{ 为奇数} \\ 2, & n \text{ 为偶数} \end{cases}$

(4) $f:\mathbf{N} \times \mathbf{N} \to \mathbf{N}, f(m,n)=m^n$

(5) $f:\mathbf{N} \times \mathbf{N} \to \mathbf{Q}, f(z,n)=\dfrac{z}{n+1}$

(6) $f: 2^A \times 2^A \rightarrow 2^A \times 2^A, f(A_1, A_2) = (A_1 \bigcap A_2, A_1 \bigcup A_2)$

解　(1) f 是单射的,但 f 不是满射的,因为没有一个元素的像是 3.

(2) f 是满射的,但 f 不是单射的,因为 $f(1) = f(3) = 0$.

(3) f 不是单射的,因为 $f(1) = f(3) = 1$, f 也不是满射的,因为没有一个元素的像是 3.

(4) f 是满射的,因为 $\forall y \in \mathbf{N}$,存在 $(y, 1)$,使得 $f(y, 1) = y$,但 f 不是单射的,因为

$$f(1, 2) = f(1, 3) = 1$$

(5) f 是满射的,因为 $\forall y \in \mathbf{Q}$,有 $(y, 0) \in \mathbf{N} \times \mathbf{N}$,使得 $f(y, 0) = y$. 但 f 不是单射的,因为

$$f(1, 1) = f(2, 3) = \frac{1}{2}$$

(6) 设 $A = \{1, 2\}$,则 $2^A = \{\varnothing, \{1\}, \{2\}, \{1, 2\}\}$.

因为

$$f(\varnothing, \{1, 2\}) = f(\{1\}, \{2\}) = (\varnothing, \{1, 2\})$$

所以 f 不是单射的,又因为没有一个元素的像是 $(\{1\}, \{2\})$,所以 f 也不是满射的.

[例 5 - 5]　设 f 是 $\mathbf{R} \times \mathbf{R} \rightarrow \mathbf{R} \times \mathbf{R}$ 的二元关系,定义 f 为

$$f(\langle x, y \rangle) = \langle x + y, x - y \rangle$$

证明 f 是 $\mathbf{R} \times \mathbf{R} \rightarrow \mathbf{R} \times \mathbf{R}$ 的双射函数.

证　$\forall \langle p, q \rangle \in \mathbf{R} \times \mathbf{R}$,由 $f(\langle x, y \rangle) = \langle p, q \rangle$,计算可得

$$x = (p + q)/2, y = (p - q)/2$$

从而 $\langle p, q \rangle$ 的原像存在,故 f 是满射的.

另一方面,$\forall \langle x, y \rangle, \langle s, t \rangle \in \mathbf{R} \times \mathbf{R}$,若 $f(\langle x, y \rangle) = f(\langle s, t \rangle)$,即

$$\langle x + y, x - y \rangle = \langle s + t, s - t \rangle$$

则

$$\begin{cases} x + y = s + t \\ x - y = s - t \end{cases}$$

易得 $x = s, y = t$,故 f 是单射的.

综上,f 是双射的.

[例 5 - 6]　试构造实数集 $[0, 1]$ 到 $(0, 1)$ 的一个双射函数.

解　设 $A = \{0, 1, \frac{1}{2}, \frac{1}{3}, \frac{1}{4}, \cdots\}$,则 A 是 $[0, 1]$ 的真子集,令函数 $f: [0, 1] \rightarrow (0, 1)$ 为

当 $x \in A \subseteq [0, 1]$ 时,$f(0) = \frac{1}{2}, f(1) = \frac{1}{3}, f(\frac{1}{2}) = \frac{1}{4}, \cdots, f(\frac{1}{n}) = \frac{1}{n + 2}, \cdots$

当 $x \in [0, 1]$ 但 $X \notin A$ 时,$f(x) = x$.

这样构造的 f 是 $[0, 1] \rightarrow (0, 1)$ 的双射函数.

定理 5 - 1　设 X 和 Y 是有限集,若 X, Y 的元素个数相同,即 $|X| = |Y|$,则 $f: X \rightarrow Y$ 是单射的充要条件是 f 为满射的.

证　必要性. 若 f 是单射的,则 $|X| = |f(X)|$,因为 $|X| = |Y|$,所以 $|f(X)| = |Y|$,又因为 $f(X) \subseteq Y$,所以 $f(X) = Y$,由此得 f 是满射的.

充分性. 若 f 是满射的,根据满射定义 $f(X) = Y$,于是 $|X| = |Y| = |f(X)|$;因为 X 是有限的,所以 f 是单射函数.

5.2 逆函数和复合函数

我们知道二元关系有逆关系,所以如果把函数看做关系,则可求逆关系,但函数的逆关系却不一定是函数.例如设 $X=\{a,b,c,d\}$,$Y=\{1,2,3\}$,定义

$$f:X \to Y, f=\{(a,1),(b,1),(c,2),(d,2)\}$$

显然 f 是函数,但关系 f 的逆关系为

$$f^{-1}=\{(1,a),(1,b),(2,c),(2,d)\}$$

因为 $1f^{-1}a, 1f^{-1}b$,而 $a \neq b$,所以 f^{-1} 不是函数.

定理 5-2 设 $f:X \to Y$ 是一双射函数,令

$$f^{-1}=\{(y,x) \mid (x,y) \in f\}$$

那么 f^{-1} 是 $Y \to X$ 的双射函数.

证 因为 f 是满射的,故 $\forall y \in Y, \exists x \in X$,使得 $(x,y) \in f$,从而有 $(y,x) \in f^{-1}$.又因为 f 是单射的,$\forall y \in Y$,恰有一个 $x \in X$,使得 $(x,y) \in f$,因此仅有一个 x 使 $(y,x) \in f^{-1}$,从而可知 f^{-1} 是函数.

因为 $R(f^{-1})=D(f)=X$,所以 f^{-1} 是满射的;如果有 $y_1 \neq y_2$,使 $f^{-1}(y_1)=f^{-1}(y_2)$,记 $f^{-1}(y_1)=x_1, f^{-1}(y_1)=x_2$,即有 $x_1=x_2$.由 f 的单射性知,$f(x_1)=f(x_2)$,即 $y_1=y_2$,得出矛盾,所以 f^{-1} 是单射的.因此 f^{-1} 是一个双射函数.

定义 5-4 设 $f:X \to Y$ 是一双射函数,则双射函数

$$f^{-1}=\{(y,x) \mid (x,y) \in f\}$$

叫做 f 的逆函数,此时也称 f 是可逆的.

定义 5-5 设函数 $f:X \to Y, g:Y \to Z, \forall x \in X$,定义

$$(g \cdot f)(x)=g(f(x))$$

则 $g \cdot f$ 叫做 g 和 f 的复合函数.

定理 5-3 两个函数的复合是一个函数.

证 设 $f:X \to Y, g:Y \to Z$ 是两个函数.因为 $\forall x \in X$,根据 f 是 $X \to Y$ 的函数知,存在唯一的 $y \in Y$ 使 $y=f(x)$.同理因为 g 是 $Y \to Z$ 的函数,所以存在唯一的 $z \in Z$,使

$$z=g(y)=g(f(x))=(g \cdot f)(x)$$

总之,$\forall x \in X$,存在唯一的 $z \in Z$,使 $z=(g \cdot f)(x)$,所以 $g \cdot f$ 是 $X \to Z$ 的函数.

[例 5-7] 设 $X=\{1,2,3\}$,$Y=\{a,b,c\}$,$Z=\{红,黑\}$,$f=\{(1,a),(2,a),(3,b)\}$,$g=\{(a,红),(b,黑),(c,黑)\}$,则

$$g \cdot f=\{(1,红),(2,红),(3,黑)\}$$

定理 5-4 设 $g \cdot f$ 是一个复合函数,有

(1) 若 g 和 f 是满射的,则 $g \cdot f$ 是满射的.

(2) 若 g 和 f 是单射的,则 $g \cdot f$ 是单射的.

(3) 若 g 和 f 是双射的,则 $g \cdot f$ 是双射的.

证 设 $f:X \to Y, g:Y \to Z$,则 $g \cdot f$ 是 $X \to Z$ 的函数.

(1) $\forall z \in Z$,因为 g 是满射的,故必 $\exists y \in Y$,使得 $g(y)=z$,又因为 f 是满射的,故必 $\exists x \in X$,使 $f(x)=y$,所以

$$(g \cdot f)(x) = g(f(x)) = g(y) = z$$

于是 $g \cdot f$ 是满射的.

（2）$\forall x_1, x_2 \in X$,假定 $x_1 \neq x_2$,因为 f 是单射的,所以 $f(x_1) \neq f(x_2)$,又因为 g 是单射的,所以 $g(f(x_1)) \neq g(f(x_2))$,即

$$x_1 \neq x_2 \Rightarrow g \cdot f(x_1) \neq g \cdot f(x_2)$$

故 $g \cdot f$ 是单射的.

（3）因为 g 和 f 是双射的,根据（1）和（2）知,$g \cdot f$ 是满射和单射的,从而 $g \cdot f$ 是双射的.

定义 5 - 6　把恒等关系 $I_X = \{(x, x) \mid x \in X\}$ 叫做 $X \rightarrow X$ 的恒等函数.

定理 5 - 5　关于函数的逆函数和复合函数有下列运算规则:

（1）若 f 是 $X \rightarrow Y$ 的双射函数,则 $(f^{-1})^{-1} = f$.

（2）若 $f: X \rightarrow Y, g: Y \rightarrow Z, h: Z \rightarrow W$ 是 3 个函数,则

$$(h \cdot g) \cdot f = h \cdot (g \cdot f)$$

（3）若 $f: X \rightarrow Y$ 有逆函数 f^{-1},则

$$f \cdot f^{-1} = I_Y, \quad f^{-1} \cdot f = I_X$$

（4）若 $f: X \rightarrow Y, g: Y \rightarrow Z$ 是可逆函数,则 $g \cdot f$ 可逆,且

$$(g \cdot f)^{-1} = f^{-1} \cdot g^{-1}$$

证　（1）$\forall (x, y) \in (f^{-1})^{-1}$,则 $(y, x) \in f^{-1}$,从而 $(x, y) \in f$;反之,$\forall (x, y) \in f$,可证 $(x, y) \in (f^{-1})^{-1}$,并且因为可逆函数的逆函数也是双射函数,所以 $(f^{-1})^{-1} = f$.

（2）$\forall x \in X$,有

$$(h \cdot g) \cdot f(x) = h \cdot (g(f(x)) = h(g(f(x)))$$
$$h \cdot (g \cdot f)(x) = h(g \cdot f(x)) = h(g(f(x)))$$

故得　　　　　　　　$(h \cdot g) \cdot f = h \cdot (g \cdot f)$　　　　　　。

（3）若 $y = f(x)$,则 $f^{-1}(y) = x$,即

$$f^{-1}(f(x)) = f^{-1} \cdot f(x) = x$$

故得 $f^{-1} \cdot f = I_X$.同理可证 $f \cdot f^{-1} = I_Y$.

（4）由定理 5 - 4 知,$g \cdot f$ 是双射函数,存在逆函数 $(g \cdot f)^{-1}$ 是 $Z \rightarrow X$ 的双射函数.

又 f^{-1} 和 g^{-1} 都是双射函数,故 $f^{-1} \cdot g^{-1}$ 是 $Z \rightarrow X$ 的双射函数.

$\forall x \in Z$,存在唯一的 $y \in Y$,使 $g(y) = z$,而对于 y,存在唯一的 x 使 $f(x) = y$,故

$$(f^{-1} \cdot g^{-1})(z) = f^{-1}(g^{-1}(z)) = f^{-1}(y) = x$$

又因为　　　　　　　$(g \cdot f)(x) = g(f(x)) = g(y) = z$

得　　　　　　　　　　$(g \cdot f)^{-1}(z) = x$

因此 $\forall z \in Z$,有

$$(g \cdot f)^{-1}(z) = f^{-1} \cdot g^{-1}(z)$$

所以　　　　　　　　　$(g \cdot f)^{-1} = f^{-1} \cdot g^{-1}$　　　　　　　　．

定理 5 - 4 的逆命题并不成立,仅有部分成立,为此给出定理 5 - 6.

定理 5 - 6　设 $g \cdot f$ 是一个复合函数,

（1）若 $g \cdot f$ 是满射的,则 g 是满射的.

（2）若 $g \cdot f$ 是单射的,则 f 是单射的.

（3）若 $g \cdot f$ 是双射的,则 g 是满射的,f 是单射的.

证　设 $f:X \to Y, g:Y \to Z$,则 $g \cdot f$ 是 $X \to Z$ 的函数.

(1) 因为 $g \cdot f$ 是满射的,所以 $R_{g \cdot f} = Z. \forall x \in X, \exists y \in Y, z \in Z$,使得

$$(g \cdot f)(x) = z, \quad (g \cdot f)(x) = g(f(z)) = g(y) = z$$

即函数 g 的值域 $R_g = R_{g \cdot f} = Z$,因此 g 是满射的.

(2) $\forall x_1, x_2 \in X$,假定 $x_1 \neq x_2$,因为 $g \cdot f$ 是单射的,所以有

$$(g \cdot f)(x_1) \neq (g \cdot f)(x_2)$$

即

$$g(f(x_1)) \neq g(f(x_2))$$

因为 g 是函数,由像的唯一性可知,$f(x_1) \neq f(x_2)$,所以 f 是单射的.

(3) 由于 $g \cdot f$ 是双射的,由(1)可知,g 是满射的;由(2)可知,f 是单射的.

5.3　基数的比较与可数集

对于有限集合,我们可以比较两个集合元素个数的多少,即分别求出它们的基数,比较其大小. 另一种方法是构造一个有限集合 A 到有限集合 B 的双射函数,则知 A 与 B 的基数相等. 假若能构造 A 到 B 的单射函数,但无法构造 A 到 B 的双射函数,则可知 A 的基数小于 B 的基数,即 $|A| < |B|$. 对于无限集合,很难确定它的基数,但可参照有限集合定义基数的方法来比较.

定义 5-7　设 A 和 B 是任意集合,

(1) 如果存在从 A 到 B 的双射函数,那么称 A 和 B 有相同的基数(或等势),记为 $|A| = |B|$.

(2) 如果存在从 A 到 B 的单射函数,那么称 A 的基数小于等于 B 的基数,记为 $|A| \leqslant |B|$.

(3) 如果存在从 A 到 B 的单射函数,但不存在双射函数,那么称 A 的基数小于 B 的基数,记为 $|A| < |B|$.

[定理 5-7]　设 A 和 B 是集合,如果 $|A| \leqslant |B|, |B| \leqslant |A|$,则 $|A| = |B|$.

定理的证明从略. 这个定理对证明两个集合有相同的基数提供了有效方法. 如果能够构造一个单射函数 $f:A \to B$,已证明 $|A| \leqslant |B|$,构造另一个单射函数 $g:B \to A$,以证明 $|B| \leqslant |A|$,则按照定理可得出 $|A| = |B|$. 通常构造这样两个单射函数比构造一个双射函数要容易.

由于双射函数的逆函数也是双射函数,f 和 g 是双射函数时,$g \cdot f$ 也是双射函数,由于恒等函数 I_X 也是双射函数,所以等势关系是一等价关系.

[例 5-8]　设 $A = \{1,2,3,\cdots\}, B = \{2,4,6,\cdots\}$,构造函数 $f:A \to B, f(n) = 2n$,则 f 是一双射函数,所以 A 与 B 的基数相等,即 $|A| = |B|$.

注意:基数比较是对集合元素个数的一种度量,它与包含关系是不同的,例 5-8 中 $B \subset A$,即 B 是 A 的真子集,但它们的基数相等.

现在规定几个标准集合的基数.

(1) 空集的基数为 0,即 $|\varnothing| = 0$.

(2) 设 n 为一自然数,$N_n = \{1,2,3,\cdots,n\}$,则 N_n 的基数为 n,即 $|N_n| = n$.

(3) 设 $\mathbf{N}$ 为自然数的全体,$\mathbf{N} = \{1,2,3,\cdots\}$,$\mathbf{N}$ 的基数为 $\aleph_0$(读作阿列夫零).

(4) 设 $\mathbf{R}$ 为实数的全体,$\mathbf{R}$ 的基数为 $\aleph$(读作阿列夫).

有了标准基数之后,我们可以将其他集合与它们进行比较,例 5-8 中通过构造双射函数,

证明全体正偶数的基数也为 $\aleph_0$.

定义 5-8 凡是与空集等势或与某一 N_n 等势的集合称为有限集,否则称为无限集.凡是与自然数的全体 **N** 等势的集合称为可数集或可列集.

定理 5-8 设 A 为一无限集,则 A 是可数集的充分必要条件是 A 能写成下列形式:

$$A = \{a_0, a_1, a_2, a_3, \cdots\}$$

证 充分性.若 A 能写为上述形式,对任意 $n \in \mathbf{N}$,令 $f(n) = a_n$,则 f 是 $\mathbf{N} \to A$ 的双射函数,故 A 是可数集.

必要性.若 A 是可数集,则存在 **N** 到 A 的双射函数 f,记作

$$a_0 = f(0), a_1 = f(1), a_2 = f(2), a_3 = f(3), \cdots$$

则 $A = \{a_0, a_1, a_2, \cdots\}$.

定理 5-9 可数集与它的无穷真子集等势.

证 先将可数集写为 $A = \{a_0, a_1, a_2, a_3, \cdots\}$ 的形式,然后把真子集中的元素按其在 A 中出现的先后次序排列,如 $B = \{a_{i0}, a_{i2}, a_{i3}, \cdots\}$,由此不难构造 $A \to B$ 的双射函数 $f(a_k) = a_{ik}$,从而说明 $|A| = |B|$.

定理 5-10 可数个两两不相交的可数集合的并集,仍然是一可数集.

证 设可数个可数集分别表示为

$$S_1 = \{a_{11}, a_{12}, a_{13}, \cdots, a_{1n}, \cdots\}$$
$$S_2 = \{a_{21}, a_{22}, a_{23}, \cdots, a_{2n}, \cdots\}$$
$$S_3 = \{a_{31}, a_{32}, a_{33}, \cdots, a_{3n}, \cdots\}$$

……

令 $S = S_1 \bigcup S_2 \bigcup S_3 \bigcup \cdots$,即 $S = \bigcup\limits_{k=1}^{\infty} S_k$,对 S 的元素,作以下的安排:

在上述元素的排列中,由左上角开始,每一斜线上的每一元素的两下标之和都相同,按箭头所指方向排序,S 的元素可排列为

$$a_{11}, a_{21}, a_{12}, a_{31}, a_{22}, a_{13}, a_{41}, a_{32}, \cdots$$

这说明 $S_1, S_2, S_3, \cdots$ 的并集 S 是可数集.

类似地可以证明,有限个可数集的并集仍然是可数集.在上述证明过程中,假设 $S_i(i=1, 2, \cdots)$ 两两不相交.事实上,若有两集合交集不为空时,先将公共元素看做不同的元素,此时的并集为可数集;而实际并集是这种并集的无限子集,根据定理 5-9 可知,实际并集仍是可数集.

[例 5-9] 证明有理数的全体组成的集合 **Q** 是可数集.

证 有理数由正有理数 $\mathbf{Q}^+$ 和负有理数 $\mathbf{Q}^-$ 及 0 构成,其中

$$\mathbf{Q}^+ = \{\frac{m}{n} \mid m, n \in \mathbf{N} \text{ 且 } m, n \text{ 互为质数}\}$$

令

$$S_1 = \{\frac{1}{1}, \frac{2}{1}, \frac{3}{1}, \cdots, \frac{m}{1}, \cdots\}$$

$$S_2 = \{\frac{1}{2}, \frac{2}{2}, \frac{3}{2}, \cdots, \frac{m}{2}, \cdots\}$$

$$S_3 = \{\frac{1}{3}, \frac{2}{3}, \frac{3}{3}, \cdots, \frac{m}{3}, \cdots\}$$

……

则 $S = \bigcup\limits_{k=1}^{\infty} S_k$ 是可数集,若去掉 S 中分子、分母不是互为质数的数,就得到 $\mathbf{Q}^+$,显然 $\mathbf{Q}^+$ 是 S 的无限子集,由定理 5-9 知,$\mathbf{Q}^+$ 是可数集.

同理可证 $\mathbf{Q}^-$ 也是可数集,从而 $\mathbf{Q} = \mathbf{Q}^+ \bigcup \{0\} \bigcup \mathbf{Q}^-$ 是可数集.

5.4　不　可　数　集

定义 5-9　对无限集合 A,若不存在 $A \to \mathbf{N}$ 的双射函数时,称 A 为不可数集.

定理 5-11　在开区间 $(0, 1)$ 上的实数是不可数集.

证　凡是属于开区间 $(0, 1)$ 的实数 x,都可以表示成一个无穷小数

$$x = 0.x_1 x_2 x_3 \cdots$$

其中 x_i 是 $0, 1, 2, \cdots, 9$ 中的数,当 x 是无理数时,x 表示为一个无穷不循环小数;当 x 为有理数时,x 可表示为一循环小数;当循环小数的尾部全部为 0 时,我们把它处理为全 9 的形式.如 0.134,它可以写成以下两种形式:

$$0.134 = 0.134\ 000\ 000\cdots$$
$$0.134 = 0.133\ 999\ 999\cdots$$

这时我们规定取后一种形式,这样 $(0, 1)$ 中任一实数可唯一表示为一个无穷小数.

假设 $(0, 1)$ 中的实数是可数的,那么由 5.3 节中定理 5-8,这些实数可写成

$$a_1, a_2, a_3, \cdots$$

把它们用无穷小数表示为

$$a_1 = 0.x_{11} x_{12} x_{13} \cdots$$
$$a_2 = 0.x_{21} x_{22} x_{23} \cdots$$
$$a_3 = 0.x_{31} x_{32} x_{33} \cdots$$

……

其中 x_{ij} 是 $0, 1, 2, \cdots, 9$ 中的数,令

$$y = 0.y_1 y_2 y_3 \cdots$$

其中,

$$y_k = \begin{cases} 4, & x_{kk} = 3 \\ 5, & x_{kk} \neq 3 \end{cases}$$

y 是 $(0, 1)$ 中的实数,但它不在上述序列之中.而且无论如何排列,总可按以上方法找到不属于序列中的实数,所以开区间 $(0, 1)$ 上的实数是不可数集.

[例 5-10]　试证开区间 $(0, 1)$ 上的实数与全体实数 $\mathbf{R}$ 等势.

证　构造 $(0, 1) \to \mathbf{R}$ 上的函数

$$f(x) = \begin{cases} \dfrac{1}{2x} - 1, & 0 < x \leqslant \dfrac{1}{2} \\ \dfrac{1}{2(x-1)} + 1, & \dfrac{1}{2} < x < 1 \end{cases}$$

由本章习题 10 知,函数 $f:(0,1) \to \mathbf{R}$ 是一双射函数,故 $(0,1)$ 与 $\mathbf{R}$ 的基数相等,由 $\mathbf{R}$ 的基数记号知,$(0,1)$ 的基数是 $\aleph$. 在 5.1 节中,我们构造了 $[0,1]$ 到 $(0,1)$ 的双射函数,所以 $[0,1]$ 的基数也是 $\aleph$,故集合 $(0,1)$ 及 $[0,1]$ 都与 $\mathbf{R}$ 等势.

[例 5 - 11]　试证笛卡儿乘积 $(0,1) \times (0,1)$ 的基数为 $\aleph$.

证　对任意 $x \in (0,1)$,表示成无穷小数形式为

$$x = 0. x_1 x_2 x_3 x_4 x_5 x_6 \cdots$$

根据 x 的表示式构造两个实数,分别为

$$a = 0. x_1 x_3 x_5 \cdots \qquad b = 0. x_2 x_4 x_6 \cdots$$

则

$$(a,b) \in (0,1) \times (0,1)$$

作函数 $f:(0,1) \to (0,1) \times (0,1)$,$f(x) = (a,b)$,则 f 是双射函数,所以 $(0,1)$ 与 $(0,1) \times (0,1)$ 的基数相等,即 $(0,1) \times (0,1)$ 的基数也是 $\aleph$.

由例 5 - 10 和例 5 - 11 知,$(0,1)$ 与 $\mathbf{R}$ 等势,且与 $(0,1) \times (0,1)$ 等势,由此容易证明 $\mathbf{R} \times \mathbf{R}$ 的基数也是 $\aleph$,进一步可证 $\mathbf{R} \times \mathbf{R} \times \mathbf{R}$ 的基数也是 $\aleph$,即平面上的点集和三维空间的点集的基数都是 $\aleph$. 一般地,n 维欧几里得空间的点集的基数也是 $\aleph$.

在所有不可数集合中,我们考虑得较多的是基数为 $\aleph$ 的这一类集合. 在所有不可数集中,有没有基数不等于 $\aleph$ 的集合? 下面的定理给出了肯定的回答.

定理 5 - 12　设 A 为一集合,那么 $|A| < |2^A|$,这里 2^A 表示 A 的幂集合.

证　用反证法. 假设 $|A| < |2^A|$,那么存在一双射函数 $\varphi: A \to 2^A$,使得对每一 $a \in A$,$\varphi(a) \in 2^A$. 若 $a \in \varphi(a)$,称 a 为 A 的内部元素,若 $a \notin \varphi(a)$,称 a 为 A 的外部元素.

令

$$S = \{x \mid x \in A \text{ 且 } x \notin \varphi(x)\}$$

即 S 是由 A 的所有外部元素构成的集合. 显然 $S \subseteq A$,故 $S \in 2^A$.

由假设 φ 是双射函数,故对 2^A 的元素 S,必有一个元素 $b \in A$,使 $\varphi(b) = S$.

若 $b \in S$,因为 $\varphi(b) = S$,说明 b 是 A 的内部元素,这与 S 的定义矛盾.

若 $b \notin S$,因为 $\varphi(b) = S$,说明 b 是 A 的外部元素,而 S 是由所有 A 的外部元素组成的,又得出矛盾.

上述矛盾说明不存在 $A \to 2^A$ 的双射函数,即 $|A| \neq |2^A|$.

另外作函数 $f: A \to 2^A$,对任意 $a \in A$,令 $f(a) = \{a\}$,则 f 显然是一个 $A \to 2^A$ 单射函数,由基数比较的定义,得 $|A| \leqslant |2^A|$. 故有 $|A| < |2^A|$.

一般地,我们有

$$|A| < |\rho(A)| < |\rho(\rho(A))| < |\rho(\rho(\rho(A)))| < \cdots$$

这说明有无穷多个集合,它们的基数互不相等,基数大于 $\aleph$ 的集合还有很多. 只有基数更大的集合,没有基数最大的集合.

有没有一个集合,它的基数大于 $\aleph_0$ 但小于 $\aleph$? 这个问题目前仍是一个数学难题,有待于进一步研究.

5.5　鸽舍原理

鸽舍原理也称狄利克莱抽屉原理、鞋盒原理,通常用来判定是否存在给定条件的对象. 若鸽舍原理的条件成立,则存在满足条件的对象,但并不能确定这样的对象是什么或在哪里.

定理 5-13(鸽舍原理 1)　设 A,B 为两个有限集合,若 $|A|>|B|$,则从 A 到 B 的任意函数 $f:A \to B$,必存在 $a_1,a_2 \in A$,且 $a_1 \neq a_2$,使得 $f(a_1)=f(a_2)$.

鸽舍原理 1 可形象地描述为:把多于 n 个的鸽子放到 n 个鸽舍中,至少有一个鸽舍里有两只或两只以上的鸽子.

鸽舍原理 1 用集合论的语言描述为:若有非空集合 A,$|A|>n$,Γ 是 A 的任意划分,且 $|\Gamma| \leqslant n$,则至少有一个划分块中的元素个数不少于 2.

定理容易由反证法证得.在使用鸽舍原理时,关键是分析所讨论的问题中,什么相当于"鸽子"、什么相当于"鸽舍".

[例 5-12]　某专业有 60 名学生,编号为 $1 \sim 60$,证明:任选 31 名学生,至少两名学生的编号相邻.

证　设选取的 31 个学生的编号为 $c_1,c_2,\cdots,c_{31}$,其中 $c_k(1 \leqslant k \leqslant 31)$ 互不相同.则
$$c_1+1,c_2+1,\cdots,c_{31}+1$$
也互不相同.这样共有 62 个数字,其值均在 $1 \sim 61$ 之间,由鸽舍原理 1,必有两个数字相同,即
$$c_i=c_j+1$$
故 c_i 与 c_j 为相邻的编号.

[例 5-13]　证明:在任意 4 个整数中,至少有两个数的差能被 3 整除.

证　把整数集 $\mathbf{Z}$ 分为 3 个集合.
$$Z_1=\{x \mid x=3k \wedge k \in \mathbf{Z}\}$$
$$Z_2=\{x \mid x=3k+1 \wedge k \in \mathbf{Z}\}$$
$$Z_3=\{x \mid x=3k+2 \wedge k \in \mathbf{Z}\}$$

显然集合 $\{Z_1,Z_2,Z_3\}$ 是 $\mathbf{Z}$ 的一个划分,而 Z_1,Z_2,Z_3 是划分块,且每个划分块中的任意两个数的差能被 3 整除.

将整数作为"鸽子",划分块作为"鸽舍",则有 4 只鸽子,3 个鸽舍.由鸽舍原理 1,在 4 个整数中至少有两个整数在同一个划分块中,二者之差能被 3 整除.

[例 5-14]　从 $N_{50}=\{1,2,3,\cdots,50\}$ 中任取 26 个数,证明:在这 26 个自然数中至少存在两个数,其中一个能被另一个整除.

证　由于任一自然数都可表示为 $n \cdot 2^k(k \in \mathbf{N},n$ 是奇数$)$ 的形式.则集合 N_{50} 可进行如下划分:
$$N_{50}=\{[a] \mid a \in N_{50} \text{ 且 } a \text{ 为奇数}\}$$
其中,$[a]=\{b \mid b=a \cdot 2^k \wedge a \text{ 是奇数} \wedge k \in \mathbf{N} \wedge b \in N_{50}\}$.这样就产生了 N_{50} 的一个划分 $\{[1]$,$[3],[5],\cdots,[49]\}$,该划分有 25 个划分块,即
$$[1]=\{1,2,4,8,16,32\},[3]=\{3,6,12,24,48\},[5]=\{5,10,20,40\}$$
$$[7]=\{7,14,28\},[9]=\{9,18,36\},\cdots,[47]=\{47\},[49]=\{49\}$$

显然每个划分块中的任意两个数,其中一个能被另一个整除.将任取的 26 个自然数作为"鸽子",25 个划分块作为"鸽舍",则有 26 只鸽子,25 个鸽舍.由鸽舍原理 1,问题得证.

定理 5-14(鸽舍原理 2)　设 A,B 为两个有限集合,若 $|A|>|B|$,$k=\lceil |A|/|B| \rceil$(即不小于 $|A|/|B|$ 的最小整数),则从 A 到 B 的任意函数 $f:A \to B$,必存在 $a_1,a_2,\cdots,a_k \in A$,且它们互不相同,使得
$$f(a_1)=f(a_2)=\cdots=f(a_k)$$

鸽舍原理 2 可形象地描述为:把多于 $k \cdot n$ 个的鸽子放到 k 个鸽舍中,至少在一个鸽舍里有 $n+1$ 只鸽子.

鸽舍原理 2 用集合论的语言描述为:若有非空集合 A,$|A| > k \cdot n$,Γ 是 A 的任意划分,且 $|\Gamma| \leqslant k$,则至少有一个划分块中的元素个数不少于 $n+1$.

[**例 5 - 15**]　在边长为 1 的正三角形内,任取 7 个点,证明:其中必有 3 个点连成的小三角形的面积不超过 $\frac{\sqrt{3}}{12}$.

证　从正三角形的中心向 3 个顶点连线,将其分为 3 个全等且面积为 $\frac{1}{2} \times \frac{\sqrt{3}}{2} \times \frac{1}{3} = \frac{\sqrt{3}}{12}$ 的小三角形.

把点作为"鸽子",小三角形作为"鸽舍",则有 7 只鸽子,3 个鸽舍.$\lceil 7/3 \rceil = 3$,由鸽舍原理 2 知,在 7 个点中至少有 3 个在同一小三角形中,这 3 个点连成的小三角形的面积不超过小三角形的面积.

[**例 5 - 16**]　某年级 60 名学生,下学期准备选修 4 门课程"信息安全概论""数据库概论""小波分析""图像处理前沿"中的 1 门、2 门或 3 门.问:至少有几个学生所选的课程相同.

解　所有的选课情况有 $C_4^1 + C_4^2 + C_4^3 = 14$ 种,把 14 种选课情况作为"鸽舍",60 名学生作为"鸽子".

因为 $\lceil 60/14 \rceil = 5$,由鸽舍原理 2 知,至少有 5 个学生所选的课程相同.

5.6　特 征 函 数

本节介绍集合的特征函数及其相关运算.

定义 5 - 10　设 U 为全集,A 是 U 的子集,$A \subseteq U$,由

$$\chi_A(x) = \begin{cases} 1, & x \in A \\ 0, & \text{其他} \end{cases}$$

定义的函数 $\chi_A : U \to \{0,1\}$,称为集合 A 的特征函数.

例如,U 是某单位职工集合,A 是该单位具有大专以上学历的职工,则 χ_A 为具有大专以上学历职工的特征函数.

设 A 和 B 是全集 U 的任意两个子集,对于所有 $x \in U$,特征函数有如下性质:

(1) $\chi_A(x) = 0$ 当且仅当 $A = \varnothing$.

(2) $\chi_A(x) = 1$ 当且仅当 $A = U$.

(3) $\chi_A(x) \leqslant \chi_B(x)$ 当且仅当 $A \subseteq B$.

(4) $\chi_A(x) = \chi_B(x)$ 当且仅当 $A = B$.

(5) $\chi_{A \cap B} = \chi_A(x) * \chi_B(x)$.

(6) $\chi_{A \cup B} = \chi_A(x) + \chi_B(x) - \chi_{A \cap B}(x)$.

(7) $\chi_{\bar{A}} = 1 - \chi_A(x)$.

(8) $\chi_{A-B}(x) = \chi_{A \cap \bar{B}}(x) = \chi_A(x) - \chi_{A \cap B}(x)$.

其中,特征函数间的运算 $+$、$-$、$*$ 就是通常的算术运算 $+$、$-$、$\times$.

上述几个性质可以从特征函数的定义给予证明. 这里就式(5) 证明如下:

设 $x \in A \cap B$, 因为 $x \in A \cap B$ 等价于 $x \in A$ 并且 $x \in B$, 因此

$$\chi_A(x) = 1, \chi_B(x) = 1$$

所以

$$\chi_{A \cap B}(x) = \chi_A(x) * \chi_B(x) = 1$$

设 $x \notin A \cap B$, 因为 $x \notin A \cap B$ 等价于 $x \notin A$ 或 $x \notin B$, 因此

$$\chi_A(x) = 0 \text{ 或 } \chi_B(x) = 0$$

所以

$$\chi_{A \cap B}(x) = \chi_A(x) * \chi_B(x) = 0$$

[例 5 - 17] 证明 $A \cup (B \cup C) = (A \cup B) \cup (A \cup C)$.

证
$$\chi_{A \cap (B \cup C)}(x) = \chi_A(x) * \chi_{B \cup C}(x) = \chi_A(x) * (\chi_B(x) + \chi_C(x) - \chi_{B \cup C}(x)) =$$
$$\chi_A(x) * \chi_B(x) + \chi_A(x) * \chi_C(x) - \chi_A(x) * \chi_{B \cup C}(x) =$$
$$\chi_{A \cap B}(x) + \chi_{A \cap C}(x) - \chi_{A \cap B \cap C}(x) =$$
$$\chi_{A \cap B}(x) + \chi_{A \cap C}(x) - \chi_{(A \cap B) \cap (A \cap C)}(x) =$$
$$\chi_{(A \cap B) \cup (A \cap C)}(x)$$

[例 5 - 18] 设 $U = \{a, b, c\}$, U 的子集是 $\varnothing, \{a\}, \{b\}, \{c\}, \{a,b\}, \{a,c\}, \{b,c\}, \{a,b,c\}$, 试给出 U 的所有子集的特征函数, 并建立特征函数与二进制数之间的对应关系.

解 U 的任何子集 A 的特征函数的值如表 5 - 2 所示.

如果规定元素的次序为 a, b, c, 则每个子集 A 的特征函数与一个 3 位二进制数对应. 如 $\chi_{\{a,c\}}(x)$ 对应 101. 令 $B = \{000, 001, 010, 011, 100, 101, 110, 111\}$, 那么表5-2也可看做从 U 的幂集合到 B 的一个双射函数.

表 5 - 2

χ_A \ A / x	$\varnothing$	$\{a\}$	$\{b\}$	$\{c\}$	$\{a,b\}$	$\{a,c\}$	$\{b,c\}$	$\{a,b,c\}$
a	0	1	0	0	1	1	0	1
b	0	0	1	0	1	0	1	1
c	0	0	0	1	0	1	1	1

对特征函数推广可以导出模糊子集的概念.

设 $E = \{x_1, x_2, \cdots x_n, \}$, 我们将 E 的任一子集 A 表示为

$$A: \{\langle x_1, \chi_A(x_1) \rangle, \langle x_2, \chi_A(x_2) \rangle, \cdots, \langle x_n, \chi_A(x_n) \rangle\}$$

当 $\chi_A(x_i) = 1$ 时, $x_i \in A$;

当 $\chi_A(x_i) = 0$ 时, $x_i \notin A$.

如果将 $\chi_A(x_i)$ 的取值范围不局限于 0 和 1, 而是取 0 和 1 之间的任何数, 例如:

$$A^*: \{\langle x_1, 0.2 \rangle, \langle x_2, 0 \rangle, \langle x_3, 0.3 \rangle, \langle x_4, 1 \rangle, \langle x_5, 0.8 \rangle\}$$

那么, 对 A^* 可作如下理解: 它表示 x_1 是少量地属于 A^*, x_2 不属于 A^*, x_3 也是少量地属于 A^* (但是比 x_1 稍多), x_4 必定属于 A^*, x_5 则基本上属于 A^*. 这样的一个集合 A^* 就是一个模糊子集, 其中 $0.2, 0.3, 0.8, \cdots$ 分别称为该集合中对应元素的隶属程度.

定义 5-11　设全集 U,指定 U 上的一个模糊子集 A,是指 $\forall x \in U$ 都有一个隶属程度 $\mu = \chi_A(x)(0 \leqslant \mu \leqslant 1)$ 与它对应,称 $\chi_A(x)$ 为 A 的隶属函数.

从模糊子集的定义可以看出,当 $\chi_A(x)$ 只取 $0,1$ 两值时,A 便成为普通子集.

[例 5-19]　如图 5-2 所示,给定集合 $U = \{a,b,c,d,e\}$,为每个元素指定一个隶属程度:
$$\chi_A(a) = 1, \quad \chi_A(b) = 0.8, \quad \chi_A(c) = 0.6, \quad \chi_A(d) = 0.4, \quad \chi_A(d) = 0$$
于是可确定 U 的模糊子集 A,若 A 表示"圆块"这个概念,则可记模糊子集为
$$A = \frac{1}{a} + \frac{0.8}{b} + \frac{0.6}{c} + \frac{0.4}{d} + \frac{0}{e}$$
注意:这种记法中,右端不是分式求和,该式中分母表示元素,分子表示隶属程度.

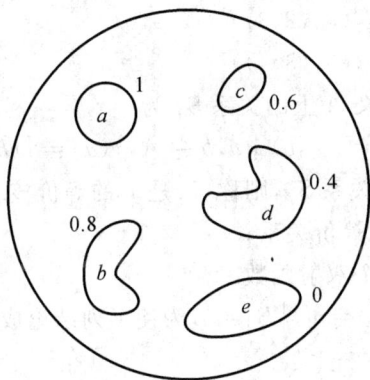

图　5-2

[例 5-20]　以年龄作为全集,取 $U = [0,100]$,"年老"与"年轻"这样两个模糊概念可以分别用两个模糊集 O 与 Y 来表示,它们的隶属函数可分别表示为
$$\chi_O(u) = \begin{cases} 0, & 0 \leqslant u \leqslant 50 \\ \left[1 + \left(\dfrac{u-50}{5}\right)^{-2}\right]^{-1}, & 50 < u \leqslant 100 \end{cases}$$
$$\chi_Y(u) = \begin{cases} 0, & 0 \leqslant u \leqslant 25 \\ \left[1 + \left(\dfrac{u-25}{5}\right)^{-2}\right]^{-1}, & 25 < u \leqslant 100 \end{cases}$$

从上述两例可以看出,在全集上确定模糊子集,主要是需定出隶属函数,即要确定恰当的表示模糊特征的那个特征函数,如图 5-3 所示.

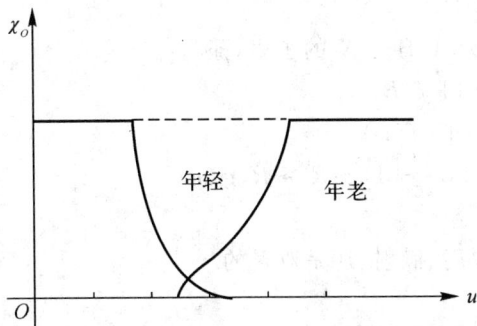

图　5-3

习 题 5

1. 在下列关系中,哪些能构成函数?

(1) $\{(x,y) \mid x,y \in \mathbf{N}, x+y < 10\}$

(2) $\{(x,y) \mid x,y \in \mathbf{R}, y = x^2\}$

(3) $\{(x,y) \mid x,y \in \mathbf{R}, x = y^2\}$

2. 下面集合能否定义函数? 若能,指出它的定义域和值域.

(1) $\{(1,(2,3)),(2,(3,4)),(3,(3,2))\}$

(2) $\{(1,(2,3)),(2,(2,3)),(3,(2,3))\}$

(3) $\{(1,(2,3)),(2,(2,3)),(3,(3,4))\}$

3. 设有函数 $f:A \to B$,定义 A 上的关系 S_f 为

$$S_f = \{(a,b) \mid a,b \in A, f(a) = f(b)\}$$

即 A 中凡有同一像的元素都有关系 S_f,则称 S_f 是 f 的等价核.

试证:(1) S_f 是 A 上的一个等价关系;

(2) 存在 A/S_f 到 S_f 的一个双射函数.

4. 设 A,B 为有限集合,$|A|=m$,$|B|=n$,为使下列结论成立,m,n 应满足什么条件?

(1) 存在 A 到 B 的单射函数;

(2) 存在 A 到 B 的满射函数;

(3) 存在 A 到 B 的双射函数.

5. 对下列每一组集合 X,Y,构造从 X 到 Y 的双射函数.

(1) $X = (0,1), Y = (0,2)$

(2) $X = \mathbf{Z}, Y = \mathbf{N}$

(3) $X = \mathbf{N}, Y = \mathbf{N} \times \mathbf{N}$

(4) $X = \mathbf{Z} \times \mathbf{Z}, Y = \mathbf{N}$

(5) $X = \mathbf{R}, Y = (0,\infty)$

(6) $X = (-1,1), Y = \mathbf{R}$

(7) $X = [0,1], Y = (\frac{1}{4}, \frac{1}{2})$

(8) $X = 2^{(a,b,c)}, Y = 2^{\{0,1,2\}}$

6. 设 $f:X \to Y$ 是函数,A,B 是 X 的子集,证明:

(1) $f(A \cup B) = f(A) \cup f(B)$

(2) $f(A \cap B) \subseteq f(A) \cap f(B)$

7. 设 $f:R \to R, f(x) = x^2 - 1, g:R \to R, g(x) = x + 2$

(1) 求 $f \cdot g$ 和 $g \cdot f$;

(2) 说明上述函数是单射、满射、还是双射的.

8. 设 $A = \{1,2,3,4\}$,

(1) 作双射函数 $f:A \to A$,使 $f \neq I_A$,并求 $f^2, f^3, f^{-1}, f \cdot f^{-1}$;

(2) 是否存在双射函数 $g:A \to A$,使 $g \neq I_A$ 但 $g^2 = I_A$.

9. 设 $|X|=n$，从 X 到 X 的双射函数 P 称为集合 X 上的置换，整数 n 称为置换的阶. 一个 n 阶置换 $P:X \to X$ 用如下形式表示：

$$P = \begin{bmatrix} x_1 & x_2 & \cdots & x_n \\ P(x_1) & P(x_2) & \cdots & P(x_n) \end{bmatrix}, \quad P(x_i) \in X$$

给定三阶置换 $P = \begin{pmatrix} 1 & 2 & 3 \\ 2 & 3 & 1 \end{pmatrix}$，求逆置换 P^{-1}，及 P 与 P^{-1} 的复合 $P \cdot P^{-1}$.

10. 证明：函数 $f:R_1 \to \mathbf{R}$ 是双射的，其中 $R_1 = \{x \mid x \in \mathbf{R}$ 且 $0 < x < 1\}$.

$$f(x) = \begin{cases} \dfrac{1}{2x} - 1, & 0 < x \leqslant \dfrac{1}{2} \\[3mm] \dfrac{1}{2(x-1)} + 1, & \dfrac{1}{2} < x < 1 \end{cases}$$

11. 设 a,b 为任意实数，且 $a < b$. 证明 $[0,1]$ 与 $[a,b]$ 等势.

12. 计算下列集合的基数.

(1) $\{(a,b,c) \mid a,b \in \mathbf{Z}\}$.

(2) 所有整系数的一次多项式集合.

(3) $\{(a,b) \mid a,b \in \mathbf{R}$ 且 $a^2 + b^2 = 1\}$.

13. 证明：

(1) 设 A 为有限集，B 为可数集，则 $A \times B$ 是可数集.

(2) 设 A 和 B 均为可数集，则 $A \times B$ 是可数集.

(3) A 是不可数无限集，B 是 A 的可数子集，则 $A - B$ 与 A 的基数相等.

(4) 设 A 是任意无限集，B 是可数集，则 $|A \cup B| = |A|$.

14. 证明任一无限集必有一可数子集.

15. 在边长为 2 的正方形内任取 5 点，证明至少有两点的距离小于 $\sqrt{2}$.

16. 在边长为 3 的正三角形内任取 10 点，证明至少有两点的距离小于 1.

17. 用 3 种颜色对有 2 行 13 列的 26 个小方格涂色，每个小方格可涂上 3 种颜色的任一种.

证明：(1) 不论如何涂色，至少必有两列的涂色情况相同；

(2) 若要求同一列上下两格的颜色不同，则至少必有 3 列的涂色情况相同.

第6章 代数系统

代数系统是一种数学结构,它是由集合、关系、运算、定理、定义和算法组成.它使用抽象的方法来研究我们将要处理的数学对象——集合上的关系或运算.事物中的关系就是事物的结构,所以代数系统又称为代数结构.众所周知,在许多实际问题的研究中都离不开数学模型,构造数学模型就要用到某种数学结构,而近世代数研究的中心问题是代数系统的结构:半群、群、格与布尔代数等.

代数系统是由一个非空集合以及定义在其上的一些封闭的代数运算所构成的系统.换言之,它是一个"有组织的集合".现代科学在研究各种不同的现象时,为了探索它们之间的共同特点,常常利用代数系统这个框架,以得出深刻的结果.目前,代数系统的理论已经在理论物理学、生物学、计算机科学以及社会科学中得到广泛的应用.

本章简要讨论代数系统的构成及其一般性质,并介绍几个典型的代数系统.

6.1 二元运算及其性质

6.1.1 二元运算

定义 6-1 设有非空集合 A,定义 $f:A^n \to A$,则称 f 是 A 上的 n 元运算,也称 A 对 f 是关于 A 的封闭的运算.特别当 $n=1$ 时,称为一元运算,当 $n=2$ 时,称为二元运算.

n 元运算的例子很多,例如:整数集上求 n 个整数的最小公倍数就是一个 n 元运算,实数集上求相反数,复数集合上求共轭复数,非零有理数集和非零实数集上求倒数等均为一元运算.验证一个运算是否为集合 A 上的二元运算,首先要保证参加运算的可以是 A 中的任意两个元素(包含相等的两个元素),而运算的结果也是 A 中的一个元素,即 A 对该运算是封闭的.下面是一些二元运算的例子.

[例 6-1] (1)自然数集合 $\mathbf{N}$ 上的乘法是 $\mathbf{N}$ 上的二元运算,但除法不是.

(2)整数集合 $\mathbf{Z}$ 上的加法、减法和乘法是 $\mathbf{Z}$ 上的二元运算,而除法不是.

(3)非零实数集 $\mathbf{R}^*$ 上的乘法和除法都是 $\mathbf{R}^*$ 上二元运算,而加法和减法不是.

(4)$M_n(R)$ 表示所有 n 阶实矩阵的集合,则矩阵加法和乘法都是 $M_n(R)$ 上的二元运算.

(5)S 为任意集合,$\rho(S)$ 是 S 的幂集,则集合运算 $\cup$,$\cap$,$-$,$\oplus$ 都是 $\rho(S)$ 上的二元运算.

可以使用运算符表示二元或者一元运算,常用的算符有 $+$,$\circ$,$*$,$\times$,$\bullet$,$\oplus$,$\otimes$,$\triangle$ 等.二元运算一般采用中缀表示,即如果 x 与 y 运算得到 z,记作 $x \circ y = z$;对于一元运算,则采用前缀表示,即将 x 的运算结果记作 $\circ x$.

使用运算符可以更方便地定义运算,定义运算的方法通常有两种:一种是给出运算的表达式;另一种是给出运算表.表达式适合于表示具有共同规则的运算,而运算表不要求运算具有共同规则,但是运算必定定义在有限集上.

6.1.2　二元运算的性质

二元运算的性质主要指遵从的规律和相对于运算而存在的特异元素.首先考虑运算律.针对一个二元运算的运算律主要有交换律,结合律和幂等律;针对两个不同的二元运算的运算律主要有分配律和吸收律.下面分别给出定义.

定义 6-2　设 $\circ$ 是非空集合 S 上的二元运算.

(1) 如果 $\forall x,y \in S$,有

$$x \circ y = y \circ x$$

则称 $\circ$ 运算在 S 上满足交换律,或称 $\circ$ 运算是可交换的.

(2) 如果 $\forall x,y,z \in S$,有

$$(x \circ y) \circ z = x \circ (y \circ z)$$

则称 $\circ$ 运算在 S 上满足结合律,或称 $\circ$ 运算是可结合的.

(3) 如果 $\forall x \in S$,有

$$x \circ x = x$$

则称 $\circ$ 运算在 S 上满足幂等律.

定义 6-3　设 $\circ$ 和 $*$ 是集合 S 上两个不同的二元运算.

(1) 如果 $\forall x,y,z \in S$,有

$$(x \circ y) * z = (x * z) \circ (y * z) \quad 和 \quad z * (x \circ y) = (z * x) \circ (z * y)$$

则称 $*$ 运算对 $\circ$ 运算满足分配律.

(2) 如果 $\circ$ 和 $*$ 运算都可交换,并且 $\forall x,y \in S$,有

$$x \circ (x * y) = x \quad 和 \quad x * (x \circ y) = x$$

则称 $\circ$ 和 $*$ 运算满足吸收律.

[**例 6-2**]　设 $\mathbf{Z},\mathbf{Q},\mathbf{R}$ 分别为整数、有理数、实数集,$\mathbf{M}_n(R)$ 为 n 阶实矩阵的集合,$\rho(B)$ 为集合 B 的幂集合,A^A 为从 A 到 A 的所有函数的集合.下面考虑这些集合上的运算是否满足交换律、结合律和幂等律,有关的结果如表 6-1 所示,而对于分配律和吸收律的分析结果如表 6-2 所示.

表　6-1

集合	运算	交换律	结合律	幂等律
$\mathbf{Z},\mathbf{Q},\mathbf{R}$	普通加法 +	有	有	无
	普通乘法 ×	有	有	无
$\mathbf{M}_n(R)$	矩阵加法 +	有	有	无
	矩阵乘法 ×	无	有	无
$\rho(B)$	并 ∪	有	有	有
	交 ∩	有	有	有
	相对补 —	无	无	无
	对称差 ⊕	有	有	无
A^A	函数复合 $\circ$	无	有	无

表 6-2

集合	运算	分配律	吸收律
$\mathbf{Z},\mathbf{Q},\mathbf{R}$	普通加法 + 普通乘法 ×	× 对 + 可分配 + 对 × 不可分配	无
$\boldsymbol{M}_n(R)$	矩阵加法 + 矩阵乘法 ×	× 对 + 可分配 + 对 × 不可分配	无
$\rho(B)$	并 ∪ 交 ∩	∪ 对 ∩ 可分配 ∩ 对 ∪ 可分配	有
	交 ∩ 与对称差 ⊕	∩ 对 ⊕ 可分配	无

下文考虑运算的特异元素：单位元、零元、可逆元以及它们的逆元. 这些特异元素也称作代数系统的常数.

定义 6-4 设。是 S 上的二元运算.

(1) 如果存在 $e_l \in S$，使得 $\forall x \in S$，都有 $e_l \circ x = x$，则称 e_l 是 S 上关于。运算的左单位元（左幺元）；若存在 $e_r \in S$，使得 $\forall x \in S$，都有 $x \circ e_r = x$，则称 e_r 是 S 上关于。运算的右单位元（右幺元）；若存在 $e \in S$ 关于。运算既是左单位元又是右单位元，则称 e 是 S 上关于。运算的单位元（幺元）.

(2) 如果存在 $\theta_l \in S$，使得 $\forall x \in S$，都有 $\theta_l \circ x = \theta_l$，则称 θ_l 是 S 上关于。运算的左零元；若存在 $\theta_r \in A$，使得 $\forall x \in A$，都有 $x \odot \theta_r = \theta_r$，则称 θ_r 是 S 上关于。运算的右零元；若 $\theta \in S$ 关于运算。既是左零元又是右零元，则称 θ 是 S 上关于。运算的零元.

(3) 令 e 为 S 中关于运算。的单位元，如果 $\forall x \in S$，存在 y_l（或 y_r）$\in S$，使得 $y_l \circ x = e$（或 $x \circ y_r = e$），则称 y_l（或 y_r）是 x 关于。运算的左逆元（或右逆元），若 $y \in S$ 既是 x 的左逆元又是 x 的右逆元，则称 y 是 x 的逆元. 如果 x 的逆元存在，则称 x 是可逆的.

［例 6-3］ 针对例 6-2 中的运算，表 6-3 中列出了相关的单位元、零元及可逆元素的逆元，集合中哪些元素是可逆元素？这些依赖于具体的运算. 对表 6-3 中的普通乘法来讲，在实数集 $\mathbf{R}$ 和有理数 $\mathbf{Q}$ 中，除 0 之外每个实数或有理数 x 都是可逆的，逆元就是它的倒数 x^{-1}；而在整数集 $\mathbf{Z}$ 中，只有 1 和 -1 是可逆的，它们的逆元就是自身. 对于矩阵乘法，只有可逆矩阵 $\boldsymbol{X}$ 才存在逆矩阵 $\boldsymbol{X}^{-1}$. 在幂集 $\rho(B)$ 上，对于集合并运算，只有空集 $\varnothing$ 有逆元；而对于交运算，只有 B 有逆元.

表 6-3

集合	运算	单位元	零元	逆元
$\mathbf{Z},\mathbf{Q},\mathbf{R}$	普通加法 + 普通乘法 ×	0 1	无 0	x 的逆元 $-x$ 可逆元素 x 的逆元 x^{-1}
$\boldsymbol{M}_n(R)$	矩阵加法 + 矩阵乘法 ×	n 阶全 0 矩阵 n 阶单位矩阵	无 n 阶全 0 矩阵	x 的逆元 $-x$ 可逆矩阵 $\boldsymbol{X}$ 的逆阵 $\boldsymbol{X}^{-1}$
$\rho(B)$	并 ∪ 交 ∩ 对称差 ⊕	$\varnothing$ B $\varnothing$	B $\varnothing$ 无	$\varnothing$ 的逆元为 $\varnothing$ B 的逆元为 B x 的逆元为 x

关于单位元的存在唯一性定理.

定理 6-1　设。是 S 上的二元运算，e_l 和 e_r 分别为 S 中关于。运算的左、右单位元，则

$$e_l = e_r = e$$

且 S 上关于。运算的单位元是唯一的.

证　因为 e_r 为右单位元，所以有 $e_l = e_l \circ e_r$. 同理有 $e_l \circ e_r = e_r$，从而得到 $e_l = e_r$，将这个单位元记作 e. 假设 e' 也是 S 中的单位元，则有 $e' = e \circ e' = e$. 唯一性得证.

类似地，可以证明关于零元的唯一性定理.

定理 6-2　设。是 S 上可结合的二元运算，e 为。运算的单位元，对于给定的 $x \in S$，如果存在左逆元 y_l 和右逆元 y_r，则有 $y_l = y_r = y$，且 y 是 x 关于。运算的唯一的逆元.

证　由 $y_l \circ x = e, x \circ y_r = e$，得

$$y_l = y_l \circ e = y_l \circ (x \circ y_r) = (y_l \circ x) \circ y_r = e \circ y_r = y_r$$

令 $y_l = y_r = y$，则 y 是 x 的逆元. 假若 $y' \in S$ 也是 x 的逆元，则

$$y' = y' \circ e = y' \circ (x \circ y) = (y' \circ x) \circ y = e \circ y = y$$

所以 y 是 x 关于。运算的唯一的逆元.

由于逆元的唯一性，通常将 x 的逆元记作 x^{-1}.

最后考虑消去律.

定义 6-5　设。为 S 上的二元运算，如果 $\forall x, y, z \in S, x \neq \theta$，都有

$$x \circ y = x \circ z \Rightarrow y = z, y \circ x = z \circ x \Rightarrow y = z$$

则称。运算满足消去律.

例如，普通加法满足消去律，矩阵加法满足消去律，矩阵乘法不满足消去律. 集合的并和交运算也不满足消去律，例如，$\{1\} \cup \{1,2\} = \{2\} \cup \{1,2\}$，但是 $\{1\} \neq \{2\}$.

下面是一些运算的实例.

[例 6-4]　有理数集 **Q** 上的二元运算。定义如下：

$$\forall x, y \in \mathbf{Q}, x \circ y = x + y - xy$$

(1) 判断。运算是否满足交换律和结合律，并说明理由.

(2) 求出。运算的单位元、零元和所有可逆元素的逆元.

解　(1)。运算显然是可交换的. 其可结合性验证如下：

$\forall x, y, z \in \mathbf{Q}$，则

$(x \circ y) \circ z = (x + y - xy) + z - (x + y - xy)z = x + y + z - xy - xz - yz + xyz$

$x \circ (y \circ z) = x + (y + z - yz) - x(y + z - yz) = x + y + z - xy - xz - yz + xyz$

故。运算是可结合的.

(2) 设。运算的单位元和零元分别为 e 和 θ，$\forall x \in \mathbf{Q}$，若 $x \circ e = x$ 成立，即

$$x + e - xe = x$$

由 x 的任意性，必有 $e = 0$. 由于。运算可交换，所以 0 是单位元.

再考虑零元，$\forall x \in \mathbf{Q}$，若 $x \circ \theta = \theta$ 成立，即

$$x + \theta - x\theta = \theta$$

由 x 的任意性，得零元 $\theta = 1$.

给定 $x \in \mathbf{Q}$，设 x 的逆元为 y，则有 $x \circ y = 0$ 成立，即

$$x + y - xy = 0$$

从而得到

$$y = \frac{x}{x-1}, \quad x \neq 1$$

因此,当 $x \neq 1$ 时,$\frac{x}{x-1}$ 是 x 的逆元. 如 2 的逆元是 2,5 的逆元是 $\frac{5}{4}$.

[例 6 - 5] 集合 $S = \{a,b,c\}$ 上定义了 3 个二元运算,表 6 - 4 给出了 3 个运算表.

表 6 - 4

*	a	b	c
a	c	a	b
b	a	b	c
c	b	c	a

∘	a	b	c
a	a	a	a
b	b	b	b
c	c	c	c

△	a	b	c
a	a	b	c
b	b	c	c
c	c	c	c

(1) 说明哪些运算是可交换的、可结合的、幂等的.

(2) 求出每个运算的单位元、零元、所有可逆元素的逆元.

解 (1) * 运算满足交换律、结合律,不满足幂等律;∘ 运算不满足交换律,满足结合律、幂等律;△ 运算满足交换律、结合律,不满足幂等律.

(2) * 运算的单位元为 b,没有零元,$a^{-1}=c,b^{-1}=b,c^{-1}=a$;∘ 运算有 3 个左零元和 3 个右单位元,但无单位元和零元,因而没有可逆元素;△ 运算的单位元为 a,零元为 c,$a^{-1}=a$,但 b,c 不是可逆元素.

6.2 代 数 系 统

6.2.1 代数系统

定义 6 - 6 一个非空的集合 S 连同若干个定义在该集合上的封闭运算 $f_1,f_2,\cdots,f_n$ 所组成的系统,称为代数系统或代数结构,记作 $\langle S,f_1,f_2,\cdots,f_n \rangle$. 如 S 是有限集合,则称为有限代数系统,反之称为无限代数系统.

注意,在书写一个代数系统时,经常将二元运算排在一元运算的前面.

[例 6 - 6] (1) $\langle \mathbf{N},+ \rangle$,$\langle \mathbf{Z},+,\times \rangle$,$\langle \mathbf{R},+,\times \rangle$ 是代数系统. 这里 + 和 × 分别表示普通加法和乘法.

(2) $\langle \boldsymbol{M}_n(R),+,\cdot \rangle$ 是代数系统. + 和 · 分别表示 n 阶($n \geqslant 2$) 实矩阵的加法和乘法.

(3) $\langle Z_n,\oplus,\otimes \rangle$ 是代数系统. $Z_n = \{0,1,2,\cdots,n-1\}$,运算 $\oplus$ 和 $\otimes$ 分别表示模 n 的加法和乘法.

(4) $\langle \mathbf{Z}^+,\triangle,\triangledown \rangle$ 是代数系统. 这里运算 △ 和 ▽ 分别是两个正整数的最大公约数和最小公倍数.

为了研究代数系统,需要对它们进行分类. 按照代数系统的成分,首先将它们分成同类型的代数系统. 如果进一步细分,考虑系统的性质,可以分成同种的代数系统.

定义 6 - 7 (1) 如果两个代数系统中运算的个数相同,对应运算的元素相同,且代数常数的个数也相同,则称它们是同类型的代数系统.

(2) 如果两个同类型的代数系统对应的运算所规定的运算性质也相同,则称为同种的代数系统.

例如,代数系统:
$$V_1 = \langle R, +, \cdot, 0, 1 \rangle, V_2 = \langle M_n(R), +, \cdot, \theta, E \rangle, V_3 = \langle P(B), \bigcup, \bigcap, \varnothing, B \rangle.$$
其中 θ 为 n 阶全 0 矩阵,E 为 n 阶单位矩阵,表 6-5 列出了这些代数系统的性质,显然 $V_1, V_2,$ V_3 是同类型的代数系统,它们都含有 2 个二元运算,2 个代数常数. 如果在定义抽象的代数系统时规定 3 条公理:第一个二元运算具有交换律和结合律;第二个二元运算具有结合律;第二个二元运算对第一个二元运算具有分配率,那么这 3 个代数系统都是同种的代数系统. 如果除此之外,系统还规定第一个二元运算具有单位元,且每个元素都有逆元,那么 V_1 和 V_2 是同种的代数系统,它们与 V_3 不再是同种的代数系统了.

表 6-5

V_1	V_2	V_3
$+$ 可交换、可结合	$+$ 可交换、可结合	$\bigcup$ 可交换、可结合
$\cdot$ 可交换、可结合	$\cdot$ 不可交换、可结合	$\bigcap$ 可交换、可结合
$+$ 满足消去律	$+$ 满足消去律	$\bigcup$ 不满足消去律
$\cdot$ 不满足消去律	$\cdot$ 不满足消去律	$\bigcap$ 不满足消去律
$\cdot$ 对 $+$ 可分配	$\cdot$ 对 $+$ 可分配	$\bigcap$ 对 $\bigcup$ 可分配
$+$ 对 $\cdot$ 不可分配	$+$ 对 $\cdot$ 不可分配	$\bigcup$ 对 $\bigcap$ 可分配
$+$ 与 $\cdot$ 没有吸收律	$+$ 与 $\cdot$ 没有吸收律	$\bigcup$ 与 $\bigcap$ 满足吸收律
$+$ 具有单位元	$+$ 具有单位元	$\bigcup$ 具有单位元
对于 $+$,每个元素都可逆	对于 $+$,每个元素都可逆	对于 $\bigcup$ 不一定都可逆

6.2.2 子代数系统与积代数系统

代数系统中的一个重要问题就是研究它的子系统,我们关心的是怎样构成一个子系统,子系统能否保持原系统的性质,现在先给出子代数系统的定义.

定义 6-8 设 $V = \langle S, f_1, f_2, \cdots, f_n \rangle$ 是代数系统,T 是 S 的非空子集,如果 T 对运算 $f_1,$ $f_2, \cdots, f_n$ 都是封闭的,且 T 和 S 含有相同的代数常数,则称 $\langle T, f_1, f_2, \cdots, f_n \rangle$ 是 V 的子代数系统,简称子代数. 如果 $T = S$,则称 T 是 V 的平凡子代数;如果 $T \subset S$,则称子代数 T 为 V 的真子代数.

例如,N 是 $\langle Z, + \rangle$ 的子代数,N 也是 $\langle Z, +, 0 \rangle$ 的子代数. $N - \{0\}$ 是 $\langle Z, + \rangle$ 的子代数,但不是 $\langle Z, +, 0 \rangle$ 的子代数,因为代数系统 $\langle Z, +, 0 \rangle$ 中的代数常数 0 不在 $N - \{0\}$ 中.

对任何代数系统 V,它的子代数一定存在,起码存在平凡子代数 V. 如果 V 的代数常数构成的集合 K 关于 V 中的所有运算封闭,这时也称 K 为 V 的平凡子代数.

[例 6-7] 设 $V = \langle Z, +, 0 \rangle$,令 $nZ = \{nz \mid z \in Z\}$,n 为给定的自然数,则 nZ 是 V 的子代数. 当 $n = 1$ 和 0 时,nZ 等于 Z 或等于 $\{0\}$,是 V 的平凡的子代数,对于其他的 n,nZ 都是 V 的非平凡的真子代数. 例如 $2Z = \{0, \pm 2, \pm 4, \cdots\}$ 就是 V 的真子代数.

不难看出,若原来代数系统的公理指的是二元运算的算律(如交换律、结合律,幂等律、分配率、吸收律等),那么在它的子代数系统中也满足相同的算律,因此子代数与原来的代数系统是同种的代数系统.

定义 6-9 设 $V_1 = \langle A, \circ \rangle$ 和 $V_2 = \langle B, * \rangle$ 是两个同类型的代数系统,这里 $\circ$ 和 $*$ 为二元运算,在集合 $A \times B$ 上定义如下二元运算 $\cdot$:

$\forall \langle a_1, b_1 \rangle, \langle a_2, b_2 \rangle \in A \times B$,有

$$\langle a_1, b_1 \rangle \cdot \langle a_2, b_2 \rangle = \langle a_1 \circ a_2, b_1 * b_2 \rangle$$

称 $V = \langle A \times B, \cdot \rangle$ 为 V_1 与 V_2 的积代数,记作 $V_1 \times V_2$.这时也称作 V_1 和 V_2 的因子代数.

考虑代数系统 $V = \langle R, + \rangle$,那么积代数 $V \times V = \langle R \times R, + \rangle$,例如

$$\langle 1, 3 \rangle + \langle -2, 2 \rangle = \langle -1, 5 \rangle$$

类似地,也可以对具有多个运算的代数系统 V_1 与 V_2 定义积代数.积代数中的运算个数与 V_1 和 V_2 的运算个数一样多,而每个运算的规则与定义 6-9 一样,如 $V_1 = \langle Z, +, \cdot \rangle$, $V_2 = \langle M_2(R), +, \cdot \rangle$,那么在积代数 $V_1 \times V_2$ 中,有

$$\langle 2, \begin{bmatrix} 1 & 0 \\ 2 & -1 \end{bmatrix} \rangle + \langle -1, \begin{bmatrix} 0 & 1 \\ 2 & -1 \end{bmatrix} \rangle = \langle 1, \begin{bmatrix} 1 & 1 \\ 4 & -2 \end{bmatrix} \rangle$$

$$\langle 2, \begin{bmatrix} 1 & 0 \\ 2 & -1 \end{bmatrix} \rangle \cdot \langle -1, \begin{bmatrix} 0 & 1 \\ 2 & -1 \end{bmatrix} \rangle = \langle -2, \begin{bmatrix} 0 & 1 \\ -2 & 3 \end{bmatrix} \rangle$$

还可以把积代数的概念扩充到多个同类型的代数系统,限于篇幅,不再赘述,有兴趣的读者可以参考有关的书籍.

6.2.3 代数系统的同构与同态

定义 6-10 设 $\langle A, * \rangle$ 和 $\langle B, \triangle \rangle$ 是两个代数系统,若存在从 A 到 B 的一个映射 f,使得 $\forall a, b \in A$,有

$$f(a * b) = f(a) \triangle f(b)$$

则称 f 为 $\langle A, * \rangle$ 到 $\langle B, \triangle \rangle$ 的同态映射,也称 $\langle A, * \rangle$ 同态于 $\langle B, \triangle \rangle$,记作 $A \sim B$.

若 f 为单射,则称 f 为 $\langle A, * \rangle$ 到 $\langle B, \triangle \rangle$ 的单同态;

若 f 为满射,则称 f 为 $\langle A, * \rangle$ 到 $\langle B, \triangle \rangle$ 的满同态;

若 f 为双射,则称 f 为 $\langle A, * \rangle$ 到 $\langle B, \triangle \rangle$ 的同构,记为 $\langle A, * \rangle \cong \langle B, \triangle \rangle$.

若 f 是由 $\langle A, * \rangle$ 到 $\langle A, * \rangle$ 的同态,则称 f 为自同态.若 f 是由 $\langle A, * \rangle$ 到 $\langle A, * \rangle$ 的同构,则称 f 为自同构.

[例 6-8] 证明:代数系统 $\langle R, \times \rangle$ 和 $\langle R^*, \times \rangle$ 是满同态的.这里 R, R^* 分别表示实数和非负实数集合,$\times$ 表示普通的乘法运算.

证 令 $f(x) = x^2$,显然 f 是 $R \rightarrow R^*$ 的双射函数.且

$$\forall x, y \in R, f(x \times y) = (x \times y)^2 = x^2 \times y^2 = f(x) \times f(y)$$

故 $\langle R, \times \rangle$ 和 $\langle R^*, \times \rangle$ 是满同态的.

[例 6-9] 证明:代数系统 $\langle R, + \rangle \cong \langle R^+, \times \rangle$.这里 R, R^+ 分别表示实数和正实数集合,$+$ 和 $\times$ 分别表示普通的加法和乘法.

证 令 $f(x) = e^x$,显然 f 是 $R \rightarrow R^+$ 的双射函数.且

$$\forall x, y \in R, f(x + y) = e^{x+y} = e^x \times e^y = f(x) \times f(y)$$

故 $$\langle R, + \rangle \cong \langle R^+, \times \rangle$$

定理 6-3 设 g 为代数系统 $\langle A, * \rangle$ 到 $\langle B, \triangle \rangle$ 的满同态映射,则

(1) 若$\langle A, * \rangle$满足结合律,则$\langle B, \triangle \rangle$也满足结合律.

(2) 若$\langle A, * \rangle$满足交换律,则$\langle B, \triangle \rangle$也满足交换律.

(3) 若$\langle A, * \rangle$有幺元e_A,则$\langle B, \triangle \rangle$也有幺元$e_B$,且$e_B = g(e_A)$.

(4) 若$\langle A, * \rangle$有零元θ_A,则$\langle B, \triangle \rangle$也有零元$\theta_B$,且$\theta_B = g(\theta_A)$.

(5) 若$a \in A$,有$a^{-1} \in A$,则$g(a)$也有逆元素,且$g(a)^{-1} = g(a^{-1})$.

证 (1) $\forall a', b', c' \in B$,因为g为满射,所以$\exists a, b, c \in A$,使得
$$g(a) = a', g(b) = b', g(c) = c'$$

则有
$$(a' \triangle b') \triangle c' = (g(a) \triangle g(b)) \triangle g(c) = g(a * b) \triangle g(c) =$$
$$g((a * b) * c) = g(a * (b * c)) =$$
$$g(a) \triangle (g(b) \triangle g(c)) = a' \triangle (b' \triangle c')$$

故$\langle B, \triangle \rangle$满足结合律.

(2) $\forall a', b' \in B$,因为g为满射,所以$\exists a, b \in A$,使得$g(a) = a', g(b) = b'$,故
$$a' \triangle b' = g(a) \triangle g(b) = g(a * b) = g(b * a) = g(b) \triangle g(a) = b' \triangle a'$$

所以$\langle B, \triangle \rangle$满足交换律.

(3) $\forall a' \in B$,因为g为满射,所以$\exists a \in A$,使得$g(a) = a'$,则有
$$a' = g(a) = g(a * e_A) = g(a) \triangle g(e_A) = a' \triangle g(e_A)$$
$$a' = g(a) = g(e_A * a) = g(e_A) \triangle g(a) = g(e_A) \triangle a'$$

故$g(e_A)$为$\langle B, \triangle \rangle$的幺元,记$e_B = g(e_A)$.

(4) $\forall a' \in B$,因为g为满射,所以$\exists a \in A$,使得$g(a) = a'$,则有
$$g(\theta_A) = g(a * \theta_A) = g(a) \triangle g(\theta_A) = a' \triangle g(\theta_A)$$
$$g(\theta_A) = g(\theta_A * a) = g(\theta_A) \triangle g(a) = g(\theta_A) \triangle a'$$

故$g(\theta_A)$为$\langle B, \triangle \rangle$的零元,记$\theta_B = g(\theta_A)$.

(5) 设$\langle A, * \rangle$中元素a有逆元素$a^{-1} \in A$,$\langle A, * \rangle$的幺元为e_A,$\langle B, \triangle \rangle$的幺元为$e_B$,则
$$e_B = g(e_A) = g(a * a^{-1}) = g(a) \triangle g(a^{-1})$$
$$e_B = g(e_A) = g(a^{-1} * a) = g(a^{-1}) \triangle g(a)$$

故$g(a)^{-1} = g(a^{-1})$.

定理 6 - 4 同构映射必有逆,而且也是同构映射.

证 设g为$\langle A, * \rangle$到$\langle B, \triangle \rangle$的同构映射.由于$g$为双射,所以$g$必有逆映射,且为双射.设其逆映射为$h$,$h: B \rightarrow A$,$\forall a, b \in A$,若$g(a) = x \in B$,$g(b) = y \in B$,则
$$h(x) = a, h(y) = b$$

有
$$g(a * b) = g(a) \triangle g(b) = x \triangle y$$

故
$$h(x \triangle y) = a * b = h(x) * h(y)$$

即h为$\langle B, \triangle \rangle$到$\langle A, * \rangle$的同态映射,又$h$为双射,故$h$为$\langle B, \triangle \rangle$到$\langle A, * \rangle$的同构映射.

定理 6 - 5 代数系统之间的同构是一个等价关系.

证 自反性:I_A为A到A的一个同构映射,即$\langle A, * \rangle \cong \langle A, * \rangle$.

对称性:若$\langle A, * \rangle \cong \langle B, \triangle \rangle$且有对应的同构映射$f$,则$f$的逆是由$\langle B, \triangle \rangle$到$\langle A, * \rangle$的同构映射,即$\langle B, \triangle \rangle \cong \langle A, * \rangle$.

传递性:若f是从$\langle A, * \rangle$到$\langle B, \triangle \rangle$的同构映射,$g$是从$\langle B, \triangle \rangle$到$\langle C, \odot \rangle$的同构映射,则$g \cdot f$就是$\langle A, * \rangle$到$\langle C, \odot \rangle$的同构映射.

6.3 几个典型的代数系统

前文讨论了代数系统的概念,本节将分别讨论几个具有广泛应用的代数系统:半群、独异点与群、环、域、格与布尔代数.

6.3.1 半群与含幺半群

半群与含幺半群是最简单的代数系统之一,它在时序线路、形式语言理论、自动机理论中均有很广泛的应用.

定义 6 - 11 设有二元代数 $\langle S, \circ \rangle$,若二元运算 $\circ$ 满足结合律,则称 $\langle S, \circ \rangle$ 为半群(Semigroup).

若半群 $\langle S, \circ \rangle$ 中的二元运算 $\circ$ 满足交换律,则称 $\langle S, \circ \rangle$ 为可交换半群(Commutative Semigroup);若半群 $\langle S, \circ \rangle$ 存在关于运算 $\circ$ 的幺元 e,则称此半群为独异点(Monoid,或含幺半群),有时也记为 $\langle S, \circ, e \rangle$;若独异点 $\langle S, \circ, e \rangle$ 中的二元运算 $\circ$ 满足交换律,则称 $\langle S, \circ, e \rangle$ 为可交换独异点(Commutative Monoid,或可交换含幺半群).

若 S 是有限集,则称半群(或独异点) $\langle S, \circ \rangle$ 为有限半群(或有限独异点),否则称之为无限半群(或无限独异点).

例 6 - 10 设 $Z_n = \{0, 1, 2, \cdots, n-1\}$,定义 Z_n 上的运算 $+_n$ 如下:

$x, y \in Z_n, x +_n y = x + y \pmod{n}$(即为 $x + y$ 除以 n 的余数,称为 n 模加法运算)

证明 $\langle Z_n, +_n \rangle$ 是含幺的可交换半群.

证 $\forall x, y \in Z_n$,令 $k = x + y \pmod{n}$,则 $0 \leqslant k < n-1$,即 $k \in Z_n$,所以封闭性成立.

$\forall x, y, z \in Z_n$,有 $(x +_n y) +_n z = x + y + z \pmod{n} = x +_n (y +_n z)$,所以结合律成立.

$\forall x \in Z_n$,显然有 $0 +_n x = x +_n 0 = x$,所以 0 是单位元.

$\forall x, y \in Z_n$,显然有 $x +_n y = y +_n x$,所以 $+_n$ 运算满足交换律.

综上可知,$\langle Z_n, +_n \rangle$ 是可交换含幺半群.

[例 6 - 11] (1) 设 $\mathbf{Q}^+$ 为正有理数集合,$+$、$-$、$\times$ 和 $\div$ 分别为普通的加、减、乘和除法运算,则

$\langle \mathbf{Q}^+, + \rangle$ 是半群,但不是独异点;

$\langle \mathbf{Q}^+, \times \rangle$ 是独异点,其幺元为 1;而 $\langle \mathbf{Q}^+, - \rangle$ 不是代数系统,也就不是半群;

$\langle \mathbf{Q}, - \rangle$ 和 $\langle \mathbf{Q} - \{0\}, -, \div \rangle$ 虽是二元代数,但因为普通的减法($-$)和除法($\div$)都不是可结合的,所以也不是半群.

(2) 设 $\mathbf{M}_n(R)$ 为全体 $n \times n$ 实数矩阵集合,$+$ 和 $\cdot$ 分别是矩阵的加法和乘法运算,则 $\langle \mathbf{M}_n(R), + \rangle$ 是可交换独异点,其幺元为零矩阵;$\langle \mathbf{M}_n(R), \cdot \rangle$ 是独异点,其幺元为单位矩阵.

(3) 设 A 为任意集合,则 $\langle \rho(A), \bigcap \rangle$ 和 $\langle \rho(A), \bigcup \rangle$ 都是可交换独异点,其幺元分别为 A 和 $\varnothing$.

(4) 设 A 为集合,A^A 为所有 A 上的函数的集合,$\circ$ 是函数的合成运算,则 $\langle A^A, \circ \rangle$ 是独异点,但不是可交换独异点,其幺元为 A 上的恒等映射 I_A.

(5) 设 $A = \{a, b, c, \cdots, z\}$,$A$ 中的元素称为字符,由 A 中有限个字符组成的序列称为 A 中的字符串,不包含任何字符的字符串称为空串,用 ε 表示,令

$$A^* = \{x \mid x \text{ 是 } A \text{ 中的字符串}\}, \quad A^+ = A^* - \varepsilon$$

。为两个字符串的连接,即对任意两个字符串 $\alpha, \beta, \alpha \cdot \beta$ 为将字符串 α 写在字符串 β 的左边而得到的字符串.

显然,。既是 A^* 上的二元运算,又是 A^+ 上的二元运算,并且满足结合律,但不满足交换律;$\forall \alpha \in A^*$,有 $\alpha \cdot \varepsilon = \varepsilon \cdot \alpha = \alpha$,所以 ε 是 A^* 中关于运算。的幺元.

因此,$\langle A^*, \circ \rangle$ 是独异点,而 $\langle A^+, \circ \rangle$ 只是半群.

将子代数和代数的同态应用于半群,则有下面的两个定义:

定义 6 - 12　如果 $\langle S, \circ \rangle$ 是半群,T 是 S 的非空子集,且 T 对运算。是封闭的,则称 $\langle T, \circ \rangle$ 是半群 $\langle S, \circ \rangle$ 的子半群(Sub-semigroup);如果 $\langle S, \cdot, e \rangle$ 是独异点,$T \subseteq S, e \in T$ 且 T 对运算。是封闭的,则称 $\langle T, \circ, e \rangle$ 是独异点 $\langle S, \circ, e \rangle$ 的子独异点(Sub-monoid).

[**例 6 - 12**]　设 $\langle S, * \rangle$ 是一个可交换的含幺半群,M 是它所有的等幂元构成的集合,则 $\langle M, * \rangle$ 是 $\langle S, * \rangle$ 的一个子含幺半群.

证　显然,$M \subseteq S$.

$\langle S, * \rangle$ 是含幺半群,所以幺元 e 存在. 又 $e * e = e$,则 e 是一个等幂元,即有 $e \in M$,且 M 非空.

$\forall a, b \in M$,由 M 的定义,知

$$a * a = a, b * b = b$$

因为运算 $*$ 满足结合律和交换律,所以

$$(a * b) * (a * b) = a * (b * a) * b = a * (a * b) * b = (a * a) * (b * b) = a * b$$

即运算 $*$ 关于集合 M 是封闭的运算.

由上可知,$\langle M, * \rangle$ 是 $\langle S, * \rangle$ 的一个子含幺半群.

定义 6 - 13　设 $\langle S, \circ \rangle$ 和 $\langle T, * \rangle$ 是两个半群,映射 $\psi : S \rightarrow T, \forall a, b \in S$,都有

$$\psi(a \cdot b) = \psi(a) * \psi(b)$$

则称 ψ 为 $\langle S, \circ \rangle$ 到 $\langle T, * \rangle$ 的半群同态(Semigroup Homomorphism).

设 $\langle S, \circ, e \rangle$ 和 $\langle T, *, e' \rangle$ 是两个独异点,映射 $\psi : S \rightarrow T, \forall a, b \in S$,都有

$$\psi(a \cdot b) = \psi(a) * \psi(b), \text{且 } \psi(e) = e'$$

则称 ψ 为 $\langle S, \circ, e \rangle$ 到 $\langle T, *, e' \rangle$ 的独异点同态(Monoid Homomorphism).

当 ψ 是单射、满射、双射时,相应的同态为单同态、满同态、同构.

[**例 6 - 13**]　设有映射 $\psi : N \rightarrow Z_4$,并定义 $\forall x \in \mathbf{N}, \psi(x) = x(\bmod 4)$,证明 ψ 是 $\langle \mathbf{N}, + \rangle$ 到 $\langle Z_4, +_4 \rangle$ 的半群同态.

证　因为

$$\psi(a + b) = (a + b)(\bmod 4) = (a(\bmod 4) + b(\bmod 4))(\bmod 4) =$$
$$a(\bmod 4) +_4 b(\bmod 4) = \psi(a) +_4 \psi(a)$$

又由于 $\psi(0) = 0$,所以 ψ 也是独异点 $\langle \mathbf{N}, +, 0 \rangle$ 到 $\langle Z_4, +_4, 0 \rangle$ 的独异点同态.

由定理 6 - 3 容易得到下面定理.

定理 6 - 6　设 ψ 是二元代数 $\langle A, \circ \rangle$ 到 $\langle B, * \rangle$ 的满同态,则有

(1) 若 $\langle A, \circ \rangle$ 是半群,则 $\langle B, * \rangle$ 也是半群.

(2) 若$\langle A, \circ \rangle$是独异点,则$\langle B, * \rangle$也是独异点.

在半群$\langle G, \circ \rangle$中,若$a \in G$,我们可以定义a的正整数次幂,即对任意的正整数n,

$$a^n = a \circ a \circ a \circ \cdots \circ a$$

它表示的是n个a运算的结果,显然$a^n \in G$. 如果$\langle G, \circ \rangle$是独异点,设其单位元为e,规定$a^0 = e$,因此,a的零次幂在独异点中是有意义的.

定义6-14 在半群$\langle G, \circ \rangle$中,若存在一个元素$g \in G$,使得对任意$a \in G$,都能表示为$g^i (i \in \mathbf{Z}^+)$的形式,则称$\langle G, \circ \rangle$为循环半群(Cyclic Semigroup),并称g为该循环半群的一个生成元(Generating Element),我们也可将该循环半群记为$\langle \langle g \rangle, \circ \rangle$.

在循环含幺半群$\langle G, \circ \rangle$中,若存在一个元素$g \in G$,使得对任意$a \in G$,都能表示为$g^i (i \in \mathbf{N}, \mathbf{N}$为自然数集合$)$的形式,则称此循环含幺半群为循环独异点(Cyclic Monoid,或循环含幺半群),有时也记为$\langle \langle g \rangle, \circ, e \rangle$,其中$e$是此循环含幺半群的单位元.

当G为有限集时,称循环半群(或循环独异点)$\langle G, \circ \rangle$为有限循环半群(或有限循环独异点),否则称为无限循环半群(或无限循环独异点).

定理6-7 每个循环半群都是可交换半群.

证 设$\langle G, \circ \rangle$是生成元为g的循环半群. 由定义6-14知,$\forall a, b \in G$,存$\exists m, n \in \mathbf{Z}^+$,使得

$$a = g^m, b = g^n$$

则有

$$a \circ b = g^m \circ g^n = g^{m+n} = g^{n+m} = g^n \circ g^m = b \circ a$$

故运算$\circ$是可交换的,即$\langle G, \circ \rangle$是可交换半群.

推论6-1 每个循环独异点都是可交换独异点.

注意,定理6-7和推论6-1的逆并不成立,即不是所有的可交换半群(独异点)都是循环半群(独异点). 例如,$\langle \mathbf{N}, \times \rangle$是可交换独异点,但它不是循环独异点.

[例6-14] 判断代数系统$\langle \mathbf{N}, + \rangle, \langle \mathbf{Z}^+, + \rangle$是否是循环含幺半群,若是,求出所有的生成元.

解 因为在自然数集合$\mathbf{N}$和正整数集合$\mathbf{Z}^+$上,加法运算都是可结合的,且$\mathbf{N}$中有幺元0,而$\mathbf{Z}^+$中不存在幺元,所以$\langle \mathbf{N}, + \rangle$是独异点,而$\langle \mathbf{Z}^+, + \rangle$只是半群.

任取$n \in \mathbf{Z}^+ \subseteq \mathbf{N}$,则

$$n = \overbrace{1 + 1 + \cdots + 1}^{n} = 1^n$$

而对$0 \in \mathbf{N}$,由于0是幺元,因此$0 = 1^0$,所以,$\langle \mathbf{N}, + \rangle$是循环独异点,而$\langle \mathbf{Z}^+, + \rangle$只是循环半群,它们的生成元都是1.

例6-15 判断代数系统$\langle Z_4, +_4 \rangle$是否是循环含幺半群,若是,求出其所有的生成元.

解 对任意$x, y, z \in Z_4$,都有

$$(x +_4 y) +_4 z = ((x + y) \bmod 4) +_4 z = (((x + y) \bmod 4) + z) \bmod 4 =$$
$$(x + y + z) \bmod 4 = x +_4 ((y + z) \bmod 4) =$$
$$x +_4 (y +_4 z)$$

即运算"$+_4$"满足结合律,所以,代数系统$\langle Z_4, +_4 \rangle$是一个半群.

由于$0 \in Z_4$,使得对$\forall x \in Z_4$,都有

$$0 +_4 x = x +_4 0 = x$$

所以"0"是代数系统$\langle Z_4, +_4 \rangle$的幺元.

由于 $4 = \{0,1,2,3\}$,且有

$$1^0 = 0, \quad 1^1 = 1, \quad 1^2 = 2, \quad 1^3 = 3$$

则"1"是$\langle Z_4, +_4 \rangle$的生成元;而

$$2^0 = 0, \quad 2^1 = 2, \quad 2^2 = 0, \quad 2^3 = 2$$

则"2"不是$\langle Z_4, +_4 \rangle$的生成元;

$$3^0 = 0, \quad 3^1 = 3, \quad 3^2 = 2, \quad 3^3 = 1$$

得"3"是$\langle Z_4, +_4 \rangle$的生成元. 故代数系统$\langle Z_4, +_4 \rangle$有两个生成元"1"和"3".

由上可知,代数系统$\langle Z_4, +_4 \rangle$是一个循环含幺半群.

定理 6 - 8　(1) 每个无限循环独异点都与$\langle \mathbf{N}, + \rangle$同构;

(2) 每个具有 n 个元素的有限循环独异点都与某个$\langle Z_n, +'_m \rangle (1 \leqslant m \leqslant n)$同构,运算$+'_m$由如下定义:

$$r +'_m s = r + s - i \times m, \forall r, s \in Z_n$$

其中 i 为大于$(r + s - n)/m$的最小整数.

定理 6 - 9　在每个有限循环半群中,至少有一个等幂元存在.

推理 6 - 2　设$\langle S, * \rangle$为一个有限半群,则$\langle S, * \rangle$中至少存在一个等幂元.

证明从略.

推广:(1) 代数系统$\langle Z_n, +n \rangle$是一个循环含幺半群.

(2) 对 $\forall a \in Z_n$,若$(a, n) = 1$,则 a 是$\langle Z_n, +_n \rangle$的生成元.

(3) 当 n 是素数时,n 中除幺元"0"以外,其他一切元素都是生成元.

6.3.2　群与子群

定义 6 - 15　设$\langle G, * \rangle$为代数系统,其中 G 是非空集合,$*$ 是 G 上的一个二元运算,若

(1) 运算 $*$ 满足结合律,即 $\forall a, b, c \in G$,有$(a * b) * c = a * (b * c)$.

(2) 运算 $*$ 存在单位元,即 $\exists e \in G, \forall a \in G$,使得 $e * a = a * e = a$.

(3) $\forall a \in G$,存在逆元 $a^{-1} \in G$,使得 $a * a^{-1} = a^{-1} * a = e$.

则称代数系统$\langle G, * \rangle$是一个群(Group).

要说明一个代数系统是一个群,必须证明二元运算的结合律成立,有幺元且集合中每个元素有逆元. 根据定义,群是存在单位元的,每个元素可逆的半群,也是每个元素可逆的独异点,从群和半群的相关概念,可得如下包含关系:

$$\{群\} \subseteq \{独异点\} \subseteq \{半群\}$$

不难验证,代数系统$\langle \mathbf{Z}, + \rangle$是一个无限群,这里 $\mathbf{Z}$ 是整数的集合,$+$ 是普通加法运算. 幺元是 0,元素 a 的逆元是 $-a$.

[**例 6 - 16**]　设 $G = \{0°, 60°, 120°, 180°, 240°, 300°\}$ 表示在平面上几何图形绕中心顺时针旋转角度的 6 种可能情况,设 $*$ 是 G 上的二元运算,$\forall a, b \in G, a * b$ 表示平面图形连续旋转 a 和 b 得到的总旋转角度.并规定旋转 $360°$ 等于原来的状态,就看作没有经过旋转.验证$\langle G, * \rangle$

是一个群.

解 由题意, G 上二元运算 $*$ 的运算规则如表 6-6 所示.

表 6-6 集合 R 上的二元运算规则

$*$	$0°$	$60°$	$120°$	$180°$	$240°$	$300°$
$0°$	$0°$	$60°$	$120°$	$180°$	$240°$	$300°$
$60°$	$60°$	$120°$	$180°$	$240°$	$300°$	$0°$
$120°$	$120°$	$180°$	$240°$	$300°$	$0°$	$60°$
$180°$	$180°$	$240°$	$300°$	$0°$	$60°$	$120°$
$240°$	$240°$	$300°$	$0°$	$60°$	$120°$	$180°$
$300°$	$300°$	$0°$	$60°$	$120°$	$180°$	$240°$

由表 6-6 可见,运算 $*$ 在 G 上是封闭的.

$\forall a,b,c \in G,(a*b)*c$ 表示将图形依次旋转 a,b 和 c,而 $a*(b*c)$ 表示将图形依次旋转 b,c 和 a,而总的旋转角度都等于 $a+b+c(\mathrm{mod}\ 360°)$,则有

$$(a*b)*c = a*(b*c)$$

$0°$ 是幺元. $60°,120°,180°$ 的逆元分别是 $300°,240°,180°$.

综上所述,$\langle G,* \rangle$ 是一个群.

定义 6-16 设 $\langle G,* \rangle$ 是群.如果 G 是有限集,那么称 $\langle G,* \rangle$ 为有限群,G 中元素的个数通常称为该有限群的阶数,记为 $|G|$.如果 G 是无限集,则称 $\langle G,* \rangle$ 为无限群.

设 $\langle G,* \rangle$ 是群,$\exists a \in G$,使得等式 $a^k = e$ 的最小正整数 k 称为 a 的周期(阶),称 a 为 k 阶元.若不存在这样的正整数 k,则称 a 为无限阶元.

例 6-16 中所述的 $\langle G,* \rangle$ 就是一个 6 阶有限群,且元素 $0°$ 的周期为 $1,60°,300°$ 的周期为 $6;120°,240°$ 的周期为 $3;180°$ 的周期为 2.

定义 6-17 设 $\langle G,* \rangle$ 是一个群.$S \subseteq G$,如果 $\langle S,* \rangle$ 也构成群,则称 $\langle S,* \rangle$ 是 $\langle G,* \rangle$ 的一个子群.

例如,$\langle \mathbf{Z},+ \rangle$ 是 $\langle \mathbf{R},+ \rangle$ 的一个子群.

定理 6-10 群中不可能有零元.

证 设 $\langle G,* \rangle$ 为一个群,当群的阶为 1 时,它的唯一元素视为幺元.

设 $|G| > 1$ 且群 $\langle G,* \rangle$ 有零元 θ,$\forall x \in G$,都有

$$x*\theta = \theta*x = \theta \neq e$$

所以零元 θ 无逆元,这与 $\langle G,* \rangle$ 是群相矛盾.即群中没有零元.

利用上述定理可以证明有些半群不是群,例如 $\langle \mathbf{R},\times \rangle$ 中有零元素,所以它不是群.

定理 6-11(逆元唯一性) 设 $\langle G,* \rangle$ 是一个群,$\forall a,b \in G$,必存在唯一的 $x \in G$,使得 $a*x = b$.

证 设 a 的逆元为 a^{-1},令 $x = a^{-1}*b$,则 $x \in G$,且

$$a*x = a*(a^{-1}*b) = (a*a^{-1})*b = e*b = b$$

若有另一解 x_1,满足 $a*x_1 = b$,则

$$x_1 = e * x_1 = (a^{-1} * a) * x_1 = a^{-1} * (a * x_1) = a^{-1} * b = x$$

即使得 $a * x = b$ 成立的 x 是唯一的.

定理 6-12（消去性）　设 $\langle G, * \rangle$ 是一个群，$\forall a, b, c \in G$，如果 $a * b = a * c$ 或者 $b * a = c * a$，则必有 $b = c$.

证　设 $a * b = a * c$，则 $a^{-1} * (a * b) = a^{-1} * (a * c)$，即

$$(a^{-1} * a) * b = (a^{-1} * a) * c$$

$$e * b = e * c, b = c$$

同理可证，当 $b * a = c * a$ 时，则 $b = c$.

由消去性可得下面的定理.

定理 6-13（互异性）　群的运算表中没有任何两行（或两列）是完全相同的.

定理 6-14　设 $\langle G, * \rangle$ 是群，在 $\langle G, * \rangle$ 中，除幺元 e 外，不可能有任何别的等幂元.

证　因为 $e * e = e$，所以 e 是等幂元.

现设 $a \in A, a \neq e$ 且 $a * a = a$，则有

$$a = e * a = (a^{-1} * a) * a = a^{-1} * (a * a) = a^{-1} * a = e$$

与假设 $a \neq e$ 相矛盾.

定理 6-15　设 $\langle G, * \rangle$ 是一个群，$\forall a \in G$，有

$$a * G = G = G * a$$

证　因为 $\langle G, * \rangle$ 是一个群，由封闭性知 $a * G \subseteq G$.

$\forall b \in G, a^{-1} * b \in G$，则

$$b = e * b = (a * a^{-1}) * b = a * (a^{-1} * b) \in a * G$$

即 $b \in a * G$. 从而有 $G \subseteq a * G$.

故 $a * G = G$. 同理可证 $G * a = G$.

由定理 6-13 可知，群 $\langle G, * \rangle$ 的运算表中的每一行或每一列都是 G 的元素的一个置换.

定理 6-16　设 $\langle G, * \rangle$ 是一个群，$S \subseteq G, S \neq \varnothing$. 若满足

(1) $\forall a, b \in S, a * b \in S$.

(2) $\forall b \in S, b^{-1} \in S$.

则称 $\langle S, * \rangle$ 是 $\langle G, * \rangle$ 的一个子群.

证　封闭性：(1) 显然成立.

结合性：$\forall a, b, c \in S$，由 $S \subseteq G$，即有 $a, b, c \in G$，则有

$$(a * b) * c = a * (b * c)$$

有幺元：$\forall a \in S$，则 $a^{-1} \in S$，故

$$e = a * a^{-1} \in S$$

有逆元：由 (2) 可知，$\forall b \in S, b^{-1} \in S$.

综上，$\langle S, * \rangle$ 是 $\langle G, * \rangle$ 的子群.

定理 6-17　设 $\langle G, * \rangle$ 是一个群，$S \subseteq G, S \neq \varnothing$，且 S 是有限集. 若 $\forall a, b \in S, a * b \in S$，则 $\langle S, * \rangle$ 是 $\langle G, * \rangle$ 的一个子群.

证　由题意可知 $*$ 在 S 上满足封闭性，结合性是继承的，只需求幺元和逆元。

$\forall b \in S$，由 $*$ 的封闭性可知

$$b^2 = b * b \in S, b^3 = b^2 * b \in S, \cdots$$

又由于 S 是有限集,故 $\exists j > i$,使得 $b^j = b^i$,即

$$b^i = b^j = b^i * b^{j-i}$$

这说明 b^{j-i} 是 G 中的幺元, $b^{j-i} \in S$.

若 $j - i > 1$,由 $b^{j-i} = b * b^{j-i-1}$,可知 b^{j-i-1} 是 b 的逆元且 $b^{j-i-1} \in S$;

若 $j - i = 1$,由 $b^i = b^i * b$,可知 b 是幺元,且以自身为逆元.

综上, $\langle S, * \rangle$ 是 $\langle G, * \rangle$ 的子群.

定理 6 - 18 设 $\langle G, * \rangle$ 是一个群, $S \subseteq G, S \neq \varnothing$. 则 $\langle S, * \rangle$ 是 $\langle G, * \rangle$ 的子群当且仅当 $\forall a, b \in S, a * b^{-1} \in S$.

证 必要性是显然的,只需证明充分性.

$\forall a, a \in S$,则 $e = a * a^{-1} \in S$,即 S 中包含单位元.

$\forall a \in S, a^{-1} = e * a^{-1} \in S$,即 S 中每个元素都有逆元.

$\forall a, b \in S$,则 $b^{-1} \in S$,从而 $a * b = a * (b^{-1})^{-1} \in S$,即运算 $*$ 在 S 中满足封闭性.运算 $*$ 在 S 中的结合律是继承的.

综上, $\langle S, * \rangle$ 是 $\langle G, * \rangle$ 的子群.

通常可用定理 6 - 16,定理 6 - 17,定理 6 - 18 作为子群的判定准则.

[例 6 - 17] 设 $\langle H, * \rangle$ 和 $\langle K, * \rangle$ 都是群 $\langle G, * \rangle$ 的子群.证明 $\langle H \cap K, * \rangle$ 也是 $\langle G, * \rangle$ 的子群.

证 显然 $H \cap K \subseteq G, H \cap K \neq \varnothing$ (至少包含 e).

$\forall a, b \in H \cap K$,即 $(a, b \in H) \wedge (a, b \in K)$,由于 $\langle H, * \rangle$ 和 $\langle K, * \rangle$ 都是群 $\langle G, * \rangle$ 的子群,则有

$$(a * b^{-1} \in H) \wedge (a * b^{-1} \in K)$$

即

$$a * b^{-1} \in H \cap K$$

由定理 6 - 18 可知, $\langle H \cap K, * \rangle$ 是 $\langle G, * \rangle$ 的子群.

定理 6 - 19 有限群 $\langle G, * \rangle$ 的任何一个元素都生成一个子群.

证 $\forall a \in G$,令 $H = \{a^0, a^{\pm 1}, a^{\pm 2}, \cdots\}$.

因为 $a^0 = e, e \in H, H \neq \varnothing$,所以

$$\forall x, y \in H, \exists m, n \in \mathbf{Z}$$

使得

$$x = a^m, y = a^n$$

则

$$x * y^{-1} = a^m * (a^n)^{-1} = a^{m-n}, m, n \in \mathbf{Z}$$

即

$$x * y^{-1} \in H$$

由定理 6 - 18 可知, $\langle H, * \rangle$ 是 $\langle G, * \rangle$ 的子群.

6.3.3 特殊群(交换群、循环群、置换群)

定义 6 - 18 设 $\langle G, * \rangle$,是一个群,如果 $\forall a, b \in G$,都有 $a * b = b * a$,则称 $\langle G, * \rangle$ 是交换群,也称阿贝尔群(Abel).

定理 6 - 20 群 $\langle G, * \rangle$ 是交换群的充要条件是 $\forall a, b \in G$,有 $(a * b)^2 = a^2 * b^2$.

证 必要性:由于 $\langle G, * \rangle$ 是交换群,即 $\forall a, b \in G$,有 $a * b = b * a$,则

$$(a * b)^2 = (a * b) * (a * b) = a * (b * a) * b = a * a * b * b = a^2 * b^2$$

充分性:若 $\forall a,b \in G,(a*b)^2 = a^2 * b^2$,即

$$(a*b)*(a*b) = a*a*b*b$$

从而 $\qquad a^{-1} * (a*b*a*b) * b^{-1} = a^{-1} * (a*a*b*b) * b^{-1}$

亦即 $a*b = b*a$,所以 $\langle G, * \rangle$ 是交换群.

定义 6 - 19 设 $\langle G, * \rangle$ 为群,若存在一个元素 $g \in G$,使得 $\forall a \in G$,都能表示为 $g^i (i \in \mathbf{Z}^+, \mathbf{Z}^+$ 为正整数集合) 的形式,则称此群为循环群,元素 g 称为循环群 G 的生成元. 有时也记为 $\langle \langle g \rangle, \circ, e \rangle$,其中 e 是此循环群的单位元.

例如,$60°,300°$ 就是群 $\langle \{0°, 60°, 120°, 180°, 240°, 300°\}, * \rangle$ 的生成元,因此,该群是循环群. $\langle \mathbf{N}, + \rangle$ 是循环群,$\langle \mathbf{Z}, + \rangle$ 也是循环群,其生成元都是 1.

定理 6 - 21 任何一个循环群必定是阿贝尔群.

证 设 $\langle G, * \rangle$ 是一个循环群,它的生成元是 g,那么,对于任意的 $x, y \in G$,必有 $r, s \in \mathbf{N}$,使得

$$x = g^r, y = g^s$$

则

$$x*y = g^r * g^s = g^{r+s} = g^{s+r} = g^s * g^r = y*x$$

因此,$\langle G, * \rangle$ 是一个阿贝尔群.

[例 6 - 18] 判断代数系统 $\langle Z_4, +_4 \rangle$ 的类型.

解 $\langle Z_4, +_4 \rangle$ 的运算表如表 6 - 7 所示.

由运算表可看出,$\langle Z_4, +_4 \rangle$ 为循环群.

因为

$$1^1 = 1, 1^2 = 2, 1^3 = 3, 1^4 = 0$$

所以 $Z_4 = \{1^1, 1^2, 1^3, 1^4\}$,即 1 是生成元.

同理,3 也是生成元. 但 2 不是生成元,其生成子群是 $\langle \{0, 2\}, +_4 \rangle$.

表 6 - 7

$+_4$	0	1	2	3
0	0	1	2	3
1	1	2	3	0
2	2	3	0	1
3	3	0	1	2

定理 6 - 22 设 $\langle G, * \rangle$ 是一个由元素 $g \in G$ 生成的有限循环群. 如果 G 的阶数是 n,即 $|G| = n$,则 $g^n = e$,且 $G = \{g, g^2, g^3, \cdots, g^{n-1}, g^n = e\}$,其中,$e$ 是 $\langle G, * \rangle$ 中的幺元,n 是使 $g^n = e$ 的最小正整数(称 n 为元素 g 的阶).

证 假设存在小于 n 的正整数 m,使得 $g^m = e$. 那么,由于 $\langle G, * \rangle$ 是一个循环群,所以 G 中的任何元素都能写为 $g^k (k \in \mathbf{Z}^+)$,且 $k = mq + r$(其中 q 是某个整数,$0 \leqslant r < m$). 于是

$$g^k = g^{mq+r} = (g^m)^q * g^r = g^r$$

从而 G 中每一个元素均可表示成 $g^r (0 \leqslant r < m)$,这样,G 中最多有 m 个不同的元素,与 $|G| = n$ 相矛盾. 也就是说 $g^m = e$ 不成立.

现在用反证法证明 $g, g^2, g^3, \cdots, g^{n-1}, g^n$ 互不相同.

假设存在 $1 \leqslant i < j \leqslant n$ 使得 $g^i = g^j$,则有 $g^{j-i} = e$,从上述的证明过程中可知这是不可能的.

所以 $g, g^2, g^3, \cdots, g^{n-1}, g^n$ 都不相同,因此 $G = \{g, g^2, g^3, \cdots, g^{n-1}, g^n = e\}$.

[例 6 - 19] 设 g 是循环群 $\langle G, * \rangle$ 的生成元.

(1) 若 G 是无限集,则 $\langle G, * \rangle$ 与 $\langle \mathbf{Z}, + \rangle$ 同构;

(2) 若 G 是有限集且 $|G| = n$,则 $\langle G, * \rangle$ 与 $\langle Z_n, +_n \rangle$ 同构.

证 (1) 设映射 $f:G \to \mathbf{Z}, f(g^i) = i$. 由于 $\langle G, * \rangle$ 是无限循环群,所以 g 的周期是无限的. 即 $\forall x \in G$,均存在唯一的 $k \in \mathbf{Z}$,使得 $x = g^k$. 故 $\forall x, y \in G$,令 $x = g^i, y = g^j$. 若 $x \neq y$,则 $i \neq j$,即 $f(x) \neq f(y)$,所以 f 是单射的.

$\forall i \in \mathbf{Z}$,存在 $x \in G$,使得 $x = g^i$,即 $f(x) = i$,所以 f 是满射的. 故 f 是双射的.

又 $\forall x, y \in G$,令 $x = g^i, y = g^j$. 则

$$f(x * y) = f(g^{i+j}) = i + j = f(x) + f(y)$$

故 f 是 $\langle G, * \rangle$ 到 $\langle \mathbf{Z}, + \rangle$ 的同构映射.

(2) 由于 $\langle G, * \rangle$ 是 n 阶循环群,令 $g = \{g^0 = e, g^1, g^2, \cdots, g^{n-1}\}$. 作映射

$$f:G \to Z_n, f(g^i) = i$$

故 f 是双射的. 且

$$f(x * y) = f(g^{i+j}) = f(g^{i+_n j}) = i +_n j = f(x) +_n f(y)$$

故 f 是 $\langle G, * \rangle$ 到 $\langle Z_n, +_n \rangle$ 的同构映射.

本题说明无限循环群同构于整数加法群,其结构可以看做是一条两端无限延伸的长链;有限循环群同构于整数模 n 加法群,其结构可以看做是由 n 个节点构成的环.

定义 6-20 有限非空集合 S 上的一个双射函数 $f:S \to S$ 叫做 S 的一个置换. 当 $|S| = n$,就称 f 是一个 n 元置换.

定理 6-23 设 $S = \{a_1, a_2, \cdots, a_n\}$ 是非空有限集,S_n 是所有 S 上的所有 n 元置换组成的集合,。是 S 上置换的复合置换运算. 则 $\langle S_n, \circ \rangle$ 是群.

证 先证明二元运算。在 S 上是封闭的.

$\forall \sigma_i, \sigma_j \in S_n$,由置换的定义知,$\sigma_i$ 和 σ_j 是 S 到 S 的双射函数,而双射函数的左复合函数 $\sigma_i \circ \sigma_j$ 仍然是 S 到 S 的双射函数,再由置换的定义知,$\sigma_i \circ \sigma_j \in S_n$.

其次证明二元运算。在 S 上是可结合的. 由前面的定理知,函数的左复合是可结合的,所以置换的左复合。在 S 上也是可结合的.

再证明 S_n 有关于左复合运算。的幺元. S 上的恒等函数 I_S 是 S 到 S 的双射函数,它是 S 上的 n 元置换,是关于左复合运算。的幺元. 左复合运算。的幺元常叫做置换,记为 σ_0.

最后证明 $\forall \sigma \in S_n, \exists \sigma^{-1} \in S_n$. 设 τ 是 σ 的逆函数,它是 S 到 S 的双射函数,因而 τ 是 S 上的 n 元置换. 且 $\sigma \circ \tau = \tau \circ \sigma = \sigma_0$,所以 $\sigma^{-1} = \tau \in S_n$.

综上所述,$\langle S_n, \circ \rangle$ 是群.

定义 6-21 设 $S = \{a_1, a_2, \cdots, a_n\}$ 是非空有限集,S_n 是所有 S 上的所有 n 元置换组成的集合,。是 S 上置换的复合置换运算,则群 $\langle S_n, \circ \rangle$ 称为 S 上的对称群,$\langle S_n, \circ \rangle$ 的子群称为 S 上的置换群.

[例 6-20] $S = \{a, b, c\}$,S 上的双射函数有为 3! 个(排列、置换),分别为

$$\pi_0 = \begin{bmatrix} a & b & c \\ a & b & c \end{bmatrix} \quad \pi_1 = \begin{bmatrix} a & b & c \\ a & c & b \end{bmatrix} \quad \pi_2 = \begin{bmatrix} a & b & c \\ b & a & c \end{bmatrix}$$

$$\pi_3 = \begin{bmatrix} a & b & c \\ b & c & a \end{bmatrix} \quad \pi_4 = \begin{bmatrix} a & b & c \\ c & a & b \end{bmatrix} \quad \pi_5 = \begin{bmatrix} a & b & c \\ c & b & a \end{bmatrix}$$

令 $S_3 = \{\pi_0, \pi_1, \pi_2, \pi_3, \pi_4, \pi_5\}$,则 $\langle S_3, \circ \rangle$ 是一个群,其中"。"为函数的复合运算.

证 $\forall \pi_i, \pi_j \in S_3, \pi_i \circ \pi_j \in S_3$,即。在 S_3 上满足封闭性.

$\forall \pi_i, \pi_j, \pi_k \in S_3, \pi_i \circ (\pi_j \circ \pi_k) = (\pi_i \circ \pi_j) \circ \pi_k$,即。在 S_3 上满足结合性.

$$e = \boldsymbol{\pi}_0 = \begin{bmatrix} a & b & c \\ a & b & c \end{bmatrix} \in S_3$$

即存在幺元

$$\forall \boldsymbol{\pi}_i = \begin{bmatrix} a & b & c \\ \alpha & \beta & \gamma \end{bmatrix} \in S_3, \boldsymbol{\pi}_i^{-1} = \begin{bmatrix} \alpha & \beta & \gamma \\ a & b & c \end{bmatrix} \in S_3$$

即任意元素都有逆元.

综上,$\langle S_3, \circ \rangle$ 是一个群,称为 3 次对称群(阶为 3!).

显然,$\langle \{\boldsymbol{\pi}_0, \boldsymbol{\pi}_1\}, \circ \rangle$,$\langle \{\boldsymbol{\pi}_0, \boldsymbol{\pi}_2\}, \circ \rangle$,$\langle \{\boldsymbol{\pi}_0, \boldsymbol{\pi}_3\}, \circ \rangle$,$\langle \{\boldsymbol{\pi}_0, \boldsymbol{\pi}_4, \boldsymbol{\pi}_5\}, \circ \rangle$ 都是 $\langle S_3, \circ \rangle$ 的子群.

关于有限群,还有以下结论:

(1)有限群的任一子群的阶数一定能整除该群的阶数,从而阶数为素数的群只有两个子群,即两个平凡子群.

(2)阶数为素数的群都是循环群,且除幺元外任何元素均可作为生成元.

(3)有限群的每个元素的周期能整除各群的阶数.

(4)四阶不同构的群只有两个,一个是周期为 4 的循环群(见表 6-8);另一个是 Klein 4 元群(见表 6-9).

表 6-8 　 4 阶循环群				
*	e	a	b	c
e	e	a	b	c
a	a	b	c	e
b	b	c	e	a
c	c	e	a	b

表 6-9 　 Klein 4 元群				
$\circ$	e	a	b	c
e	e	a	b	c
a	a	e	c	b
b	b	c	e	a
c	c	b	a	e

(5)有限群中若存在某个元素的周期等于群的阶数,则该群一定是循环群,此元素可作为该有限群的生成元.

(6)有限阶非交换群至少有 6 个元素.

(7)有限群中周期大于 2 的元素的个数一定是偶数.

(8)阶数为偶数的有限群中必有奇数个周期为 2 的元素.

6.4 　 环 　 和 　 域

在上一节我们主要讨论的是具有一个二元运算的代数系统,本节简要讨论含有两个二元运算的代数结构:环和域.

6.4.1 　 环

定义 6-22 　 设 S 是非空集合,S 上的运算 $+, *$ 满足:

(1)$\langle S, + \rangle$ 是一个交换群;

(2)$\langle S, * \rangle$ 是一个半群;

(3) * 对 + 满足分配率.

则称代数系统 $\langle S, +, * \rangle$ 为一个环.

[例 6 - 21] 由环的定义不难判断下列代数系统.

(1) $\langle \mathbf{Z}, +, \times \rangle$, $\mathbf{Z}$ 是整数集, + 和 × 分别表示普通的加法和乘法运算.

(2) $\langle \mathbf{Q}, +, \times \rangle$, $\mathbf{Q}$ 是有理数集, + 和 × 分别表示普通的加法和乘法运算.

(3) $\langle \mathbf{R}, +, \times \rangle$, $\mathbf{R}$ 是实数集, + 和 × 分别表示普通的加法和乘法运算.

(4) $\langle Z_k, +_k, \times_k \rangle$, $Z_k = \{0, 1, 2, \cdots, k-1\}$, $+_k$ 和 $\times_k$ 分别表示模 k 加法和模 k 乘法运算.

(5) $\langle 2^A, \oplus, \bigcap \rangle$, 2^A 是集合 A 的幂集合, $\oplus$ 和 $\bigcap$ 分别表示集合的对称差和交运算.

它们都是环, 分别称为整数环、有理数环、实数环、模 k 环和集合 A 的子集环.

定理 6 - 24 设 $\langle S, +, * \rangle$ 是一个环, 0 是加法幺元, $-a$ 是 a 在加法运算中的逆元, 则 $\forall a, b, c \in \mathbf{R}$, 有

(1) $a * 0 = 0 * a = 0$ (加法幺元 0 恰好是乘法的零元).

(2) $(-a) * b = a * (-b) = -(a * b)$.

(3) $(-a) * (-b) = a * b$.

(4) $a * (b - c) = a * b - a * c$.

(5) $(b - c) * a = b * a - c * a$.

证 (1) 由 $a * 0 = a * (0 + 0) = a * 0 + a * 0$, 得 $0 = a * 0$; 同理可证 $0 * a = 0$.

(2) $(-a) * b + a * b = (-a + a) * b = 0 * b = 0$, 类似地, 有 $a * b + (-a) * b = 0$, 所以 $(-a) * b$ 是 $a * b$ 的加法逆元, 即 $-(a * b)$; 同理可证 $a * (-b) = -(a * b)$.

(3) $(-a) * (-b) = -(a * (-b)) = -(-(a * b)) = a * b$.

(4) $a * (b - c) = a * (b + (-c)) = a * b + a * (-c) = a * b - a * c$.

(5) $(b - c) * a = (b + (-c)) * a = b * a + (-c) * a = b * a - c * a$.

为书写方便, 以后将 $a * b$ 写成 ab.

定义 6 - 23 设 $\langle S, +, * \rangle$ 是环, 如果乘法运算 " * " 适合交换律, 则称 S 是交换环. 如果对于乘法有幺元, 则称 S 是含幺环.

为了区别含幺环中加法幺元和乘法幺元, 通常把加法幺元记作 0, 乘法幺元记作 1.

定义 6 - 24 设 $\langle S, +, * \rangle$ 是环, 如果存在 $a, b \in S$, $a \neq 0$, $b \neq 0$, 但 $a * b = 0$, 则称 $\langle S, +, * \rangle$ 是含零因子环, a 为 S 中的左零因子、b 为 S 中的右零因子.

如果环 S 中既不含左零因子, 也不含右零因子, 即 $\forall a, b \in S$, 若 $a * b = 0$, 就有 $a = 0$ 或 $b = 0$, 则称 S 为无零因子环.

定义 6 - 25 若环 $\langle S, +, * \rangle$ 是交换、含幺和无零因子的, 则称 S 为整环.

若环 $\langle S, +, * \rangle$ 至少含有 2 个元素且是含幺和无零因子的, 并且 $\forall a \in S(a \neq 0)$, 有 $a^{-1} \in S$, 则称 S 为除环.

[例 6 - 22] 判断例 6 - 21 中各个环的类型.

解 (1) $\langle \mathbf{Z}, +, \times \rangle$ 中的 × 运算是可交换、含幺元 1 且无零因子, 故它是整环.

(2) $\langle \mathbf{Q}, +, \times \rangle$ 显然是整环, 且非零元在 × 运算下有逆元, 故它是整环也是除环.

(3) $\langle \mathbf{R}, +, \times \rangle$ 显然是整环也是除环.

(4) $\langle Z_k, +_k, \times_k \rangle$ 中的 $\times_k$ 运算是可交换、含幺元 1. 当 k 为素数时, $\times_k$ 是无零因子的, 但当 k 为合数时, $\times_k$ 是含零因子的, 如 $k = 6$ 时, $2 \times_k 3 = 0$. 故当 k 为素数时, $\langle Z_k, +_k, \times_k \rangle$ 是整环,

而当 k 为和数时,$\langle Z_k, +_k, \times_k \rangle$ 是含零因子环.

(5)$\langle 2^A, \oplus, \cap \rangle$ 是可交换、含幺和含零因子环.

[例 6-23] 设 $\langle S, +, * \rangle$ 是环,如果 $\forall x \in S$,有 $x * x = x$. 证明:

(1)$\forall x \in S$,有 $x + x = \theta$,这里用 θ 表示 $+$ 运算的幺元;

(2)$\langle S, +, * \rangle$ 是交换环;

(3)若 S 至少有 3 个元素,则 $\langle S, +, * \rangle$ 不是整环.

证 (1)$\forall x, y \in S$,有

$$x + y = (x+y)^2 = x^2 + x*y + y*x + y^2 = x + x*y + y*x + y$$

所以
$$x*y + y*x = \theta \qquad\qquad (6-1)$$

在式(6-1)中令 $x = y$,可得 $x^2 + y^2 = \theta$,即 $x + x = \theta$.

(2)由(1)可知,$x = -x$,由(6-1)式知

$$y*x = -x*y = x*y$$

即 $\langle S, +, * \rangle$ 关于 $*$ 满足交换律,因而是交换群.

(3)反证法. 假设 $\langle S, +, * \rangle$ 是整环,则 S 无零因子. 由于 $|S| \geqslant 3$,在 S 中取元素 x, y,满足 $x \neq y, x \neq \theta, y \neq \theta$. 由 $x*x = x$ 得

$$(x^2 - x)*y = x*(x*y - y) = \theta$$

因为 $x \neq \theta$,从而 $x*y - y = \theta$,进而有 $x*y - y^2 = \theta$,即

$$(x - y)*y = \theta$$

又因为 $y \neq \theta$,从而 $x - y = \theta$,即 $x = y$,矛盾. 因此 $\langle S, +, * \rangle$ 不是整环.

6.4.2 域

定义 6-26 若环 $\langle S, +, * \rangle$ 既是整环又是除环,则称 S 是域.

域的定义也可这样叙述:满足

(1)$\langle S, + \rangle$ 是阿贝尔群;

(2)$\langle S - \{0\}, * \rangle$ 是阿贝尔群;

(3)乘法对加法可分配

的代数系统 $\langle S, +, * \rangle$ 称为域.

对于例 6-21 中各个环,由于 $\langle \mathbf{Z} - \{0\}, \times \rangle$ 不是群,所以 $\langle \mathbf{Z}, +, \times \rangle$ 不是域,$\langle \mathbf{Q}, +, \times \rangle$ 和 $\langle \mathbf{R}, +, \times \rangle$ 都是域,当 k 为素数时,$\langle Z_k, +_k, \times_k \rangle$ 是域,由于 $\langle 2^A - A, \cap \rangle$ 不是群,所以 $\langle 2^A, \oplus, \cap \rangle$ 不是域.

[例 6-24] 设 S 为下列集合,$+$ 和 $*$ 为普通加法和乘法. 问 S 和 $+, *$ 能否构成整环? 能否构成域? 为什么?

(1)$S = \{x \mid x = 2n \wedge n \in \mathbf{Z}\}$

(2)$S = \{x \mid x = 2n + 1 \wedge n \in \mathbf{Z}\}$

(3)$S = \{x \mid x \in \mathbf{Z} \wedge x \geqslant 0\}$

(4)$S = \{x \mid x = a + b\sqrt{3}, a, b \in \mathbf{Q}\}$

解 (1)不是整环也不是域,因为乘法幺元是 $1, 1 \notin S$.

（2）不是整环也不是域，因为 S 不是环，普通加法的幺元是 $0,0 \notin S$.

（3）S 不是环，因为除 0 以外任何正整数 x 的加法逆元是 $-x$，而 $-x \notin S$，当然也不是整环和域.

（4）S 是域. 因为对任意 $x_1,x_2 \in S$ 有

$$x_1 = a_1 + b_1\sqrt{3},\ x_2 = a_2 + b_2\sqrt{3}$$

$$x_1 + x_2 = (a_1 + a_2) + (b_1 + b_2)\sqrt{3} \in S$$

$$x_1 x_2 = (a_1 a_2 + 3b_1 b_2) + (a_1 b_2 + a_2 b_1)\sqrt{3} \in S$$

即 S 对 $+$ 和 $*$ 是封闭的.

又乘法幺元 $1 \in S$，易证 $\langle S,+,* \rangle$ 是整环，$\forall x \in S, x \neq 0, x = a + b\sqrt{3}$ 有

$$\frac{1}{x} = \frac{1}{a + b\sqrt{3}} = \frac{a}{a^2 - 3b^2} + \left(-\frac{b}{a^2 - 3b^2}\sqrt{3}\right)$$

所以 $\langle S,+,* \rangle$ 是域.

由定义 6-26 知，域一定是整环，整环不一定是域，但仍有以下定理.

定理 6-25 有限整环一定是域.

证 设 θ 和 e 分别为有限整环 $\langle S,+,* \rangle$ 关于运算 $+$ 和 $*$ 的幺元，则 $S-\{\theta\}$ 中的所有元素关于运算 $*$ 是可消去的. 即 $\forall x,y,z \in S$，且 $z \neq \theta$，若 $x*z = y*z$，则 $x = y$.

事实上，因为 $S-\{\theta\}$ 中无零因子，设 $z \neq \theta, x*z = y*z$，则

$$x*z - y*z = (x-y)*z = \theta$$

可得 $x - y = \theta$，即 $x = y$.

$\forall x,y,z \in S$，且 $z \neq \theta$，若 $x \neq y$，则

$$x*z \neq y*z$$

由 $*$ 运算的封闭性，有 $S*z = S$.

对于 $*$ 运算的幺元 e，由 $S*z = S$ 知，必存在 $w \in S$，使得 $w*z = e$，即 w 是 z 关于运算 $*$ 的逆元. 这说明 $S-\{\theta\}$ 中的所有元素关于运算 $*$ 都有逆元.

因此 $\langle S-\{\theta\},* \rangle$ 是阿贝尔群，故 $\langle S,+,* \rangle$ 是一个域.

6.5 格与布尔代数

本节将讨论另外两种代数结构 —— 格与布尔代数，它们与群、环、域的基本不同之处是格与布尔代数的载体都是一个有序集. 这一有序关系的建立及其与代数运算之间的关系是讨论的要点. 格与布尔代数在代数学、逻辑理论研究以及实际应用（例如计算机与自动化领域）中都有重要的地位.

6.5.1 格

格是一种特殊的有序集. 在前文 4.7 节中对有序集的任一子集引入了上确界和下确界的概念，但并非每个子集都有上确界或下确界，例如，在图 6-1 中哈斯图所示的两个有序集里，$\{a,b\}$ 没有上确界，$\{c,d\}$ 没有下确界. 不过当某子集的上、下确界存在时，这个上、下确界是唯一确定的.

定义 6-27 称有序集 $\langle L, \leqslant \rangle$ 为格（Lattice），如果 L 中的任何两个元素的子集都有上确界和下确界.

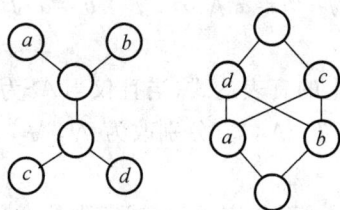

图　　6 - 1

通常用 $a \vee b$ 表示 $\{a,b\}$ 的上确界,用 $a \wedge b$ 表示 $\{a,b\}$ 的下确界, $\vee$ 和 $\wedge$ 分别称为保联 (Join) 和保交 (Meet) 运算. 由于 $\forall a,b \in L, a \vee b$ 及 $a \wedge b$ 都是 L 中确定的成员,因此 $\vee$, $\wedge$ 均为 L 上的运算.

[例 6 - 25]　几种常见的格.

(1) 对任意集合 A,有序集 $\langle \rho(A), \subseteq \rangle$ 为格,其中保联、保交运算即为集合的并、交运算,即

$$B \vee C = B \bigcup C, B \wedge C = B \bigcap C$$

(2) 设 $\mathbf{Z}^+$ 表示正整数集, $\mid$ 表示 $\mathbf{Z}^+$ 上整除关系,那么 $\langle \mathbf{Z}^+, \mid \rangle$ 为格,其中保联、保交运算即为求两正整数最小公倍数和最大公约数的运算,即

$$m \vee n = \mathrm{lcm}(m,n), \quad m \wedge n = \gcd(m,n)$$

(3) 全序集(链) $\langle L, \leqslant \rangle$ 都是格,其中保联、保交运算可如下规定: $\forall a,b \in L$,有

$$a \vee b = \begin{cases} a, & b \leqslant a \\ b, & a \leqslant b \end{cases}, \quad a \wedge b = \begin{cases} a, & a \leqslant b \\ b, & b \leqslant a \end{cases}$$

(4) 设 P 为命题公式的集合,逻辑蕴涵关系 $\Rightarrow$ 为 P 上的序关系(指定逻辑恒等关系 $\Leftrightarrow$ 为相等关系),那么 $\langle P, \Rightarrow \rangle$ 为格,对任何命题公式 A, B,有

$$A \vee B = A \vee B, A \wedge B = A \wedge B$$

其中,等式右边的为保联、保交运算符,等式右边的 $\vee$, $\wedge$ 为逻辑运算符.

(5) 图 6-2 中哈斯图 (a),(b),(c) 所规定的有序集都是格,(d),(e) 及图 6-1 所规定的有序集都不是格.

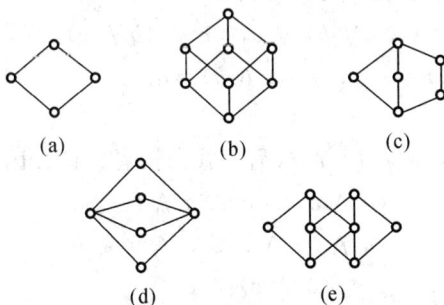

图　　6 - 2

现设 $\geqslant$ 表示序关系 $\leqslant$ 的逆关系,那么据逆关系的性质有以下定理:

定理 6 - 26　当 $\langle L, \leqslant \rangle$ 为格时, $\langle L, \geqslant \rangle$ 亦为格,且它的保联、保交运算 $\vee^\sim$, $\wedge^\sim$ 对任意 $a,b \in L$ 满足:

$$a \vee \tilde{\ } b = a \wedge b, a \wedge \tilde{\ } b = a \vee b$$

从而有下述对偶原理.

定理 6-27 A 为格 $\langle L, \leqslant \rangle$ 上的真表达式,当且仅当 A^* 为 $\langle L, \geqslant \rangle$ 上的真表达式,这里 A^* 称为 A 的对偶式,即将 A 中符号 $\vee, \wedge, \leqslant$ 分别改为 $\wedge, \vee, \geqslant$ 后所得的公式,而 $a \geqslant b$ 亦即 $b \leqslant a$.

回忆命题演算、集合代数中所述对偶定理,上述定理的意义是十分清楚的.

[**例 6-26**] 格 $\langle \rho(S), \subseteq \rangle$ 中的真表达式 $A \cap B \subseteq A$ 有对偶真表达式 $A \cup B \supseteq A$. 格 $\langle P, \Rightarrow \rangle$ 中真表达式 $p \wedge q \Rightarrow q$ 有对偶真表达式 $q \Rightarrow p \vee q$.

现在我们深入地讨论格的性质.在必要时,将同时给出对偶的两个真表达式.

定理 6-28 设 $\langle L, \leqslant \rangle$ 为格,那么对 L 中任何元素 a, b, c,有

(1) $a \leqslant a \vee b$, $b \leqslant a \vee b$, $a \wedge b \leqslant a$, $a \wedge b \leqslant b$.

(2) 若 $a \leqslant b, a \leqslant c$,则 $a \leqslant b \vee c$;

若 $b \leqslant a, c \leqslant a$,则 $b \wedge c \leqslant a$.

(3) 若 $a \leqslant b, c \leqslant d$,则 $a \vee c \leqslant b \vee d, a \wedge c \leqslant b \wedge d$.

(4) 若 $a \leqslant b$,则 $a \vee c \leqslant b \vee c, a \wedge c \leqslant b \wedge c$.

证 (1),(2) 由运算 $\wedge, \vee$ 的定义可得.

(3) 设 $a \leqslant b, c \leqslant d$,我们只证 $a \vee c \leqslant b \vee d$,将 $a \wedge c \leqslant b \wedge d$ 的证明留给读者.

由(1)得

$$b \leqslant b \vee d, d \leqslant b \vee d$$

由 $\leqslant$ 的传递性得

$$a \leqslant b \vee d, c \leqslant b \vee d$$

于是由(2)得

$$a \vee c \leqslant b \vee d$$

(4) 这是(3)的特例.

定理 6-29 设 $\langle L, \leqslant \rangle$ 为格,那么对 L 中任意元素 a, b, c,有

(1) 幂等律: $a \vee a = a, a \wedge a = a$.

(2) 交换律: $a \vee b = b \vee a, a \wedge b = b \wedge a$.

(3) 结合律: $a \vee (b \vee c) = (a \vee b) \vee c$, $a \wedge (b \wedge c) = (a \wedge b) \wedge c$.

(4) 吸收律: $a \wedge (a \vee b) = a, a \vee (a \wedge b) = a$.

证 (1),(2) 是显然的.

(3) 现证 $a \wedge (b \wedge c) = (a \wedge b) \wedge c$(另一式请读者自证).因为

$$(a \wedge b) \wedge c \leqslant a \wedge b \leqslant a$$
$$(a \wedge b) \wedge c \leqslant a \wedge b \leqslant b$$
$$(a \wedge b) \wedge c \leqslant c$$

从而 $(a \wedge b) \wedge c \leqslant b \wedge c$,进而

$$(a \wedge b) \wedge c \leqslant a \wedge (b \wedge c)$$

同理可证 $a \wedge (b \wedge c) \leqslant (a \wedge b) \wedge c$.

由 $\leqslant$ 的反对称性,(3)式得证.

(4) 显然, $a \wedge (a \vee b) \leqslant a$;另一方面,由于 $a \leqslant a$, $a \leqslant a \vee b$,从而

$$a \leqslant a \wedge (a \vee b)$$

于是有 $a \wedge (a \vee b) = a$.

$a \vee (a \wedge b) = a$ 的证明留给读者.

本定理给出了格的本质属性,我们将看到,格的其他性质都是它的逻辑结果,包括有关序关系 $\leqslant$ 的性质.另外格还有下列性质.

定理 6-30 设 $\langle L, \leqslant \rangle$ 为格.那么 $\forall a, b, c \in L$,有

(1) $a \leqslant b$ 当且仅当 $a \wedge b = a$ 当且仅当 $a \vee b = b$.

(2) $a \vee (b \wedge c) \leqslant (a \vee b) \wedge (a \vee c)$.

(3) $a \leqslant c$ 当且仅当 $a \vee (b \wedge c) \leqslant (a \vee b) \wedge c$.

证 (1) 首先设 $a \leqslant b$,那么 $a \leqslant a \wedge b$;另一方面 $a \wedge b \leqslant a$ 是已知成立的.因此

$$a \wedge b = a$$

再设 $a = a \wedge b$,那么 $a \vee b = (a \wedge b) \vee b$,由吸收律即得 $a \vee b = b$.

最后,设 $b = a \vee b$,那么由 $a \leqslant a \vee b$,可得 $a \leqslant b$.

至此,(1) 中 3 个命题的等价性得证.

(2) 首先 $a \leqslant a \vee b$,$a \leqslant a \vee c$,故

$$a \leqslant (a \vee b) \wedge (a \vee c)$$

由于

$$b \wedge c \leqslant b \leqslant a \vee b, b \wedge c \leqslant c \leqslant a \vee c$$

从而有

$$b \wedge c \leqslant (a \vee b) \wedge (a \vee c)$$

综上可得

$$a \vee (b \wedge c) \leqslant (a \vee b) \wedge (a \vee c)$$

(3) 设 $a \leqslant c$,那么 $a \vee c = c$,代入 (2) 式即得

$$a \vee (b \wedge c) \leqslant (a \vee b) \wedge c$$

反之,设 $a \vee (b \wedge c) \leqslant (a \vee b) \wedge c$,由于

$$a \leqslant a \vee (b \wedge c), (a \vee b) \wedge c \leqslant c$$

因此有 $a \leqslant c$.

现在从代数结构的角度来讨论格.

定义 6-28 设 L 为一非空集合,$\vee$,$\wedge$ 为 L 上的两个二元运算,如果 $\langle L, \vee, \wedge \rangle$ 中运算 $\vee$,$\wedge$ 满足幂等律、交换律、结合律和吸收律,称 $\langle L, \vee, \wedge \rangle$ 为格代数(或称格).

现在要证明这里定义的格正是定义 6-28 中所说的格,为此,需要在 $\langle L, \vee, \wedge \rangle$ 上定义序关系 $\leqslant$,使得 $\forall a, b \in L$,$a \vee b$ 为 $\{a, b\}$ 的上确界,$a \wedge b$ 为 $\{a, b\}$ 的下确界(依据序 $\leqslant$).从而使定理 6-29 成立.

定义 L 上 $\leqslant$ 关系为:$\forall a, b \in L$,$a \leqslant b$ 当且仅当 $a \wedge b = a$.

(1) 先证 $\leqslant$ 为 L 上序关系.

因为 $a \wedge a = a$,故 $a \leqslant a$.自反性得证.

设 $a \leqslant b$,$b \leqslant c$,那么

$$a \wedge b = a, b \wedge c = b$$

于是

$$a \wedge c = (a \wedge b) \wedge c = a \wedge (b \wedge c) = a \wedge b = a$$

故 $a \leqslant c$.传递性得证.

设 $a \leqslant b, b \leqslant a$，那么

$$a \wedge b = a, b \wedge a = b$$

由于 $a \wedge b = b \wedge a$，故 $a = b$. 反对称性得证.

(2) 再证 $a \leqslant b$ 当且仅当 $a \vee b = b$. 设 $a \leqslant b$，那么 $a \wedge b = a$，从而

$$(a \wedge b) \vee b = a \vee b$$

由吸收律即得 $b = a \vee b$.

反之，设 $a \vee b = b$，那么

$$a \wedge (a \vee b) = a \wedge b$$

由吸收律可知 $a = a \wedge b$，即 $a \leqslant b$.

(3) 再证 $a \vee b$ 为 $\{a, b\}$ 的上确界. 由吸收律

$$a \wedge (a \vee b) = a, b \wedge (a \vee b) = b$$

可知

$$a \leqslant a \vee b, b \leqslant a \vee b$$

因而 $a \vee b$ 为 $\{a, b\}$ 的上界.

设 c 为 $\{a, b\}$ 任一上界，即 $a \leqslant c, b \leqslant c$，那么 $a \vee c = c, b \vee c = c$，于是

$$a \vee c \vee b \vee c = c \vee c$$

亦即 $a \vee b \vee c = c$，故 $a \vee b \leqslant c$. 这表明 $a \vee b$ 为 $\{a, b\}$ 的上确界.

(4) 类似可证 $a \wedge b$ 为 $\{a, b\}$ 的下确界. 留给读者证明.

对作为代数结构的格，自然可以讨论它的特殊常元的存在性，讨论它的子格以及同态、同构映射等.

定义 6-29　格 $\langle L, \vee, \wedge \rangle$ 称为完全格(Complete Lattice)，如果 L 的所有非空子集都有上确界和下确界.

设 $S \subseteq L$，那么 S 的上确界记为 $\vee S$ 或 $\underset{a \in S}{\vee}$，S 的下确界记为 $\wedge S$ 或 $\underset{a \in S}{\wedge} a$. L 的上确界记为 1，L 的下确界记为 0.

定理 6-31　设 $\langle L, \vee, \wedge \rangle$ 为完全格，那么 0 为 $\vee$ 运算的么元，$\wedge$ 运算的零元.

证　由定义知，对 L 中任意元素 a，有 $0 \leqslant a \leqslant 1$，从而

$$0 \vee a = a \vee 0 = a, \quad 0 \wedge a = a \wedge 0 = 0$$
$$1 \vee a = a \vee 1 = 1, \quad 1 \wedge a = a \wedge 1 = a$$

有限格总是完全格，这是极易想到的. 无限格中是否有完全格呢？例 6-25 中(1)(其中 A 为无限集时)，(4)，(5) 是完全格，但(2)不是完全格. 下面的定理可用于完全格的判定.

定理 6-32　有序集 $\langle L, \leqslant \rangle$ 为完全格的充分必要条件是存在 L 的上确界 1，并且 L 的每一非空子集有下确界.

证　必要性是显然的.

为证充分性，只要证 L 的任一非空子集都有上确界.

设 $S \subseteq L, S \neq \varnothing$. 考虑 S 的上界集合 B. 由于 $L \in B$ 是显然的，因此 $B \neq \varnothing$. 根据题设，B 有下确界，记为 b，现证 b 为 S 的上确界.

b 当然是 S 的上界，因为 $b \in B$. 另设 a 是 S 的任一上界，那么 $a \in B$，因而 $b \leqslant a$. 这就是说，b 是 S 的上确界.

在此不重复叙述子格、格同态、格同构的定义. 简单地说，格的子代数即为子格，两个格之间有同态、同构映射，则称这两个格同态、同构. 下面是有关这几个概念的例子.

[**例 6 - 27**] (1) 令 $S_n = \{x \mid x$ 为 n 的因子$\}$,那么对任何正整数 n,$\langle S_n, \text{lcm}, \text{gcd} \rangle$ 为格,且为 $\langle I_+, \text{lcm}, \text{gcd} \rangle$ 的子格(lcm,gcd 分别为求最小公倍数和最大公约数运算).

(2) 设 $\langle L, \vee, \wedge \rangle$ 为格,那么对任一 $a \in L$,$\langle \langle a \rangle, \vee, \wedge \rangle$ 为格 L 的子格.

(3) 格 $\langle L, \vee, \wedge \rangle$ 的子格显然为格,但由 $S \subseteq L$,$\langle S, \vee, \wedge \rangle$ 为格,并不可断定 $\langle S, \vee, \wedge \rangle$ 为格 L 的子格.如图 6-3 哈斯图表示一个格 L.设 $L_1 = \{0, a, b, c\}$,那么 $\langle L_1, \vee, \wedge \rangle$ 为 L 的子格.设 $L_2 = \{0, a, b, d\}$,那么 $\langle L_2, \vee, \wedge \rangle$ 为格,但它不是 L 的子格(为什么?).

(4) 设格 $L_1 = \langle \{1,2,3\}, \leqslant \rangle$,$L_2 = \langle \rho(\{1,2,3\}), \subseteq \rangle$,它们的哈斯图如图 6-4 所示.

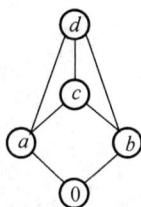
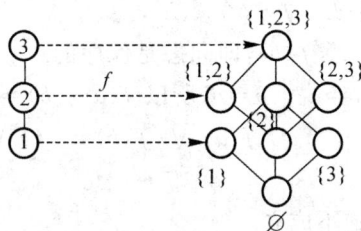

图 6 - 3   图   6 - 4

定义函数 $f: \{1,2,3\} \rightarrow \rho(\{1,2,3\})$

$$f(x) = \{y \mid y \leqslant x\}$$

那么由于

$$f(x \vee y) = f(\max(x,y)) = \{z \mid z \leqslant \max(x,y)\} =$$
$$\{z \mid z \leqslant x\} \bigcup \{z \mid z \leqslant y\} = f(x) \bigcup f(y)$$
$$f(x \wedge y) = f(\min(x,y)) = \{z \mid z \leqslant \min(x,y)\} =$$
$$\{z \mid z \leqslant x\} \bigcap \{z \mid z \leqslant y\} = f(x) \bigcap f(y)$$

因此,f 为 L_1 到 L_2 的同态.

(5) 具有 1 个,2 个,3 个元素的格,分别同构于元素个数相同的链.4 个元素的格必同构于如图 6-5 所示的 2 个格之一;5 个元素的格必同构于如图 6-6 所示的 5 个格之一.

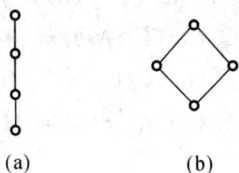

(a)   (b)

图   6 - 5

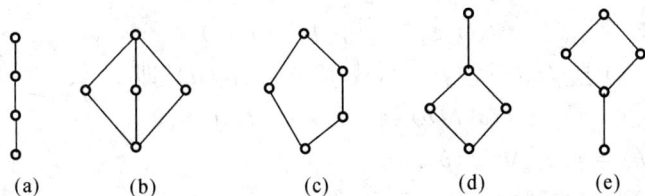

(a)   (b)   (c)   (d)   (e)

图   6 - 6

定理 6 - 33 设 $\langle L, \vee, \wedge \rangle$ 为格,$a \in L$,令

$$L_a = \{x \mid x \in L \text{ 且 } x \leqslant a\}, \quad M_a = \{x \mid x \in L \text{ 且 } a \leqslant x\}$$

那么 $\langle L_a, \vee, \wedge \rangle$，$\langle M_a, \vee, \wedge \rangle$ 都是 L 的子格.

证 为证 $\langle L_a, \vee, \wedge \rangle$ 为子格,只要证 L_a 对运算 $\vee, \wedge$ 封闭.设 x, y 为 L_a 中任意元素,那么 $x \leqslant a, y \leqslant a$,从而

$$x \vee y \leqslant a, \quad x \wedge y \leqslant a$$

即

$$x \vee y \in L_a, \quad x \wedge y \in L_a$$

同理可证 $\langle M_a, \vee, \wedge \rangle$ 为 L 的子格.

定理 6-34 设 $\langle L, \vee, \wedge \rangle$，$\langle L', \vee', \wedge' \rangle$ 为两个格,f 为 L 到 L' 的同态,那么 $\forall a, b \in L, a \leqslant b \Rightarrow f(a) \leqslant' f(b)$,即同态是保序的.

证 因为 $a \leqslant b \Rightarrow a \vee b = b$,所以 $f(a \vee b) = f(b)$.而

$$f(a) \vee' f(b) = f(a \vee b) = f(b)$$

故 $f(a) \leqslant' f(b)$.

注意,本定理的逆不成立.

例 6-28 已知 $L_1 = \langle \{1, 2, 3, 4, 6, 12\}, \mid \rangle$（ $\mid$ 为整除关系）和 $L_2 = \langle \{1, 2, 3, 4, 6, 12\}, \leqslant \rangle$（ $\leqslant$ 为整数大小关系）都是格,函数 $f(x) = x$ 显然是保序的,但 f 不是 L_1 到 L_2 的同态.因为 $f(2 \vee_1 3) = f(6) = 6$,但 $f(2) \vee_2 f(3) = 2 \vee_2 3 = 3$,因此 $f(2 \vee_1 3) \neq f(2) \vee_2 f(3)$.

但是,对于同构映射我们有以下定理.

定理 6-35 设 $\langle S, \leqslant \rangle$，$\langle S', \leqslant' \rangle$ 均为格,f 为 S 到 S' 的双射,那么 f 为 S 到 S' 的同构映射,当且仅当 $\forall a, b \in S$,有 $a \leqslant b \Leftrightarrow f(a) \leqslant' f(b)$.

证 设 f 为 S 到 S' 的同构映射,那么

当 $a \leqslant b$ 时,由定理 6-34 知,$f(a) \leqslant' f(b)$.

当 $f(a) \leqslant' f(b)$ 时,$f(a) \wedge f(b) = f(a)$,亦即 $f(a \wedge b) = f(a)$.

由于 f 为双射,$a \wedge b = a$,因此 $a \leqslant b$.故 $a \leqslant b \Leftrightarrow f(a) \leqslant' f(b)$ 得证.

反之,设 $\forall a, b \in S, a \leqslant b \Leftrightarrow f(a) \leqslant' f(b)$.现令

$$a \wedge b = c, \quad f(a) \wedge' f(b) = f(d)$$

由于

$$c \leqslant a, c \leqslant b, \quad f(a \wedge b) = f(c)$$

而且

$$f(c) \leqslant' f(a), f(c) \leqslant' f(b)$$

可知

$$f(c) \leqslant' f(a) \wedge' f(b) = f(d)$$

另一方面,由于

$$f(d) = f(a) \wedge' f(b) \leqslant' f(a), f(d) = f(a) \wedge' f(b) \leqslant' f(b)$$

因而有

$$d \leqslant a, \quad d \leqslant b, \quad d \leqslant a \wedge b$$

进而有

$$f(d) \leqslant' f(a \wedge b) = f(c)$$

由于 $f(c) \leqslant' f(d)$ 且 $f(d) \leqslant' f(c)$,故 $f(c) = f(d)$,即

$$f(a \wedge b) = f(a) \wedge' f(b)$$

同理可证 $f(a \vee b) = f(a) \vee' f(b)$.

综上所述,f 为 S 到 S' 的同构.

6.5.2 分配格

定义 6-30 称格 $\langle L, \vee, \wedge \rangle$ 为分配格（Distributive Lattice）.如果它满足分配律,即

$\forall a, b, c \in L$,有

$$a \wedge (b \vee c) = (a \wedge b) \vee (a \wedge c) \tag{6-2}$$

$$a \vee (b \wedge c) = (a \vee b) \wedge (a \vee c) \tag{6-3}$$

[**例 6-29**] (1) 例 6-25 中(1),(2),(3),(4) 及(5) 都是分配格.

(2) 如图 6-7 所示的两个格都不是分配格. 因为在图 6-7(a) 中,有

$$b \wedge (c \vee d) = b \wedge a = b, (b \wedge c) \vee (b \wedge d) = e \vee e = e$$

但 $b \neq e$.

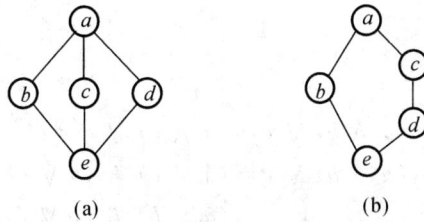

图 6-7

在图 6-7(b) 中,有

$$c \wedge (b \vee d) = c \wedge a = c, \quad (c \wedge b) \vee (c \wedge d) = e \vee d = d$$

但 $c \neq d$.

定理 6-36 在定义 6-30 中,式(6-2) 等价于式(6-3).

证 $\forall a, b, c \in L$,有

$$a \vee (b \wedge c) = (a \vee (a \wedge c)) \vee (b \wedge c) =$$
$$a \vee ((a \wedge c) \vee (b \wedge c)) =$$
$$a \vee ((a \vee b) \wedge c) = \qquad (由式(6-2))$$
$$((a \vee b) \wedge a) \vee ((a \vee b) \wedge c) =$$
$$(a \vee b) \wedge (a \vee c) \qquad (由式(6-3))$$

这正是式(6-3). 因此,式(6-2) 蕴涵式(6-3). 反之,

$$a \wedge (b \vee c) = (a \wedge (a \vee c)) \wedge (b \vee c) =$$
$$a \wedge ((a \vee c) \wedge (b \vee c)) =$$
$$a \wedge ((a \wedge b) \vee c) = \qquad (由式(6-3))$$
$$((a \wedge b) \vee a) \wedge ((a \wedge b) \vee c) =$$
$$(a \wedge b) \vee (a \wedge c) \qquad (由式(6-3))$$

这正是式(6-2),因此式(6-3) 蕴涵式(6-2).

注意,上述定理不能引用对偶原理来证,因为式(6-2) 和式(6-3) 都不是关于格的真命题.

有的格虽不能满足分配律. 但它们可以有条件地满足分配律,这就是模格.

定义 6-31 称格 $\langle L, \vee, \wedge \rangle$ 为模格(moduler lattice). 如果 $\forall a, b, c \in L$,如果 $a \leqslant c$,那么

$$a \vee (b \wedge c) = (a \vee b) \wedge c$$

[**例 6-30**] 例 6-29(2) 的两个格都不是分配格,其中图 6-7(a) 是模格,而图 6-7(b)

— 127 —

连模格也不是,因为尽管 $d \leqslant c$,但是

$$d \vee (b \wedge c) = d \vee e = d, \quad (d \vee b) \wedge c = a \wedge c = c$$

即 $d \neq c$.

以上讨论表明,格可以分为分配格与非分配格两类,而非分配格中又有模格及非模格之分.接下来讨论分配格与模格的两个性质.

定理 6-37 设 $\langle L, \vee, \wedge \rangle$ 为分配格,那么 $\forall a, b, c \in L$,有

$$a \wedge b = a \wedge c \text{ 且 } a \vee b = a \vee c$$

当且仅当 $b = c$.

证 充分性是显然的.

现证必要性.由于

$$(a \wedge b) \vee c = (a \wedge c) \vee c = c$$
$$(a \wedge b) \vee c = (a \vee c) \wedge (b \vee c) =$$
$$(a \vee b) \wedge (b \vee c) =$$
$$b \vee (a \wedge c) =$$
$$b \vee (a \wedge b) = b$$

故 $b = c$.

定理 6-38 格 $\langle L, \vee, \wedge \rangle$ 为模格的充分必要条件是:$\forall a, b, c \in L$,若

$$b \leqslant c, a \vee b = a \vee c, a \wedge b = a \wedge c$$

则 $b = c$.

证 必要性.设 $\langle L, \vee, \wedge \rangle$ 为模格,且 $b \leqslant c, a \vee b = a \vee c, a \wedge b = a \wedge c$,那么

$$b = b \vee (a \wedge b) = b \vee (a \wedge c) =$$
$$(b \vee a) \wedge (b \vee c) = (c \vee a) \wedge (b \vee c) =$$
$$c \vee (a \wedge b) = c \vee (a \wedge c) = c$$

充分性.为证 $\langle L, \vee, \wedge \rangle$ 为模格,设 $b \leqslant c$,需证 $c \wedge (b \vee a) = b \vee (c \wedge a)$.

首先,据定理 6-30(3),由 $b \leqslant c$ 可知

$$b \vee (c \wedge a) \leqslant c \wedge (b \vee a) \tag{6-4}$$

故

$$c \wedge a = (c \wedge a) \wedge a \leqslant (b \vee (c \wedge a)) \wedge a \leqslant$$
$$(c \wedge (b \vee a)) \wedge a = \qquad \text{(由式(6-4))}$$
$$c \wedge a$$

于是

$$(b \vee (c \wedge a)) \wedge a = (c \wedge (b \vee a)) \wedge a = c \wedge a \tag{6-5}$$

同样可以证明(请读者完成)

$$(b \vee (c \wedge a)) \vee a = (c \wedge (b \vee a)) \vee a = b \vee a \tag{6-6}$$

因此,由题设及式(6-4)～式(6-6),可得

$$c \wedge (b \vee a) = b \vee (c \wedge a)$$

故 $\langle L, \vee, \wedge \rangle$ 为模格.

6.5.3 有界格和有补格

定义 6-32 称格$\langle L, \vee, \wedge \rangle$为有界格(Bounded Lattice)，如果$L$中既有上确界1，又有下确界0.0,1称为$L$的界(Bound).

[例6-31] (1) 完全格都是有界格.

(2) 有限格都是有界格.

(3) 例$6-25$中(1),(4)和(5)所规定的格都是有界格.

(4) 有界格未必是完全格.令$\mathbf{Q}[0,1]$为$[0,1]$区间中全体有理数的集合，定义$\mathbf{Q}[0,1] \times \mathbf{Q}[0,1]$上的序关系$\leqslant^2$为$\langle x,y \rangle \leqslant^2 \langle u,v \rangle$当且仅当$x \leqslant u$且$y \leqslant v$.

显然$\langle \mathbf{Q}[0,1] \times \mathbf{Q}[0,1], \leqslant^2 \rangle$为格，$\vee$与$\wedge$分别定义为
$$\langle x,y \rangle \vee \langle u,v \rangle = \langle \max(x,u), \max(y,v) \rangle$$
$$\langle x,y \rangle \wedge \langle u,v \rangle = \langle \min(x,u), \min(y,v) \rangle$$

这是一个有界格，界为$\langle 0,0 \rangle$与$\langle 1,1 \rangle$，但它不是完全格，因为它有子集
$$\{\langle 0,x \rangle \mid x \in \{0.4, 0.41, 0.414, \cdots\}\}$$
其中$0.4, 0.41, 0.414, \cdots$为$\sqrt{2}-1$的近似逼近序列，该子集在$\mathbf{Q}[0,1]$中没有上确界.

定义 6-33 设$\langle L, \vee, \wedge \rangle$为有界格，$a \in L$，称$b$为$a$的补元或补(Complements)，若
$$a \vee b = 1, \quad a \wedge b = 0$$

应当注意补元的以下特点：

(1) 补元是相互的，即b是a的补元，那么a也是b的补元.

(2) 0和1互为补元.

(3) 并非有界格中每个元素都有补元，而一个元素的补元也未必唯一.图$6-8$(a)中除0,1之外没有元素有补元；图$6-8$(b)中元素a,b,c两两互为补元；图$6-8$(c)中c有补元a,b，而a，b的补元同为c.

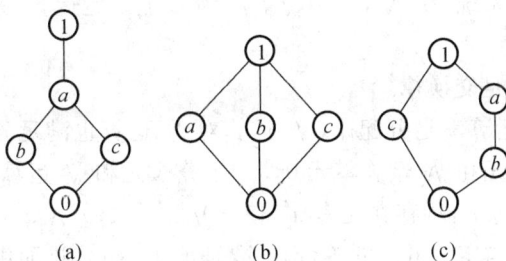

图 6-8

定义 6-34 有界格$\langle L, \vee, \wedge \rangle$称为有补格(Complemented Lettice)，如果L中每个元素都有补元.

[例6-32] (1) 图$6-8$(a)不是有补格，(b)和(c)是有补格.

(2) 多于两个元素的链都不是有补格.

定理 6-39 有补格$\langle L, \vee, \wedge \rangle$中元素0,1的补元是唯一的.

证 已知0,1互为补元.设a也是1的补元，那么$a \wedge 1 = 0$，即$a = 0$.因此1的补元仅为0.同样可证0的补元仅为1.

定理 6-40 有补分配格中每一元素的补元都是唯一的.因此,有补分配格中一元素 a 的补可用 a' 来表示.

证 设 $\langle L, \vee, \wedge \rangle$ 为有补分配格,a 为 L 中任一元素,b,c 都是 a 的补元,那么

$$a \wedge b = 0 = a \wedge c, \quad a \vee b = 1 = a \vee c$$

由定理 6-39 知,$b=c$,因此 a 只有唯一补元 a'.

作为定理 6-40 的推论,显然有以下定理:

定理 6-41 对有补分配格中每一元素 a,有 $(a')' = a$.

定理 6-42 设 $\langle L, \vee, \wedge \rangle$ 为有补分配格,那么 $\forall a,b \in L$,有

(1) $(a \vee b)' = a' \wedge b'$.

(2) $(a \wedge b)' = a' \vee b'$.

证 由于

$$(a \vee b) \wedge (a' \wedge b') = (a' \wedge b) \wedge b' = 0 \quad (a \vee b) \vee (a' \wedge b') =$$
$$(a \vee b \vee a') \wedge (a \vee b \vee b') = 1$$

因此 $a' \wedge b'$ 为 $a \vee b$ 的补元.由补元的唯一性知,

$$(a \vee b)' = a' \wedge b'$$

同样可证(2),请读者完成.

定理 6-43 对有补分配格的任何元素 a,b,有 $a \leqslant b$ 当且仅当 $a \wedge b' = 0$ 当且仅当 $a' \vee b = 1$.

定理 6-43 的证明留作练习.

6.5.4 布尔代数

定义 6-35 有补分配格称为布尔代数(Boolean algebra).

其实我们也可以用少数的几个特征性来定义布尔代数.

定义 6-36 代数系统 $\langle B, \vee, \wedge \rangle$($\vee, \wedge$ 为 B 上二元运算)称为布尔代数,如果 B 满足下列条件:

(1) 运算 $\vee, \wedge$ 满足交换律.

(2) $\vee$ 运算对 $\wedge$ 运算满足分配律,$\wedge$ 运算对 $\vee$ 运算也满足分配律.

(3) B 有 $\vee$ 运算么元和 $\wedge$ 运算零元 0,$\wedge$ 运算么元和 $\vee$ 运算零元 1.

(4) 对 B 中每一元素 a,均存在元素 a',使 $a \vee a' = 1, a \wedge a' = 0$.

为证明定义 6-35 与定义 6-36 等价,只要证明 B 为格,进而由(2),(3),(4)可断定 B 为有补分配格.

为证 B 为格,只要证 B 满足幂等律、结合律和吸收律.

B 满足幂等律.因为对任意 $a \in B$,有

$$a = a \wedge 1 = a \wedge (a \vee a') = (a \wedge a) \vee (a \wedge a') = a \wedge a$$

B 满足吸收律.因为对 B 中任何元素 a,b,

$$a \vee (a \wedge b) = (a \wedge l) \vee (a \wedge b) = a \wedge (1 \vee b) = a$$
$$a \wedge (a \vee b) = (a \vee 0) \wedge (a \vee b) = a \vee (0 \wedge b) = a$$

B 满足结合律.因为对 B 中任意元素 a,b,c,可证明

$$a \vee (b \vee c) = (a \vee b) \vee c$$

从而对偶地可证 $a \wedge (b \wedge c) = (a \wedge b) \wedge c$. 令

$$N = a \vee (b \vee c), \quad M = (a \vee b) \vee c$$

那么

$$a \wedge N = a \wedge (a \vee (b \vee c)) = a$$

$$a \wedge M = a \wedge ((a \vee b) \vee c) = (a \wedge (a \vee b)) \vee (a \wedge c) = a \vee (a \wedge c) = a$$

故

$$a \wedge N = a \wedge M \tag{6-7}$$

$$a' \wedge N = a' \wedge (a \vee (b \vee c)) = a' \wedge (b \vee c) = (a' \wedge b) \vee (a' \wedge c)$$

$$a' \wedge M = a' \wedge ((a \vee b) \vee c) = (a' \wedge (a \vee b)) \vee (a' \wedge c) = (a' \wedge b) \vee (a' \wedge c)$$

故

$$a' \wedge N = a' \wedge M \tag{6-8}$$

由式(6-7)和(6-8)得

$$(a \wedge N) \vee (a' \wedge N) = (a \wedge M) \vee (a' \wedge M)$$

即

$$(a \vee a') \wedge N = (a \vee a') \wedge M$$

所以 $N = M$, 从而 $a \vee (b \vee c) = (a \vee b) \vee c$ 得证.

布尔代数通常用序组 $\langle B, \vee, \wedge, ', 0, 1 \rangle$ 来表示. 其中 $'$ 为一元求补运算. 这并不意味着布尔代数至少有两个不同元素, 当 B 只有一个元素 0 时, 可以认为 $\langle \{0\}, \vee, \wedge, ', 0 \rangle$ 仍为布尔代数(它满足定义 6-35), 这时它被称为退化了的布尔代数.

[例 6-33] (1) 在 $\langle B, \vee, \wedge, ', 0, 1 \rangle$ 中取 $B = \{0, 1\}$, 得 $\langle \{0, 1\}, \vee, \wedge, ', 0, 1 \rangle$ 为一布尔代数.

(2) 对任意集合 A, $\langle \rho(A), \bigcup, \bigcap, -, \varnothing, A \rangle$(其中-为一元求补集的运算).

(3) $\langle P, \vee, \wedge, \neg, f, t \rangle$ 为布尔代数. 这里 P 为命题公式集, $\vee, \wedge, \neg$ 为析取、合取、否定等真值运算, f, t 分别为永假命题、永真命题.

(4) 设 B_n 为由真值 0, 1 构成的 n 元序组组成的集合, 即

$$B_n = \{\langle a_1, a_2, \cdots, a_n \rangle \mid a_i = 0 \text{ 或 } a_i = 1, i = 1, 2, \cdots, n\}$$

在 B_n 上定义运算(以下用 a 表示 $\langle a_1, a_2, \cdots, a_n \rangle$, 0 表示 $\langle 0, 0, \cdots, 0 \rangle$, 1 表示 $\langle 1, 1, \cdots, 1 \rangle$)

$$a \vee b = \langle a_1 \vee b_1, a_2 \vee b_2, \cdots, a_n \vee b_n \rangle$$

$$a \wedge b = \langle a_1 \wedge b_1, a_2 \wedge b_2, \cdots, a_n \wedge b_n \rangle$$

$$\neg a = \langle \neg a_1, \neg a_2, \cdots, \neg a_n \rangle$$

那么, $\langle B_n, \vee, \wedge, \neg, 0, 1 \rangle$ 为一布尔代数, 常称为开关代数.

习　题　6

1. 设 A 是一非空的集合, $*$ 是 A 上的二元运算, 对于任意 $a, b \in A$, 有 $a * b = b$, 试问运算 $*$ 是否满足交换、结合律、幂等律? 是否有幺元、零元? 是否每个元素都有逆元?

2. 设 $S = \mathbf{Q} \times \mathbf{Q}, \mathbf{Q}$ 是有理数集合, $*$ 是 S 上的二元运算, 对于任意 $\langle a, b \rangle, \langle x, y \rangle \in S$, 有

$$\langle a, b \rangle * \langle x, y \rangle = \langle ax, ay + b \rangle$$

求运算 $*$ 的单位元及 $\langle a, b \rangle$ 的逆元 $(a \neq 0)$.

3. 在实数集合上定义二元运算

$$x * y = xy - 2x - 2y + 6$$

验证运算 $*$ 是否满足交换律和结合律,并求幺元和零元及任意实数 x 的逆元.

4. 给定集合 $N = \{0,1,2,3,\cdots\}$,$B = \{1,2,4,8,16,\cdots\}$,$+$ 和 $\times$ 分别是加法和乘法运算,证明:$\langle N, + \rangle$ 和 $\langle B, \times \rangle$ 是同构的.

5. 设 $\langle G, * \rangle$ 是一个独异点,$S = \{x \mid x \in G \text{ 且 } x \text{ 有左逆元}\}$.证明:$\langle S, * \rangle$ 是 $\langle G, * \rangle$ 的子独异点.

6. 设 $\langle G, * \rangle$ 是半群,$a \in G$,在 G 上定义二元运算 $\triangle$ 如下:

$$\forall x, y \in G, x \triangle y = x * a * y$$

证明:$\langle G, \triangle \rangle$ 是半群.

7. 设 $\langle G, * \rangle$ 是半群,若有 $a \in G$,$\forall x \in G$,$\exists u, v \in G$,使得

$$a * u = v * a = x$$

证明:$\langle G, * \rangle$ 是含幺半群.

8. 设 $\langle \{x, y\}, * \rangle$ 是半群,$x * x = y$,证明:

(1) $x * y = y * x$.

(2) $y * y = y$.

9. 设 $\langle G, * \rangle$ 是半群,如果 $\forall a, b \in G$,只要 $a \neq b$,则 $a * b \neq b * a$.证明:

(1) $\forall a \in G$,有 $a * a = a$.

(2) $\forall a, b \in G$,有 $a * b * a = a$.

(3) $\forall a, b, c \in G$,有 $a * b * c = a * c$.

10. 证明:循环群的子群也是循环群.

11. 设 $\langle G, * \rangle$ 是群,$a \in G$,f 是 $G \to G$ 的映射,$\forall x \in G$,$f(x) = a * x * a^{-1}$.证明:f 是 $\langle G, * \rangle$ 到 $\langle G, * \rangle$ 的自同构.

12. 设 $\langle G, * \rangle$ 是群,f 是 $G \to G$ 的映射,$\forall x \in G$,$f(x) = x^{-1}$.证明:f 是 $\langle G, * \rangle$ 到 $\langle G, * \rangle$ 的自同构当且仅当运算 $*$ 满足交换律.

13. 设有代数系统 $\langle \mathbf{Z}, \oplus \rangle$,其中 $\mathbf{Z}$ 为整数集合,定义二元运算 $\oplus$ 如下:

$$\forall x, y \in \mathbf{Z}, x \oplus y = x + y - 2$$

证明:$\langle \mathbf{Z}, \oplus \rangle$ 是群.

14. 判断下列集合对于所给的运算哪些能构成群,哪些构不成群.

(1) 某一数域 F 上全体 $n \times n$ 矩阵对于的矩阵加法.

(2) 全体正整数对于数的乘法.

(3) $\{2^x \mid x \in \mathbf{Z}\}$ 对于数的乘法.

(4) $\{x \in \mathbf{R} \mid 0 < x \leqslant 1\}$ 对于数的乘法.

(5) $\{1, -1\}$ 对于数的乘法.

15. 设 $\langle G, * \rangle$ 是群,$\langle A, * \rangle$ 和 $\langle B, * \rangle$ 是它的两个子群,令

$$C = \{a * b \mid a \in A, b \in B\}$$

证明:若 $*$ 是可交换的,则 $\langle C, * \rangle$ 也是 $\langle G, * \rangle$ 的子群.

16. 设 $\langle G, * \rangle$ 是半群,e 是关于运算 $*$ 的左单位元.若 $\forall x \in G$,$\exists y \in G$,使得

$$y * x = e$$

证明:(1) $\forall a,b,c \in G$,若 $a*b=a*c$,则 $b=c$.

(2) $\langle G, * \rangle$ 是群.

17. 证明一个群 G 是阿贝尔群的充要条件是对于任意 $a,b \in G$ 和任意整数 n,都有
$$(ab)^n=a^n b^n$$

18. 设 $(G, *)$ 为循环群,生成元为 a,设 $\langle A, * \rangle$ 和 $\langle B, * \rangle$ 均为 $\langle G, * \rangle$ 的子群,而 ai 和 aj 分别为 $\langle A, * \rangle$ 和 $\langle B, * \rangle$ 的生成元.

(1) 证明 $\langle A \bigcap B, * \rangle$ 是 $\langle G, * \rangle$ 的子群.

(2) 问:$\langle A \bigcap B \rangle$ 是否为循环群. 如果是,给出其生成元.

19. 令 a 是群 G 的一个元素. 令 $\langle a \rangle = \{a^n \mid n \in \mathbf{Z}\}$,证明 $\langle a \rangle$ 是 G 的一个子群. 称为由 a 所生成的循环子群. 特别地,如果 $G=\langle a \rangle$,就称 G 是由 a 生成的循环群. 试各举出一个无限循环群和有限循环群的例子.

20. 写出 $\langle Z_6, \times_6 \rangle$ 的运算表及所有的子群.

21. G 为群,$x,y \in G$,且 $y \times y^{-1} = x^2$,其中 $x \neq e$,y 是 2 阶元,e 是单位元,求 x 的阶.

22. 对于有限群,证明:

(1) 周期大于 2 的元素的个数一定是偶数.

(2) 阶数为偶数的有限群中必有奇数个周期为 2 的元素.

(3) 阶数为偶数的有限群中必存在 $a \neq e$(幺元),使得 $a^2=e$.

23. 设 R 是一个环,并且 R 对于加法可构成一个循环群,证明 R 是一个交换环.

24. 在实数集合 $\mathbf{R}$ 上定义两个二元运算 $\oplus$ 和 $\otimes$ 如下:
$$\forall a,b \in \mathbf{R}, a \oplus b = a+b-1, a \otimes b = a+b-ab$$
证明:$\langle \mathbf{R}, \oplus, \otimes \rangle$ 是含幺环.

25. 设 $S = \{\langle a,b \rangle \mid a \in \mathbf{Z}, b \in \mathbf{Z}\}$,定义 S 上的二元运算如下:$\forall \langle a,b \rangle, \langle x,y \rangle \in S$,有
$$\langle a,b \rangle \oplus \langle x,y \rangle = \langle a+x, b+y \rangle$$
$$\langle a,b \rangle \oplus \langle x,y \rangle = \langle a \times x, b \times y \rangle$$
证明:$\langle S, \oplus, \otimes \rangle$ 是环,并求出此环的所有零因子.

26. 写出域 Z_2 和 Z_7 的加法表和乘法表. 找出 Z_7 中每一个非零元素的逆元.

27. 设 R 是一个只有有限多个元素的交换环,且 R 没有零因子. 证明 R 是一个域.

28. 设 R 是一个环,$a \in R$. 如果存在一个正整数 n,使得 $a^n=0$,则 a 是一个幂零元素. 证明:在一个交换环里,两个幂零元素的和还是一个幂零元素.

29. 证明,在一个环 R 里,以下两个条件等价:

(1) R 里没有非零的幂零元素.

(2) 如果 $a \in R$,且 $a^2=0$,则 $a=0$.

30. 令 $\mathbf{Q}$ 是有理数域,R 是一个环,而 f,g 是 $\mathbf{Q}$ 到 R 的环同态. 证明:如果对于任意整数 n,都有 $f(n)=g(n)$,则 $f=g$.

31. 令 $x < y$ 表示 $x \leqslant y$ 且 $x \neq y$,对格 L 中任意元素 a,b 证明:$a \wedge b < a$ 且 $a \wedge b < b$ 当且仅当 a 与 b 是不可比较的,即 $a \leqslant b, b \leqslant a$ 都不能成立.

32. 求证:有序集 $\langle L, \leqslant \rangle$ 为完全格的充分必要条件是 L 有下确界,且 L 的每一子集有

上确界.

33. 开区间$(0,1)$中的有理数集合按有理数的大小排序是否构成完全格？闭区间$[0,1]$呢？

34. 设格L_1与L_2同态，求证：若L_1有么元（零元），那么L_2也有么元（零元）.

35. 证明：格L的两个子格的交仍为L的子格.

36. 设a,b为格L中的两个元素，证明：$S=\{x \mid x \in L$且$a \leqslant x \leqslant b\}$可构成$L$的一个子格.

37. 设f为格L_1到格L_2的同态映射，证明：f的同态像是L_2的子格.

38. 对分配格L中任意元素a,b,c，证明：若$a \wedge c = b \wedge c,a \vee c = b \vee c$，则$a = b$.

39. 证明：格$\langle L, \vee, \wedge \rangle$为分配格，当且仅当对$L$中任意元素$a,b,c$，有

$$(a \wedge b) \vee (b \wedge c) \vee (c \wedge a) = (a \vee b) \wedge (b \vee c) \wedge (c \vee a)$$

提示：为证充分性，可令

$$a = (A \vee B) \wedge (A \vee C), \quad b = B \vee C, \quad c = A$$

从而对A,B,C证明$\vee,\wedge$能满足分配律.

40. 证明：格$\langle L, \vee, \wedge \rangle$为模格的充分必要条件是对$L$中任意元素$a,b,c$，有

$$a \wedge ((a \wedge b) \vee c) = (a \wedge b) \vee (a \wedge c)$$

41. 如图$6-9$所示的各哈斯图是否表示有补格？

42. 设$\langle L, \vee, \wedge \rangle$为有补分配格，$a,b$为$L$中任意元素，证明：$b' \leqslant a'$当且仅当

$$a \wedge b' = 0, \quad a' \vee b = 1$$

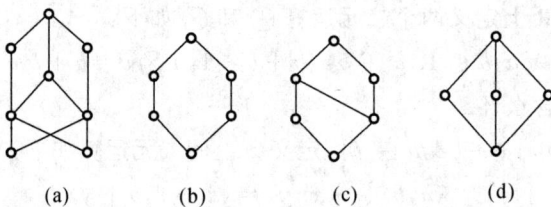

$$\begin{array}{cccc} \text{(a)} & \text{(b)} & \text{(c)} & \text{(d)} \end{array}$$

图　$6-9$

43. 化简下列布尔表达式：

(1) $(1 \wedge a) \vee (0 \wedge a')$

(2) $(a \wedge b) \vee (a' \wedge b \wedge c') \vee (b \wedge c)$

(3) $((a \wedge b') \vee c) \wedge (a \vee b') \wedge c$

(4) $(a \wedge b)' \vee (a \vee b)'$

44. 设a,b为布尔代数B中任意元素，求证：$a = b$当且仅当$(a \wedge b') \vee (a' \wedge b) = 0$.

45. 设h是布尔代数B_1和B_2的格同态，同时$h(0) = 0,h(1) = 1$. 证明：h是B_1,B_2之间的布尔同态.

46. 设$\langle B, \vee, \wedge, ', 0, 1 \rangle$为布尔代数，定义$B$上环和运算$\oplus$：对任意$a,b \in B$，有

$$a \oplus b = (a \wedge b') \vee (a' \wedge b)$$

(1) 证明：$\langle B, \oplus \rangle$为一阿贝尔群；

(2) 证明：$\langle B, \oplus, \wedge \rangle$为一含么交换环.

47. 设$\langle B, \vee, \wedge, ', 0, 1 \rangle$为布尔代数，$k \in B,h : B \rightarrow B$为如下定义的映射：对任何$x \in B$，

有 $h(x) = x \vee k$.

    (1) 问 h 是否为一布尔同态,为什么?

    (2) 证明 $\langle h(B), \vee, \wedge, ', k, 1 \rangle$ 为布尔代数.

第7章 图 论

图论是一个重要的数学分支,研究"点"和"线"构成的各种图的性质.图论起源于一些智力游戏的难题研究,如哥尼斯堡七桥问题、四色猜想问题和哈密尔顿环球旅行问题等.图论在计算机科学、运筹学、控制论、信息论、社会学、经济学、生物学、心理学等领域得到广泛的应用.

本章主要内容有:图、简单图、完全图、子图、路、图的同构、邻接矩阵、可达矩阵、二分图、平面图、树等.

7.1 图的基本概念

7.1.1 图

定义 7-1 设 V 和 E 是两个有限集合,V 中的元素叫做节点,E 中的元素叫做边,E 中每一个边与 V 中两个节点相联系,则 $\langle V,E \rangle$ 叫做一个图.若与 E 中的边相对应的两节点不分次序,该图叫做无向图;若与 E 中的边相对应的两节点有次序之分,则该图叫做有向图.

用小圆点表示节点,用节点对的连线表示边,节点的位置和连线的曲直与长短是无关紧要的.

[例 7-1] 设 $A=\{a,b,c,d\}$,$E=\{e_1,e_2,e_3,e_4\}$,其中 e_1 对应无序节点对 (a,a),e_2 对应 (a,a),e_3,e_4,e_5 均对应无序节点对 (b,c),则无向图 $\langle V,E \rangle$ 如图 7-1 所示.

[例 7-2] 设 $V=\{1,2,3,4\}$,$E=\{e_1,e_2,e_3,e_4,e_5,e_6\}$,若 e_1 与序偶 $(1,1)$ 对应,e_2 与 $(2,2)$ 对应,e_3 与 $(1,3)$ 对应,e_4 与 $(2,1)$ 对应,e_5 与 $(2,3)$ 对应,e_6 与 $(3,2)$ 对应,则有向图 $\langle V,E \rangle$ 如图 7-2 所示.

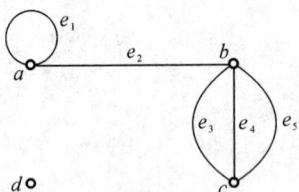

图 7-1

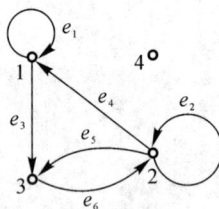

图 7-2

无向图中的边也叫无向边,用对应节点对的连线表示.有向图中的边也叫有向边或弧,用带箭头的线表示.

与形如 (x,x) 的节点对联系的边叫自回路,例 7-1 中边 e_1 是节点 a 的自回路,例 7-2 中边 e_1 是节点 1 的自回路.

在图中若边 e 与节点对 (a,b) 对应,则说 e 与 a 关联,同样,e 与 b 关联.若节点 a 和 b 之间有边连接,则称节点 a 和 b 邻接或相邻,否则称 a 和 b 不邻接或不相邻.同样若两条边 e_1,e_2 与同一节点关联时,称边 e_1,e_2 邻接,否则称 e_1,e_2 不邻接.

不与任何边关联的节点叫孤立点,如例 7-1 中节点 d,例 7-2 中节点 4 都是孤立点.

当图的边集 E 为空集时叫做零图,特别只有一个节点的零图叫平凡图.

在无向图中若有两条或两条以上的边与同一对节点相关联,则说这些边为平行边,例 7-1 中的 e_3,e_4,e_5 都是平行边.有向图中若一序偶对应两条以上的有向边(边的方向也一致)时叫平行边.在一个图中若有平行边出现,这个图叫做多重图.若一个无向图既无平行边又无自回路则称为简单无向图,一个没有平行边且无自回路的有向图称为简单有向图.本章主要讨论简单图.

7.1.2 子图和补图

定义 7-2 设 $G=\langle V,E\rangle$,$G_1=\langle V_1,E_1\rangle$,若 $V_1\subseteq V$,$E_1\subseteq E$,则称 G_1 为 G 的子图. 若 $V_1\subset V$,$E_1\subseteq E$,则称 G_1 是 G 的真子图.若 $V_1=V$,$E_1\subseteq E$,则称 G_1 是 G 的生成子图.

如图 7-3 所示,(b) 图是(a) 图的真子图,(c) 图是(a) 图的生成子图.

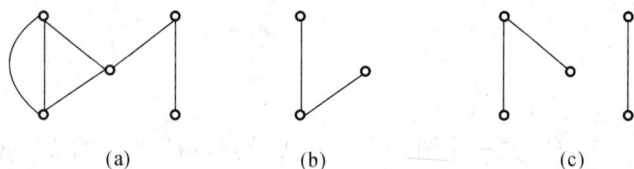

图 7-3

定义 7-3 设 $G=\langle V,E\rangle$ 是一个简单图,若 V 中任意两个不同的节点间都有边关联(有向图两点间有两条方向相反的有向边),则称 G 是一个完全图.

如图 7-4 所示,(a),(b) 分别是一完全无向图和完全有向图.

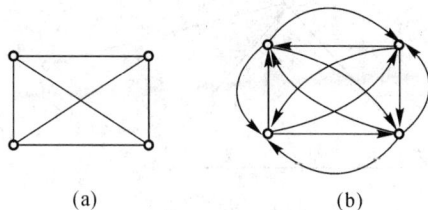

图 7-4

定义 7-4 设 $G=\langle V,E\rangle$ 是一个简单图,$G^*=\langle V,E^*\rangle$ 是完全图,则称 $\bar{G}=\langle V,E^*-E\rangle$ 为 G 的补图.

如图 7-5 所示,(a),(b) 互为补图.

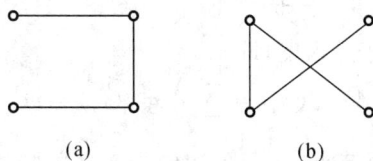

图 7-5

7.1.3 图的同构

定义 7 - 5 设 $G=\langle V,E\rangle$ 和 $G'=\langle V',E'\rangle$ 是两个图,若存在 V 到到 V' 的双射函数 f,使对任意 $a,b\in V$,边 $(a,b)\in E$,当且仅当边 $(f(a),f(b))\in E'$,并且 (a,b) 和 $(f(a),f(b))$ 平行边的条数相等,则称 G 和 G' 是同构的.

两个同构的图有一种节点间的一一对应关系,保持节点的邻接关系和边的重数.若适当改变其中之一的节点和边的名称,实际上可变为同一个图.

如图 7 - 6 所示,(a) 与 (b) 同构,而 (c) 与 (d) 不同构.

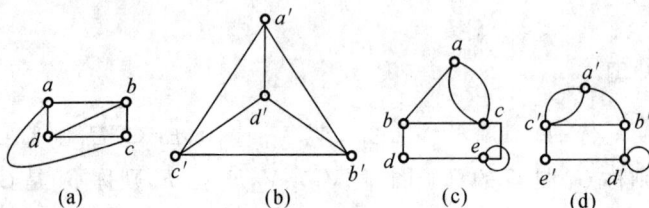

图　7 - 6

7.1.4 节点的度

定义 7 - 6 设 $G=\langle V,E\rangle$ 是一个图,v 是 V 中一节点,与 v 关联的边的条数叫做节点 v 的度,记作 $\deg(v)$. 若 G 是有向图,则把由 v 射出的弧的条数叫做 v 的出度,记作 $\deg^+(v)$,把射入 v 的弧数叫做 v 的入度,记作 $\deg^-(v)$.

如图 7 - 7 所示,有

$$\deg^+(a)=3\ ,\deg^-(a)=2,\deg^+(d)=0,\deg^-(d)=1$$

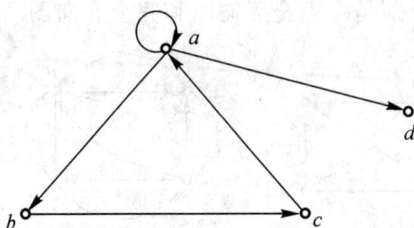

图　7 - 7

度为 1 的节点叫悬挂点,与之关联的边叫悬挂边,度为奇数的节点叫奇节点,度为偶数的节点叫偶节点.

定理 7 - 1 设图 $G=\langle V,E\rangle$ 的节点数为 n,边数为 m,则

$$\sum_{v_i\in V}\deg(v_i)=2m$$

若 G 是有向图,则 G 的总出度等于总入度,即

$$\sum_{v_i\in V}\deg^+(v_i)=\sum_{v_i\in V}\deg^-(v_i)=m$$

证 因为每条边必关联两个节点,每一条边给予与之关联的每个节点的度数为 1. 因此

在一个图中节点度数的总和等于边数的两倍. 对于有向图, 每条有向边导致入度和出度数各为 1, 所以总入度等于总出度.

定理 7-2 设图 $G=\langle V,E\rangle$ 有 n 个节点, m 条边, 并设 G 的奇节点个数为 n_1, 偶节点个数为 n_2, 则 n_1 一定是偶数.

证 记 v_{oi} 为奇节点, v_{Ej} 为偶节点, 则有

$$2m = \sum_{v_i \in V} \deg(v_i) = \sum_{i=1}^{n_1} \deg(v_{oi}) + \sum_{j=1}^{n_2} \deg(v_{Ej})$$

由于左边是偶数, 右边第二项为偶数, 所以右边第一项是偶数, 但第一项是 n_1 个奇数之和, 故 n_1 是偶数.

以图 7-7 为例, a 和 d 是奇节点, 其余皆为偶节点.

7.2 路与连通图

7.2.1 路与回路

定义 7-7 设图 $G=\langle V,E\rangle$, $v_0, v_1, v_2, \cdots, v_n \in V$, $e_1, \cdots, e_n \in E$, 其中 e_i 是关联于节点 v_{i-1} 和 v_i 的边, 称交替序列 $v_0 e_1 v_1 e_2 v_2 \cdots e_n v_n$ 为联结 v_0 到 v_n 的路。若 $v_0 = v_n$, 则这条路称为回路. 一条路经过的边数称为路长.

通常把从 v_0 到 v_n 的路表示成点列 $v_0 v_1 \cdots v_n$ 或边列 $e_1 e_2 \cdots e_n$ 的形式.

定义 7-8 在图 G 中, 若一条从 v_0 到 v_n 的路不经过重复边, 则称这条路是一条简单路; 特别当 $v_0 = v_n$ 时, 称之为简单回路.

定义 7-9 在图 G 中, 若一条路 $v_0 v_1 v_2 \cdots v_n$ 除有可能出现 $v_0 = v_n$ 外, 所有经过的节点均不相同, 则称这条路为初级路. 当 $v_0 = v_n$ 时, 称之为初级回路.

若一条路是初级路, 则必然是简单路, 反之不然.

如图 7-8 所示, $abcdbe$ 是一条简单路, 但不是初级路.

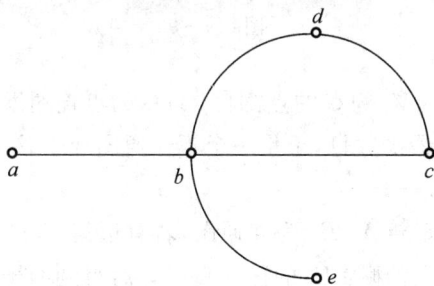

图 7-8

定理 7-3 设 $G=\langle V,E\rangle$ 是任一图, $|V|=n$, 则

(1) 任一初级路的长度不超过 n.

(2) 若初级路 $v_0 v_1 \cdots v_k$ 中 $v_0 \neq v_k$, 则路长不超过 $n-1$.

证 (1) 设初级路为 $v_0 v_1 \cdots v_k$, 初级路除端点外不经过重复节点, 而 V 中只有 n 个节点, 所以 $k \leqslant n$, 从而初级路经过的边数不超过 n.

(2) 当 $v_0 \neq v_k$ 时，$v_0 v_1 \cdots v_k$ 互不相同，最多经 n 个节点，所以经过的边数不超过 $n-1$.

7.2.2 可达性与连通图

定义 7-10 给定图 $G=\langle V,E \rangle$，$u,v \in V$，若 G 中存在 u 到 v 的路，则称 u 可到达 v，或称 u 到 v 是可达的.

如果 u 可达 v，它们之间可能不止一条路，在所有这些路中，最短路的长度称为节点 u 和 v 之间的距离，记作 $d(u,v)$，它满足下列性质：
$$d(u,v) \geqslant 0$$
$$d(u,v) + d(v,w) \geqslant d(u,w)$$
规定任意 $u \in V$，u 到 u 是可达的且 $d(u,u)=0$.

定义 7-11 在无向图 G 中，若任意两个节点 u 到 v 是可达的，则称 G 是一连通图，否则称 G 是非连通图.

对于任一图 G 来说，必存在节点集 V 的一个划分，把 V 分成非空子集 $V_1,V_2,\cdots,V_k$，使得两个节点 v_i 到 v_j 是可达的充要条件为它们属于同一个 V_i. 把分别以 $V_1,V_2,\cdots,V_k$ 为节点集的 G 的极大连通子图叫做图 G 的连通分支.

定义 7-12 设无向图 $G=\langle V,E \rangle$ 为连通图，若有点集 $V_1 \subset V$，使图 G 删除了 V_1 的所有节点后所得的子图是非连通图，而删除了 V_1 的任何真子集后所得到的子图仍是连通图，则称 V_1 是 G 的一个点割集. 若某一个节点构成一个点割集，则称该节点为割点.

图 7-9(a) 移去节点 c 后成为有 3 个分支的不连通图，如图 7-9(b) 所示.

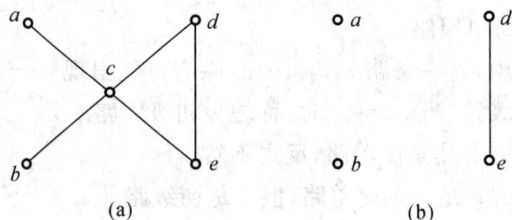

图 7-9

定义 $k(G)=\min\{|V_1| \mid V_1$ 为 G 的点割集$\}$ 为 G 的点连通度. 连通度 $k(G)$ 是为了产生一个不连通图需要删去的点的最少数目，于是一个不连通图或平凡图的点连通度为 0，有 n 个节点的完全图，其点连通度为 $n-1$.

定义 7-13 设无向图 $G=\langle V,E \rangle$ 为连通图，若有边集 $E_1 \subset E$，使图 G 中删去 E_1 的所有边后得到的子图是不连通图；而删除 E_1 的任一真子集后得到的子图是连通图，则称 E_1 是 G 的一个边割集. 若某一个边构成一个边割集，则称该边为割边（或桥）.

定义图 G 的边连通度为 $\lambda(G)=\min\{|E_1| \mid E_1$ 是 G 的边割集$\}$，边连通度是为了产生不连通图而需删去边的最少数目. 非连通图和平凡图的边连通度为 0.

定理 7-4 对任一图 G，设 $k(G),\lambda(G)$ 分别为 G 的点连通度和边连通度，而 $\delta(G)=\min_{v_i \in v}\{\deg(v_i)\}$（节点度数最小值），则有 $k(G) \leqslant \lambda(G) \leqslant \delta(G)$.

证 若 G 不连通，则 $k(G)=\lambda(G)=0$，故上式成立.

若 G 连通,先证明 $\lambda(G) \leqslant \delta(G)$. 如果 G 是平凡图,则 $\lambda(G) = 0 \leqslant \delta(G)$,若 G 是非平凡图,则因每一节点的所有关联边必含一个边割集,故 $\lambda(G) \leqslant \delta(G)$.

再证 $k(G) \leqslant \lambda(G)$. 设 $\lambda(G) = 1$,即 G 有一割边,显然 $k(G) = 1$,上式成立.

设 $\lambda(G) \geqslant 2$,则可删去某 $\lambda(G)$ 条边,使 G 不连通,而删去其中 $\lambda(G) - 1$ 条边,它仍是连通的,且有一桥 $e = (u, v)$. 对 $\lambda(G) - 1$ 条边中每一条边都选取一个不同于 u, v 的端点,把这些端点删去,必至少删去 $\lambda(G) - 1$ 条边.若这样产生的图是不连通的,则

$$k(G) \leqslant \lambda(G) - 1 < \lambda(G)$$

若这样产生的图是连通的,则 e 仍是桥,此时再删去 u 或 v,就必产生一个不连通图,故 $k(G) \leqslant \lambda(G)$.

由上可得,$k(G) \leqslant \lambda(G) \leqslant \delta(G)$.

如图 7-10 所示的图 G,$k(G) = 1, \lambda(G) = 2, \delta(G) = 3$.

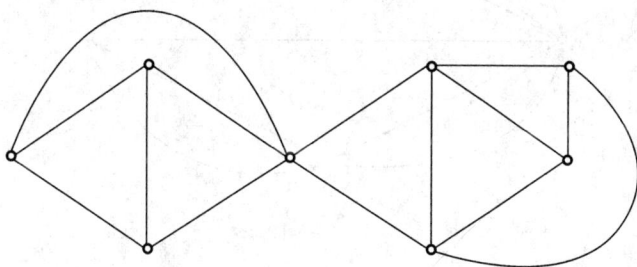

图 7-10

定义 7-14 若在有向图 G 中,任一对节点间至少有一个节点到另一节点是可达的,则称图 G 是单向连通的.若 G 中任意两节点是相互可达的,则称图 G 是强连通的,如果在图 G 中略去边的方向,将它看成无向图时是连通的,则称图 G 是弱连通的.

如图 7-11 所示,(a),(b),(c) 分别是强连通的、单向连通的和弱连通的.

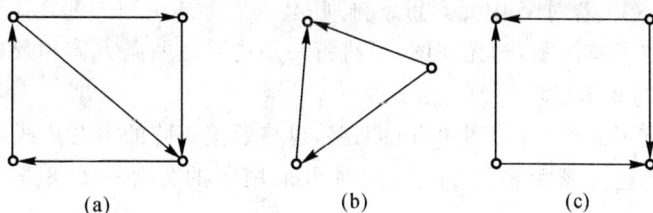

图 7-11

若图 G 是强连通的,则必然是单向连通的;若图 G 是单向连通的,则必是弱连通,这两个命题其逆不真.

若图 G 是强连通的,则必然存在一条回路,它至少包含每个节点一次.因为若将 G 中节点编号 $v_1, v_2, \cdots, v_n$,则 v_1 可到达 v_2,v_2 可到达 v_3,$\cdots$,v_{n-1} 可到达 v_n,v_n 可到达 v_1,由此可构造一条回路,至少包含各节点一次.

7.3　图的矩阵表示及其连通性的判断

7.3.1　邻接矩阵

定义 7-15　设图 $G=\langle V,E\rangle$ 是一个简单有向图,其中 $V=\{v_1,v_2,\cdots,v_n\}$,当 $(v_i,v_j)\in E$ 时,令 $a_{ij}=1$,当 $(v_i,v_j)\notin E$ 时,令 $a_{ij}=0$,则称 n 阶方阵 $A=[a_{ij}]$ 为图 G 的邻接矩阵.

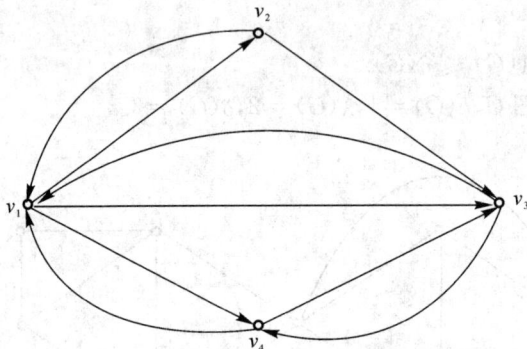

图　7-12

如图 7-12 所示的邻接矩阵 A 为

$$
A=\begin{array}{c}
\\
v_1 \\
v_2 \\
v_3 \\
v_4
\end{array}
\begin{array}{cccc}
v_1 & v_2 & v_3 & v_4 \\
\end{array}
\left[\begin{array}{cccc}
0 & 1 & 1 & 1 \\
1 & 0 & 1 & 0 \\
1 & 0 & 0 & 1 \\
1 & 0 & 1 & 0
\end{array}\right]
$$

应当指出的是:(1) 若对 V 中元素重新排列,会得到形式不同的邻接矩阵.

(2) 定义中规定了有向图,对无向图,可将每一条边看做两条方向相反的有向边,类似地,可以求出一个对称的 0,1 矩阵.

(3) 定义中规定了简单图,若图中有自回路,可将邻接矩阵的主对角线对应设置为 1.但若图中有平行边,邻接矩阵就无能为力了,此时可采用图的另外一种矩阵表示方式 —— 关联矩阵.

图的邻接矩阵中 1 的个数与图弧(边)数相等,若 $a_{ij}=1$,则图中有一条从 v_i 到 v_j 的弧(边),反之亦然.

邻接矩阵 A 的第 i 行元素之和 $\sum\limits_{j=1}^{n}a_{ij}$ 表示 v_i 的出度 $\deg^+(v_i)$;A 的第 j 列元素之和 $\sum\limits_{i=1}^{n}$ 表示 v_j 的入度 $\deg^-(v_j)$.

如图 7-12 所示 v_3 的出度为 2,入度为 3.

考查邻接矩阵 A 的乘幂 A^2 的含义,先求图 7-12 中的 A^2.

$$\boldsymbol{A}^2 = \begin{bmatrix} 0 & 1 & 1 & 1 \\ 1 & 0 & 1 & 0 \\ 1 & 0 & 0 & 1 \\ 1 & 0 & 1 & 0 \end{bmatrix} \begin{bmatrix} 0 & 1 & 1 & 1 \\ 1 & 0 & 1 & 0 \\ 1 & 0 & 0 & 1 \\ 1 & 0 & 1 & 0 \end{bmatrix} = \begin{bmatrix} 3 & 0 & 2 & 1 \\ 1 & 1 & 1 & 2 \\ 1 & 1 & 2 & 1 \\ 1 & 1 & 1 & 2 \end{bmatrix}$$

$\boldsymbol{A}^2$ 中元素 $a_{ij}^{(2)} = 3$ 表示 v_i 到达 v_j 的长度为 2 的路的数目.

例如,$a_{11}^{(2)} = 3$ 表示 v_1 到 v_1 的长度为 2 的回路有 3 条,$a_{24}^{(2)} = 2$ 表示 v_2 到 v_4 的长度为 2 的路有 2 条.

一般地,有下述定理:

定理 7-5 设 A 是简单有向图 G 的邻接矩阵,A 的 l 次幂 $\boldsymbol{A}^l = [a_{ij}^{(l)}]_{n \times n}$ 则第 i 行第 j 列的元素 $a_{ij}^{(l)}$ 表示节点 v_i 到 v_j 的长度为 l 的路的数目.

证 对 l 作数学归纳法. 当 $l = 2$ 时,显然成立.

假设命题对 l 成立,由 $\boldsymbol{A}^{l+1} = \boldsymbol{A}\boldsymbol{A}^l$,其元素为

$$a_{ij}^{(l+1)} = \sum_{k=1}^{n} a_{ik} a_{kj}^{(l)}$$

根据邻接矩阵的定义知,a_{ik} 表示联结 v_i 到 v_k 的长度为 1 的路的数目,故上式每一项 $a_{ik} a_{kj}^{(l)}$ 表示由 v_i 经一条弧到 v_k,再由 v_k 经 l 弧到达 v_j 的路的数目,对所有 k 求和,即 $a_{ij}^{(l+1)}$ 表示由 v_i 到 v_j 的长度为 $l+1$ 的路的数目.

由 $\boldsymbol{A}^l$ 的意义可得

$$\boldsymbol{R} = \boldsymbol{A} + \boldsymbol{A}^2 + \cdots + \boldsymbol{A}^n$$

元素 r_{ij}^* 表示从 v_i 到 v_j 的长度为 $1 \sim n$ 的所有路的数目.

由于我们常常关心的是两节点是否可达,而不是到达的路的数目. 为此引入可达矩阵的概念.

7.3.2 可达矩阵

定义 7-16 设 $G = \langle V, E \rangle$ 是一简单有向图,$V = \{v_1, \cdots, v_n\}$,定义一个 $n \times n$ 矩阵 $\boldsymbol{R} = [r_{ij}]$,其中

$$r_{ij} = \begin{cases} 1, & v_i \text{ 到 } v_j \text{ 至少存在一条路} \\ 0, & v_i \text{ 到 } v_j \text{ 不存在路} \end{cases}$$

矩阵 $\boldsymbol{R}$ 称为图 G 的可达矩阵.

可以通过求图 G 的邻接矩阵 A 及其乘幂得到可达矩阵. 即将 $\boldsymbol{A} + \boldsymbol{A}^2 + \cdots + \boldsymbol{A}^n$ 结果中凡是不等于零的元素都改为 1,便得到可达矩阵. 应当指出的是这里我们不求 $\boldsymbol{A}^{n+1}, \boldsymbol{A}^{n+2}, \cdots$ 因为 V 中一共有 n 个节点,若 v_i 到 v_j 有长度大于 n 的路时,必最少经过某一节点两次,从而可找到更短的路.

用上述方求可达矩阵比较麻烦,若将矩阵的乘法和加法运算改为布尔运算,同样可得到可达矩阵,且运算比较简单.

为区别起见,矩阵 A 的 n 次布尔乘幂记为 $\boldsymbol{A}^{(n)}$,例如,图 7-12 的邻接矩阵 A 的各次布尔乘幂分别为

$$A^{(1)} = \begin{bmatrix} 0 & 1 & 1 & 1 \\ 1 & 0 & 1 & 0 \\ 1 & 0 & 0 & 1 \\ 1 & 0 & 1 & 0 \end{bmatrix}, A^{(2)} = \begin{bmatrix} 0 & 1 & 1 & 1 \\ 1 & 0 & 1 & 0 \\ 1 & 0 & 0 & 1 \\ 1 & 0 & 1 & 0 \end{bmatrix}\begin{bmatrix} 0 & 1 & 1 & 1 \\ 1 & 0 & 1 & 0 \\ 1 & 0 & 0 & 1 \\ 1 & 0 & 1 & 0 \end{bmatrix} = \begin{bmatrix} 1 & 0 & 1 & 1 \\ 1 & 1 & 1 & 1 \\ 1 & 1 & 1 & 1 \\ 1 & 1 & 1 & 1 \end{bmatrix}$$

$$A^{(3)} = \begin{bmatrix} 0 & 1 & 1 & 1 \\ 1 & 0 & 1 & 0 \\ 1 & 0 & 0 & 1 \\ 1 & 0 & 1 & 0 \end{bmatrix}\begin{bmatrix} 1 & 0 & 1 & 1 \\ 1 & 1 & 1 & 1 \\ 1 & 1 & 1 & 1 \\ 1 & 1 & 1 & 1 \end{bmatrix} = \begin{bmatrix} 1 & 1 & 1 & 1 \\ 1 & 1 & 1 & 1 \\ 1 & 1 & 1 & 1 \\ 1 & 1 & 1 & 1 \end{bmatrix}, A^{(4)} = \begin{bmatrix} 1 & 1 & 1 & 1 \\ 1 & 1 & 1 & 1 \\ 1 & 1 & 1 & 1 \\ 1 & 1 & 1 & 1 \end{bmatrix}$$

可达矩阵 R 为

$$R = A \vee A^{(2)} \vee A^{(3)} \vee A^{(4)} = \begin{bmatrix} 1 & 1 & 1 & 1 \\ 1 & 1 & 1 & 1 \\ 1 & 1 & 1 & 1 \\ 1 & 1 & 1 & 1 \end{bmatrix}$$

7.3.3 图的连通性判断

关于有向图的连通性,有以下判断方法:

(1)G 是强连通的 $\Leftrightarrow R$ 是全 1 的矩阵.

(2)G 是单向连通的 $\Leftrightarrow R \vee R^T$ 除主对角线外均为 1.

(3)G 是弱连通的 $\Leftrightarrow$ 由邻接矩阵 A 确定的可达矩阵 $A \vee A^T$ 是全 1 矩阵.

(4)G 中有回路 $\Leftrightarrow R$ 的主对角线上最少有一个 $r_{ii} = 1$.

图 7-13 所示的邻接矩阵为

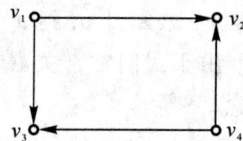

图 7-13

$$A = \begin{bmatrix} 0 & 1 & 0 & 1 \\ 0 & 0 & 0 & 0 \\ 0 & 1 & 0 & 1 \\ 0 & 0 & 0 & 0 \end{bmatrix}$$

$$A^{(2)} = \begin{bmatrix} 0 & 1 & 0 & 1 \\ 0 & 0 & 0 & 0 \\ 0 & 1 & 0 & 1 \\ 0 & 0 & 0 & 0 \end{bmatrix}\begin{bmatrix} 0 & 1 & 0 & 1 \\ 0 & 0 & 0 & 0 \\ 0 & 1 & 0 & 1 \\ 0 & 0 & 0 & 0 \end{bmatrix} = \begin{bmatrix} 0 & 0 & 0 & 0 \\ 0 & 0 & 0 & 0 \\ 0 & 0 & 0 & 0 \\ 0 & 0 & 0 & 0 \end{bmatrix}$$

$A^{(3)}, A^{(4)}$ 显然都是 0 矩阵,因此可达矩阵为

$$R = A \vee A^{(2)} \vee A^{(3)} \vee A^{(4)} = \begin{bmatrix} 0 & 1 & 0 & 1 \\ 0 & 0 & 0 & 0 \\ 0 & 1 & 0 & 1 \\ 0 & 0 & 0 & 0 \end{bmatrix}$$

由于 R 不是全 1 矩阵,所以图 7-13 不是强连通的. 又

$$R \vee R^T = \begin{bmatrix} 0 & 1 & 0 & 1 \\ 0 & 0 & 0 & 0 \\ 0 & 1 & 0 & 1 \\ 0 & 0 & 0 & 0 \end{bmatrix} \vee \begin{bmatrix} 0 & 0 & 0 & 0 \\ 1 & 0 & 1 & 0 \\ 0 & 0 & 0 & 0 \\ 1 & 0 & 1 & 0 \end{bmatrix} = \begin{bmatrix} 0 & 1 & 0 & 1 \\ 1 & 0 & 1 & 0 \\ 0 & 1 & 0 & 1 \\ 1 & 0 & 1 & 0 \end{bmatrix}$$

$R \vee R^T$ 除主对角线外不是全 1 矩阵,所以原图不是单向连通的.

记

$$B = A \vee A^T = \begin{bmatrix} 0 & 1 & 0 & 1 \\ 1 & 0 & 1 & 0 \\ 0 & 1 & 0 & 1 \\ 1 & 0 & 1 & 0 \end{bmatrix}$$

则

$$B^{(2)} = \begin{bmatrix} 0 & 1 & 0 & 1 \\ 1 & 0 & 1 & 0 \\ 0 & 1 & 0 & 1 \\ 1 & 0 & 1 & 0 \end{bmatrix} \begin{bmatrix} 0 & 1 & 0 & 1 \\ 1 & 0 & 1 & 0 \\ 0 & 1 & 0 & 1 \\ 1 & 0 & 1 & 0 \end{bmatrix} = \begin{bmatrix} 1 & 0 & 1 & 0 \\ 0 & 1 & 0 & 1 \\ 1 & 0 & 1 & 0 \\ 0 & 1 & 0 & 1 \end{bmatrix}$$

$$B^{(3)} = B, B^{(4)} = B^{(2)}$$

由于

$$B \vee B^{(2)} \vee B^{(3)} \vee B^{(4)} = \begin{bmatrix} 1 & 1 & 1 & 1 \\ 1 & 1 & 1 & 1 \\ 1 & 1 & 1 & 1 \\ 1 & 1 & 1 & 1 \end{bmatrix}$$

是全 1 矩阵,所以图 7-13 是弱连通的.

7.4 赋权图与最短路

7.4.1 基本概念

定义 7-17 设 $G = \langle V, E \rangle$ 是简单图,对每一边 $e \in E$,均有一正数 $W(e)$ 与之对应,称 W 是 G 的权函数,并称 G 为带权 W 的图,简称赋权图.

在实际问题中权 W 可代表两地间的距离、线路的安装费用或运输费用等.

定义 7-18 设 $\mu = e_1 e_2 \cdots e_k$ 是赋权图 G 的从 u 到 v 的一条路.定义 μ 的长度为

$$W(\mu) = \sum_{l=1}^{k} W(e_l)$$

从 u 到 v 的最短路 P 是指满足下述条件的路.

$$W(P) = \min\{W(\mu) \mid \mu \text{ 是从 } u \text{ 到 } v \text{ 的路}\}$$

由上述定义可以看出,当权函数值恒为 1 时,赋权图的路长与一般图的路长就一致了.可以把不带权的图看成是权为 1 的特殊情形.

7.4.2 Dijkstra 算法

有很多种求最短路的算法,本书介绍其中一种.1959 年 E. W. Dijkstra 提出了一种求最短路的算法,我们称之为 Dijkstra 算法,这种算法是至今公认的求最短路的最好方法之一.

给定赋权图 G,求 G 中从 v_0 到 t 的最短路径,Dijkstra 算法的基本思想是:将图 G 的节点集合 V 分成两部分,一部分为具有 P 标号的点集合;另一部分称为具有 T 标号的点集合.所谓节点 a 的 P 标号是指从 v_0 到 a 的最短路的路长;而节点 b 的 T 标号是指从 v_0 到 b 的边数不超过一定数目的最短路的路长. Dijkstra 算法中首先将 v_0 取为 P 标号节点,其余的节点均为 T 标号节点,然后逐步地将具有 T 标号的节点改为 P 标号节点,当给定的 t 也具有 P 标号时,则找到了一条 v_0 到 t 的最短路径.

现在给出 Dijkstra 算法的步骤.

第一步:先给 v_0 一个 P 标号,v_0 的 P 标号 $P(v_0)=0$,具有 P 标号点集合 $S=\{v_0\}$,其余节点 $\bar{S}=V-S$ 具有 T 标号,对于 $v_i \in \bar{S}$,T 标号为

$$T(v_i)=\begin{cases} W(v_o,v_i), & \text{当 } E \text{ 中有边}(v_0,v_i) \text{ 时} \\ \infty, & \text{当 } E \text{ 中没有边}(v_0,v_i) \text{ 时} \end{cases}$$

用 v'_i 表示 v_i 的紧前节点,则 $v'_i=v_0$.

第二步:寻找具有最小 T 标号的节点,假设具有最小 T 标号的节点为 v_1,即

$$T(v_1)=\min_{v_i \in \bar{S}}\{T(v_i)\}$$

把 v_1 的 T 标号改为 P 标号,即 $P(v_1)=T(v_1)$.

修改与 v_1 相邻的节点的 T 标号,即对任意 $v_i \in \bar{S}$,令

$$T(v_i)=\min \{T(v_i),P(v_1)+W(v_1,v_i)\}$$

用 v'_i 表示 v_i 的紧前节点,若大括号中前一项较小,则记为 $v'_i=v_o$,若后一项较小,则记为 $v'_i=v_1$.

第三步:转到第二步,反复上述过程,直到 t 具有 P 标号为止.

[**例 7-3**] 求图 7-14 所示的赋权图中从 v_0 到 v_5 的最短路径.

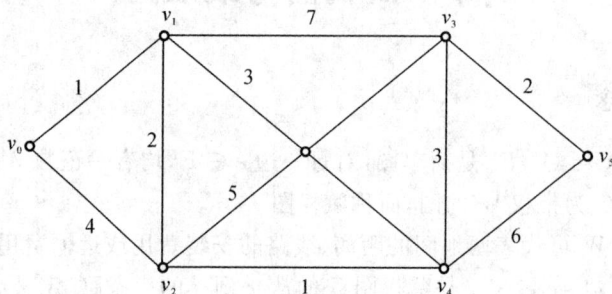

图　7-14

解 (1)$P(v_0)=0$

$T(v_1)=1,T(v_2)=4,T(v_3)=\infty,T(v_4)=\infty,T(v_5)=\infty,v'_i=v_0(i=1,\cdots,5)$

$S=\{v_0\},\bar{S}=\{v_1,v_2,v_3,v_4,v_5\}$

(2) $P(v_1)=\min_{v_i \in \bar{S}}\{T(v_i)\}=1$

　　$S=\{v_0,v_1\},\bar{S}=\{v_2,v_3,v_4,v_5\}$

　　$T(v_2)=\min \{T(v_2),P(v_1)+W(v_1,v_2)\}=\min \{4,1+2\}=3,v'_2=v_1$

　　$T(v_3)=\min \{T(v_3),P(v_1)+W(v_1,v_3)\}=\min \{\infty,1+7\}=8,v'_3=v_1$

　　$T(v_4)=\min \{T(v_4),P(v_1)+W(v_1,v_4)\}=\min \{\infty,1+3\}=4,v'_4=v_1$

　　$T(v_5)=\min \{T(v_5),P(v_1)+W(v_1,v_5)\}=\min \{\infty,1+\infty\}=\infty,v'_5=v_0$

(3) $P(v_2)=\min_{v_i \in \bar{S}}\{T(v_i)\}=3$

　　$S=\{v_0,v_1,v_2\},\bar{S}=\{v_3,v_4,v_5\}$

$$T(v_3) = \min\{T(v_3), P(v_2) + W(v_2, v_3)\} = \min\{8, 3+5\} = 8, v'_3 = v_1 \text{ 或 } v_2$$

$$T(v_4) = \min\{T(v_4), P(v_2) + W(v_2, v_4)\} = \min\{4, 3+1\} = 4, v'_4 = v_1 \text{ 或 } v_2$$

$$T(v_5) = \min\{T(v_5), P(v_2) + W(v_2, v_5)\} = \min\{\infty, 3+\infty\} = \infty, v'_5 = v_0$$

(4) $P(v_4) = \min\limits_{v_i \in S}\{T(v_i)\} = 4$

$$S = \{v_0, v_1, v_2, v_4\}, \bar{S} = \{v_3, v_5\}$$

$$T(v_3) = \min\{T(v_3), P(v_4) + W(v_4, v_3)\} = \min\{8, 4+3\} = 7, v'_3 = v_4$$

$$T(v_5) = \min\{T(v_5), P(v_4) + W(v_4, v_5)\} = \min\{\infty, 4+6\} = 10, v'_5 = v_4$$

(5) $P(v_3) = \min\{T(v_3), T(v_5)\} = 7$

$$S = \{v_0, v_1, v_2, v_3, v_4\}, \bar{S} = \{v_5\}$$

$$T(v_5) = \min\{T(v_5), P(v_3) + W(v_3, v_5)\} = \min\{10, 7+2\} = 9, v'_5 = v_3$$

(6) $P(v_5) = T(v_5) = 9$

至此, v_5 已有了 P 标号 9, 说明 v_0 到 v_5 的最短路径长为 9. 为了求最短路径, 在(5)中查得 $v'_5 = v_3$; 在(4)中查得 $v'_3 = v_4$; 在(3)中查得 $v'_4 = v_1$ 或 v_2; 在(2)中得 $v'_2 = v_1$; 在(1)中得 $v'_1 = v_0$. 所以两条最短路径为 $v_0 \to v_1 \to v_2 \to v_4 \to v_3 \to v_5$ 和 $v_0 \to v_1 \to v_4 \to v_3 \to v_5$.

7.5 欧拉图和哈密尔顿图

7.5.1 欧拉图

1736 年, 瑞士数学家列昂哈德·欧拉(Leonhard Euler)发表了图论的第一篇论文"哥尼斯堡七桥问题". 该问题是这样的: 哥尼斯堡城市有一条横贯全城的普雷格尔河, 城的各部分用 7 座桥联接, 每逢假日, 城市中居民进行环城逛游, 这样就产生了一个问题, 能不能设计一次"遍游", 使得从某地出发对每座桥只走一次, 而在遍游了 7 座桥后又回到原地? 如图 7-15 所示, 城的 4 个陆地部分分别标以 A, B, C, D, 将陆地设想为图的节点, 而把桥画成相应的关联边, 如图 7-16 所示, 上述问题即是此图的"一笔画问题". 一般地, 我们有下面定义:

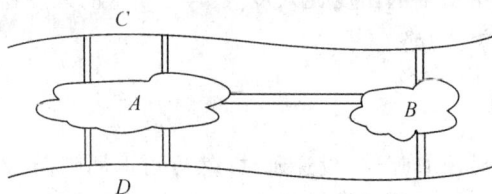

图　7-15

定义 7-19　给出连通图 G, 若存在一条路, 经过图中每边一次且仅一次, 则该条路称为欧拉路; 若欧拉路是回路, 则该条回路称为欧拉回路, 具有欧拉回路的图称为欧拉图.

定理 7-6　无向图 G 具有一条欧拉路(回路)的充分必要条件是 G 是连通的且具有两个或零个奇节点(或无奇节点).

证　必要性. 设 G 具有欧拉路, 而欧拉路是针对连通图而言的, 所以 G 必是连通的. 不妨设欧拉路为 $v_0 e_1 v_1 e_2 \cdots e_m v_m$, 对任一不是端点的节点 v_i, 在欧拉路中每当 v_i 出现一次, 必关联两条边, 故 v_i 虽可重复出现但 $\deg(v_i)$ 为偶数. 对于端点, 若 $v_0 = v_m$, 则 $\deg(v_0)$ 为偶数, 即 G

中无奇节点;若 $v_0 \neq v_m$,则 $\deg(v_0)$ 和 $\deg(v_m)$ 是奇数,即 G 中恰有两个奇节点.

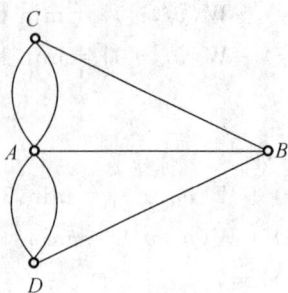

图 7-16

充分性. 若图 G 连通,有两个或零个奇节点,构造一条欧拉路(或回路)如下:

(1) 若有两个奇节点,从其中一点出发,沿未经过的边一直走下去,最后肯定停在另一奇节点;若有零个奇节点,从一点出发按照上法必回到该点. 走过的路记为 L_1.

(2) 若 L_1 经过了 G 的所有边,则 L_1 就是欧拉路.

(3) 若 G 中去掉 L_1 后得到子图 G',则 G' 中每个节点为偶节点. 因为 G 是连通的,故 L_1 与 G' 至少有一个节点 v_i 重合,在 G' 中由 v_i 出发重复(1)的做法必回到 v_i,得到 G' 中回路 L_2.

(4) 当 L_1 与 L_2 组合在一起恰为 G,则得到欧拉路. 否则重复(3)可得回路 L_3,以此类推,直到得到一条经过所有边的欧拉路.

推论 7-1 图 G 是欧拉图的充分必要条件是 G 连通且无奇节点.

有了欧拉路和欧拉回路的判别准则,哥尼斯堡七桥问题有了确切的答案. 由于奇节点有 4 个,所以不存在欧拉路和欧拉回路.

欧拉路和欧拉回路的概念可以推广到有向图中.

定义 7-20 给定有向图 G,通过图 G 中每边一次且仅一次的单向路(回路),称为单向欧拉路(回路).

定理 7-7 有向图 G 具有单向欧拉路的充要条件是每个节点的出度等于入度,或者有两个节点例外,而这两个节点中一个的出度比入度大 1,另一个的入度比出度大 1.

证明过程与定理 7-6 类似,略.

7.5.2 中国邮路问题

投递员的工作是:在邮局领取邮件,投递邮件,然后再返回邮局. 当然他必须走过他投递范围内的每一条街道,并设法选择一条最短的路线,山东师范学院管梅谷教授于 1962 年解决了这个问题. 国外图论著作将它命名为中国邮路问题.

中国邮路问题是与欧拉图及最短路径都有关的问题,用图论可解释为:在一个赋权图 G 中怎样寻找一个回路 C,使 C 包含图中的每条边至少一次,且具有最短的长度.

当 G 为欧拉图时,每条边可以只通过一次,此时欧拉回路必然具有最短长度. 但在一般情况下,赋权图未必是欧拉图,所以要求每条边恰好通过一次是办不到的,其中必定有某些边要通过两次或者更多次.

处理上述问题的基本思想是在赋权图中添加一些重复边(重复边上的权值与原来边上的权值相等,表示投递员第二次通过这条街),使得增加边后的赋权图能构成欧拉图. 问题的关键是应如何添加这些重复边,使得增加的重复边权的总和为最小.

如果赋权图 G 中只有两个奇节点,则可先求出这两个节点间的最短路径,然后将最短路径上的每条边重复一次得到一个新的赋权图 G',它是一个欧拉图,G' 中的欧拉回路必是要求的最短回路.

如图 7-17 所示,虚线表示添加的重复边.

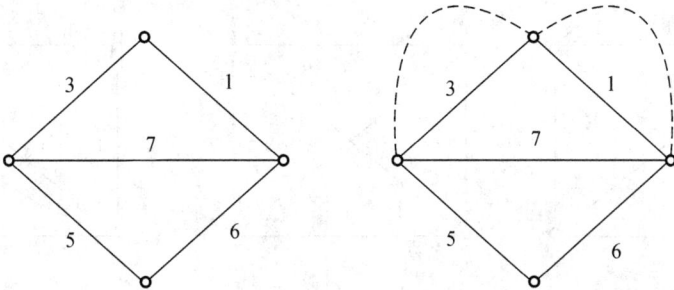

图 7-17

当赋权图中奇节点数目较多时,根据定理 7-2 知,奇节点的个数为偶数,将这些奇节点任意配对,每一对奇节点之间求最短路,按照上面方法添加边,可使所有节点的度为偶数,但这样会对有些边增加两条或更多的重复边,如图 7-18 所示的虚线,若将节点 a 与 c 配对,b 与 d 配对,分别求最短路并添加边,导致 (b,c) 边增加两条重复边.我们将 (b,c) 边的两条重复边全部去掉,得到的图仍然无奇节点.采取这种办法,可得到一欧拉图,其中每条边最多增加一条重复边.

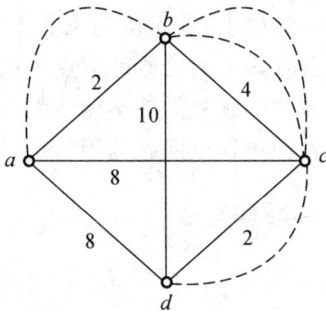

图 7-18

对于任一简单连通图 G,用上述办法添加重复边后得到欧拉图 G',在 G' 的任一初级回路上,若将重复边都删去,而在没有重复边的边上都加上重复边,那么 G' 中各节点的度数改变 0 或 2,这种做法不改变 G' 的欧拉图的性质.由此可知,当初级回路上重复边的长度之和超过此回路长度的一半时,可做上述改变,则重复边的长度之和减少,而欧拉图的性质不变.

总之,求解"中国邮路问题"时,先对赋权图 G 中每条边最多增加一条重复边,使其成为欧拉图,然后对每个初级回路进行比较、调整,最后求得解答.

求如图 7-19 所示的中国邮路问题,先将 a,b 配对,d,c 配对,求最短路,增加重复边 (a,b),(d,c),得到图 7-19(a);检查初级回路 $abcda$,由于该回路上重复边总长为 $8+9=17$,而回路长为 $5+7+8+9=29$,故将重复边删去,为回路上其他边添重复边,得到图 7-19(b);检查该

图中 $abca$，$acda$，$bcdb$，$badb$，$abcda$ 等 5 个初级回路,各回路上重复边的长度之和均未超过回路长的一半,但回路 $abdca$ 上的重复边的长度之和超过回路长的一半,进一步调整的结果是删除重复边 (a,d)，(b,c)，增加重复边 (a,c)，(d,b) 使其成为欧拉图,得到图 7-19(c).故图 7-19 的中国邮路问题的最优解为 49.

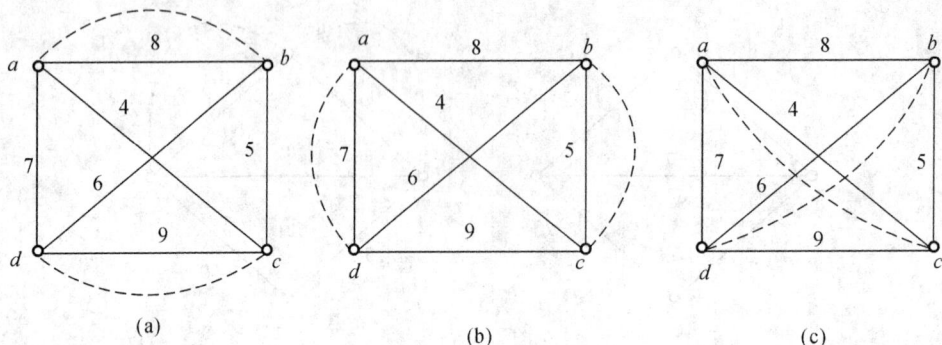

图　7-19

上述方法叫"奇偶点图上作业法".从上例可以看到,当节点个数较多时用这种方法工作量大,较繁琐,现在已有了更有效的方法,感兴趣的读者可查阅有关资料.

7.5.3　哈密尔顿图

与欧拉回路非常类似的问题是哈密尔顿回路的问题.1859 年,威廉·哈密尔顿(Hamilton) 爵士在给他的朋友的一封信中,首先谈到关于十二面体的一个数学游戏,能不能在图 7-20 中找到一条回路,使它含有这个图的所有节点? 他把每个节点看成一个城市,联结两个节点的边看成是交通线.于是他的问题就是能不能找到旅行路线,沿着交通线经过每个城市恰好一次,再回到原来的出发地? 他称这个问题为周游世界问题.按照图 7-20 中的编号,可以看出这样一条回路是存在的.

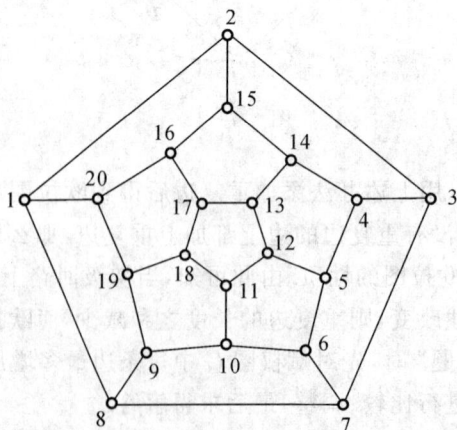

图　7-20

定义 7-21　给定图 G,若存在一条路经过图中的每个节点恰好一次,这条路称为哈密尔顿路;若存在一条回路,经过每个节点恰好一次;这条回路称为哈密尔顿回路.具有哈密尔顿回路的图称为哈密尔顿图.

如图 7-20 所示为一哈密尔顿图.

定理 7-8　若图 $G = \langle V, E \rangle$ 具有哈密尔顿回路,则对 V 的任何非空子集 S,均有

$$W(G - S) \leqslant |S|$$

其中 $W(G - S)$ 是 $G - S$ 的连通分支数.

证　设 C 是 G 的一条哈密尔顿回路,则对 V 的任何非空子集 S,在 C 中删去 S 的一个节点 a_1,则 $C - \{a_1\}$ 是连通的,若再删去 S 中的另一节点 a_2,则

$$W(C - \{a_1\} - \{a_2\}) \leqslant 2$$

由归纳法可得　　　　　　　　　　$$W(C - S) \leqslant |S|$$

由于 $C - S$ 是 $G - S$ 的一个生成子图,因而

$$W(G - S) \leqslant W(C - S) \leqslant |S|$$

利用定理 7-8 可以证明某些图不是哈密尔顿图.在图 7-21 中取 $S = \{e, f, g, h\}$,则 $G - S$ 中有 5 个分图,故图 7-21 不是哈密尔顿图.

定理中 $W(G - S) \leqslant |S|$ 是必要条件,不是充分条件,例如,如图 7-22 所示的图 G 满足这一条件,但它不是哈密尔顿图.

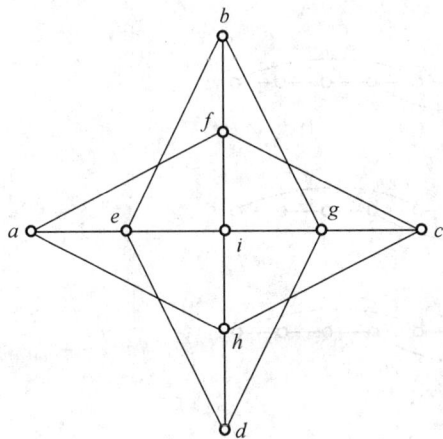

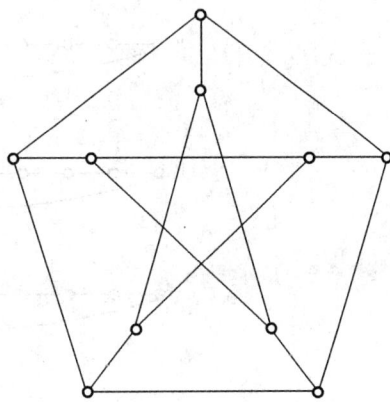

图　7-21　　　　　　　　　　　　　　图　7-22

下面给出一个无向图具有哈密尔顿路的充分条件.

定理 7-9　设 G 是具有 n 个节点的简单图,如果 G 中每一对节点度数之和大于等于 $n-1$,则在 G 中存在一条哈密尔顿路.

证　首先证明 G 是连通的.若 G 不连通,则可把图 G 的节点分为两部分,两部分的节点互不连通,设一个分图有 n_1 个节点,在其中任取一点 v_1,第二个分图有 n_2 个节点,在其中任取一点 v_2,因为 G 是简单图,所以

$$d(v_1) \leqslant n_1 - 1, \quad d(v_2) \leqslant n_2 - 1$$

从而有

$$d(v_1) + d(v_2) \leqslant n_1 + n_2 - 2 = n - 2$$

这与题设矛盾,故 G 必连通.

其次,从一条边出发构成一条路,证明它是哈密尔顿路.

设在 G 中已找到初级路 $v_1 v_2 \cdots v_p$,$p < n$,若节点 v_1 或 v_p 与这条路之外的节点邻接,则可扩展这条路使其含有 $p+1$ 个节点. 否则,v_1 和 v_p 均不与这条路之外的节点邻接,我们证明在这种情况下,存在一条回路包含节点 $v_1, v_2, \cdots, v_p$:若 v_1 邻接于 v_p,则 $v_1 v_2 \cdots v_p v_1$ 即为所求的回路. 否则,假设与 v_1 邻接的节点集是 $\{v_{i_1}, v_{i_2}, \cdots, v_{i_k}\}$,这里 $v_{i_1}, v_{i_2}, \cdots, v_{i_k}$ 均属于 $\{v_2, v_3, \cdots, v_{p-1}\}$,如果 v_p 与 $v_{i_1-1} v_{i_2 1}, \cdots, v_{i_k-1}$ 之一邻接,譬如 v_{i_j-1},如图 7-23(a) 所示,则 $v_1 v_2 \cdots v_{i_j-1} v_p \cdots v_{i_j} v_1$ 是所求的包含 $v_1, v_2, \cdots, v_p$ 的回路;假设 v_p 与 $v_{i_1-1}, \cdots v_{i_k-1}$ 中每一个不邻接,则 v_p 至多邻接 $p-k-1$ 个节点,即

$$\deg(v_p) \leqslant p - k - 1$$

而 $\deg(v_1) = k$,故

$$\deg(v_1) + \deg(v_p) \leqslant p - 1 < n - 1$$

这与题设矛盾.

至此,我们有包含所有节点 $v_1, v_2, \cdots, v_p$ 的一条初级回路. 因为 G 是连通的,所以在 G 中必有一个不属于该回路的节点 v_x 与 $v_1, v_2, \cdots, v_p$ 中某个节点 v_k 邻接,如图 7-23(b) 所示. 于是就得到一条包含 $p+1$ 个节点的初级路 $v_{k-1} \cdots v_1 v_{i_j} \cdots v_p v_{i_j-1} \cdots v_k v_x$,如图 7-23(c) 所示. 重复以上构造法,直至得到含有 n 个节点的初级路.

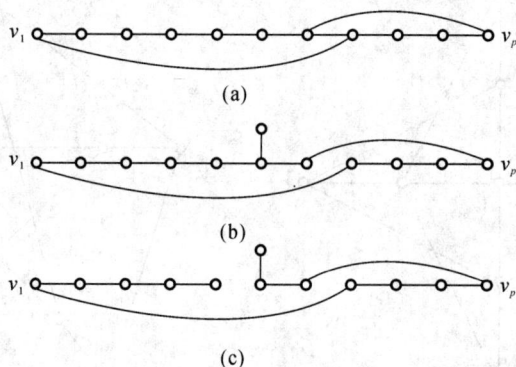

$$(a)$$

$$(b)$$

$$(c)$$

图　7-23

定理 7-10 设 G 是具有 n 个节点的简单图,如果 G 中每一对节点度数之和大于等于 n,则在 G 中存在一条哈密尔顿回路.

证明方法与定理 7-9 的证明方法类似,略.

定理 7-9 和定理 7-10 的条件是充分条件,但不是必要条件. 例如,如图 7-24 所示,图 G 不满足定理中的条件,但它显然存在哈密尔顿路.

设图 G 有 n 个节点,若将图 G 中度数之和大于等于 n 的非相邻节点连接起来,得到图 G',对图 G' 重复上述步骤,直到不再有这样的节点对为止,这样所得的图称为原图 G 的闭包.

例如,从图 7-25(a) 求闭图 7-25 包得到(b).

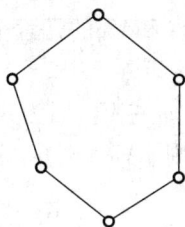
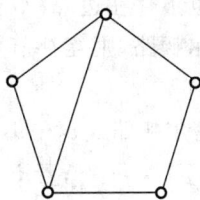
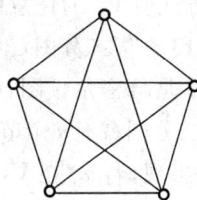

图 7-24

图 7-25

定理 7-11 当且仅当一个简单图的闭包是哈密尔顿图时,这个图是哈密尔顿图.

证明略.

7.6 二分图与平面图

7.6.1 二分图

定义 7-28 设 $G = \langle V, E \rangle$ 为简单无向图,如果存在 V 的一个划分 $\{V_1, V_2\}$,使得 G 中每一条边的一端在 V_1 中,另一端在 V_2 中,则称 G 为二分图,称 V_1, V_2 为互补节点子集.特别地,当 V_1 中的每一个节点都与 V_2 中的每一个节点邻接时,称此图为完全二分图,若 $|V_1| = m$, $|V_2| = n$,则将此完全二分图记为 $K_{m,n}$.

如图 7-26 所示是完全二分图 $K_{3,3}$.

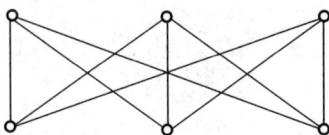

图 7-26

定理 7-12 设 $G = \langle V, E \rangle$ 为简单无向图,G 为二分图的充分必要条件是 G 中每一回路的长度都是偶数.

证 必要性.设 V_1, V_2 为 G 的互补节点子集,C 是 G 中一回路

$$C: v_0 \ v_1 \ v_2 \ \cdots \ v_k \ v_0$$

不妨设 $v_0 \in V_1$,则 $v_0, v_2, v_4 \cdots \in V_1$,$v_1, v_3, v_5, \cdots \in V_2$,因为由 v_0 出发,最后要回到 v_0,所以当 $v_k \in V_2$ 时说明 k 是奇数,而边有 $k+1$ 条,所以回路的长度为偶数.

充分性.设 G 是连通图,否则对 G 的每个连通分图进行证明.设 G 只含偶数长度的回路.定义互补节点子集 V_1, V_2 如下:

任取一节点 $V_0 \in V$,令

$$V_1 = \{ v \mid \text{从 } v_0 \text{ 到 } v \text{ 的距离是偶数} \}, v_2 = V - v_1$$

假设存在一条边 (v_i, v_j),而 v_i 和 $v_j \in V_2$,由于图是连通的,所以从 v_0 到 v_i 有一条最短路径,其长度为奇数;同理从 v_0 到 v_j 有一条长度为奇数的最短路径.于是由边 (v_i, v_j) 及以上两条最短路径构成的回路的长度为奇数,但这与题设矛盾.这就说明 V_2 的任意两节点间不存在

边.类似地,可证明 V_1 的任意两节点间也不存在边.故 G 是二分图.

定理 7-13 若二分图 G 中有哈密尔顿路,则互补节点子集 V_1 和 V_2 的元素个数最多相差 1;若二分图 G 是哈密尔顿图,则 $|V_1|=|V_2|$.

证 设二分图 G 有 n 个节点,有哈密尔顿路 $v_1v_2\cdots v_n$,不妨设 $v_1\in V_1$,因为路上节点在 V_1 和 V_2 中交替出现,若 v_n 在 V_2 中,则 $|V_1|=|V_2|$;若 $v_n\in V_1$,则 $|V_1|=|V_2|+1$.

同理可证,若二分图中有哈密尔顿回路时必有 $|V_1|=|V_2|$.

现在举几个例子说明如何运用定理 7-13 来排除有些图是哈密尔顿图的可能.

[例 7-4] 证明如图 7-27(a) 所示的图没有哈密尔顿路.

证 任取节点 a 标记为 A,所有与它邻接的节点标记为 B,所有与 B 邻接的节点标记为 A,依次标记下去,直到所有节点标为 A 或 B.如图 7-27(b) 所示,图中没有 A 与 A 相邻和 B 与 B 相邻的情形,令所有 A 节点组成的节点子集为 V_1,所有 B 节点组成的节点子集为 V_2,则原图是二分图,因为互补节点子集的基数 $|V_1|=3$,$|V_2|=5$,相差 2,根据定理 7-13,说明图中不存在哈密尔顿路.

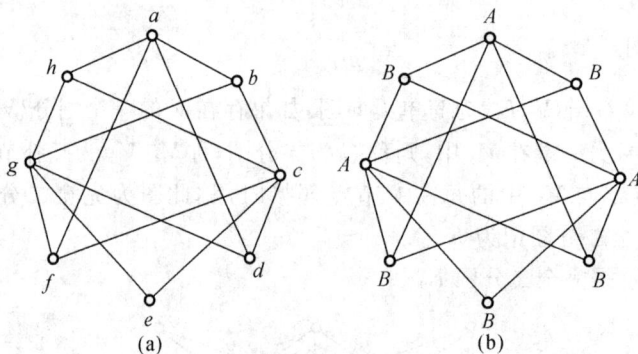

图 7-27

[例 7-5] 试说明图 7-28(a) 不是哈密尔顿图.

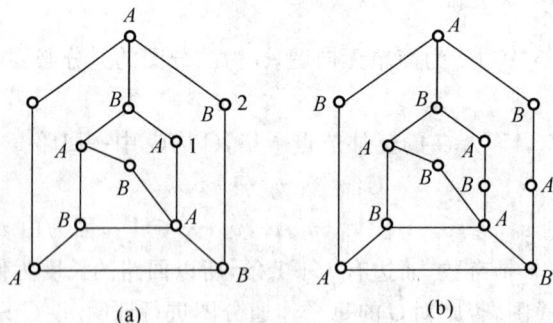

图 7-28

证 任取一节点标记为 A,相邻的标记为 B,各节点标完为止,如图 7-28(a) 所示,找出 A 与 A 相邻和 B 与 B 相邻的边.

当图中有哈密尔顿回路时,回路中各节点度大于等于 2,而将图中 (A,A) 边和 (B,B) 边去掉时,导致节点 1,2 的度为 1,所以若有哈密尔顿回路时,回路必经 (A,A) 和 (B,B) 边.对 A 与

A,B 与 B 中间分别加 B 节点和 A 节点,如图 $7-28$(b),不影响图中有无哈密尔顿回路. 图 $7-28$(b) 中已没有 A 与 A,B 与 B 相邻,它是一个二分图. 因为 A 节点有 6 个,B 节点有 7 个,根据定理 $7-13$ 可知,该图不是哈密尔顿图,从而图 $7-28$(a) 不是哈密尔顿图.

生产生活中的很多问题,例如,婚姻、工作分配和课程安排等,都可以用二分图表示. 借助于二分图的理论可以解决这些领域的许多问题. 由于篇幅的限制,本书不再讨论.

7.6.2 平面图

如图 $7-29$(a) 所示,(A,D) 和 (B,C) 边有交叉点,但若画成如图 $7-29$ (b) 的形状,则没有交叉点.

对于完全二分图 $K_{3,3}$ 来说,则无法使其边不相交地表示在平面上.

定义 7-29 设 $G=\langle V,E\rangle$ 是无向图,如果存在 G 的一种图示,使得任意两条边不相交,则称 G 为平面图.

例如,图 $7-29$ 为平面图,而图 $7-30$ 不是平面图.

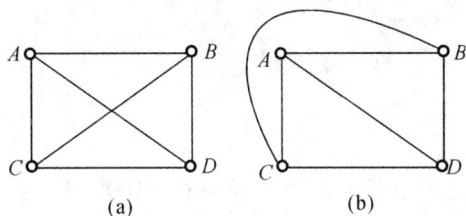 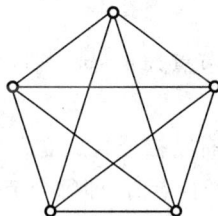

图　7-29　　　　　　图　7-30

定义 7-30 设 G 是一个平面图,若使其边不相交地表示在平面上,由图中的边所包围的区域内既不包含图的节点,也不包含图的边,这样的区域称为 G 的一个面,包围该面的诸边所构成的回路称为这个面的边界. 区域的面积有限时叫有限面,否则叫无限面.

直观地说,如果我们沿着平面图的边用剪刀去剪,把平面剪成若干块,每一块叫做平面图的一个面.

如图 $7-31$ 所示,平面图有 3 个面 Ⅰ,Ⅱ,Ⅲ,其中平面 Ⅲ 是无限面.

关于三维空间中凸多面体的顶点数 n,棱数 m 及面数 r 之间有一定的关系,这是欧拉发现的有趣公式,称为欧拉公式. 平面图同样满足欧拉公式.

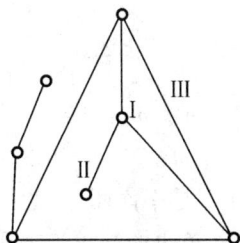

图　7-31

定理 7-14 设 G 为连通的平面图,节点数为 n,边数为 m,面数为 r,则有
$$n-m+r=2$$

证　对边数 m 用数学归纳法.

(1) 当 $m=1$ 时,对连通图来说只有下列两种情形,如图 $7-32$ 所示.

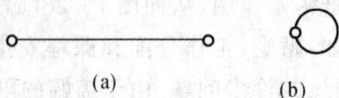

(a)　　　(b)

图　$7-32$

对图 $7-32$(a),$n=2,m=1,r=1$;对图 $7-32$(b),$n=1,m=1,r=2$.

显然都满足欧拉公式.

(2) 设当 $m=k-1$ 时,欧拉公式成立,现证明当 $m=k$ 时公式成立.

分两种情况讨论:

当 G 中有悬挂点 v_0 时,将 v_0 以及悬挂边删去,得到图 G',显然 G' 是连通的平面图,G' 有 $k-1$ 条边,由假设得,对 G' 欧拉公式成立.设 G' 的节点数与面数分别为 n',r',则有

$$n'-(k-1)+r'=2$$

由于 G 的节点数 $n=n'+1$,面数 $r=r'$,代入上式得

$$n-k+r=2$$

即对图 G 有欧拉公式成立.

当 G 中无悬挂点时,即每个节点的度大于等于 2,所以总可在 G 中找到一初级回路,在不包含其他回路的初级回路上删去一边,同时也减少了一面,得到图 G',由假设得,欧拉公式对 G' 成立,所以对 G 也成立.

欧拉公式说明,当节点数 n 和边数 m 已知时,连通平面图尽管在平面上图示的形式可能不同,但面的数目是由欧拉公式确定的.但对任一图 G,它是不是平面图还不能判别.当节点数较多时,用画图的办法也不容易确定,以下定理对我们的判别会有所帮助.

定理 7-15　设 $G=\langle V,E\rangle$ 是连通的简单平面图,$|V|=n$,$|E|=m$,当边数 $m\geqslant 2$ 时,必有 $m\leqslant 3n-6$.

证　当 $m=2$ 时,节点数 $n=3$,不等式成立.

当 $m>2$ 时,因为图是简单连通的,所以每个面最少由 3 条边所围成,一条边最多是两个面的边界,若将两个面的边界上的边重复计算,则作为边界的总边数 $\geqslant 3r,r$ 为面数.从而 $2m\geqslant 3r$,即

$$r\leqslant \frac{2}{3}m$$

根据欧拉公式　　　　　　　　　$n-m+r=2$

可得　　　　　　　　　　　　　$m\leqslant 3n-6$

利用定理 $7-15$,可判断图 $7-30$ 不是平面图.

定理 7-16　设 G 是有 n 个节点 m 条边的简单连通平面图,且每个面由 4 条及 4 条以上的边围成,则 $m\leqslant 2n-4$.

证　作为边界的总边数 $\geqslant 4r$,而任一边最多作为两个面的边界,所以有 $2m\geqslant 4r$,即

$$r\leqslant \frac{1}{2}m$$

代入欧拉公式可得 $m \leqslant 2n - 4$.

对于完全二分图 $K_{3,3}$,因为每一回路最少由 4 条边围成,假若是平面图,则满足定理 7-16 条件,但 $n = 6$,$m = 9$ 不满足公式 $m \leqslant 2n - 4$,矛盾. 这说明 $K_{3,3}$ 不是平面图.

从上面的例子看到,完全图 K_5 和完全二分图 $K_{3,3}$ 不是平面图,波兰数学家库拉托夫斯基给出了一个与这两个图有关的、判别平面图的充分必要条件.

定理 7-17 图 $G = \langle V, E \rangle$ 是平面图的充分必要条件是 G 中无一子图或无一经过 Kuratowski 变换之后的子图与 K_5 或 $K_{3,3}$ 同构.

证明从略.

此定理中 Kuratowski 变换是指:

(1) 当两节点间已有边时,在两节点间增加重复边或删去重复边,如图 7-33(a) 所示.

(2) 当两节点间已有边时,在边上增加一个节点,使一条边变为两条;若一节点的度为 2 时,可删去这个节点,使两条边变为一条边,如图 7-33(b) 所示.

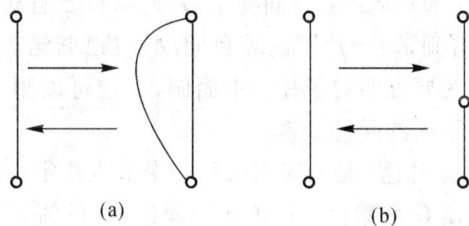

图 7-33

7.6.3 着色问题

与平面图有密切关系的是图形的着色问题,这个问题最早起源于地图的着色,一个地图中相邻国家着以不同的颜色,那么最少需用多少种颜色? 一百多年前,英国格色里提出了 4 种颜色即可对地图着色的猜想,1879 年肯普给出了这猜想的一个证明,但到 1890 年希伍德 (Hewood) 发现肯普的证明是错误的,但他指出用肯普的方法,可证明用 5 种颜色就够了. 此后 4 色猜想一直成为数学家感兴趣而未能解决的问题. 直到 1976 年美国数学家阿佩尔和黑肯宣布:他们用电子计算机证明了 4 色猜想是成立的. 所以从 1976 以后就把"4 色猜想"这个名词改成"四色定理"了.

为了叙述图形着色的有关定理,先介绍对偶图的概念.

定义 7-31 设 $G = \langle V, E \rangle$ 是一平面图,它的面为 $F_1, F_2, \cdots, F_r$,若有图 $G^* = \langle V^*, E^* \rangle$ 满足下述条件:

(1) 对于图 G 的任一面 F_i,内部有且仅有一个节点 $V_i^* \in V^*$.

(2) 对于图 G 的面 F_i 和 F_j 的公共边界 e_k,恰存在一条边 $e_k^* \in E^*$,使 $e_k^* = (v_i^*, v_j^*)$,且 e_k^* 与 e_k 相交.

(3) 当且仅当 e_k 只是一个面 F_i 的边界时,v_i^* 存在一个自回路 e_k^* 与 e_k 相交.

则称图 G^* 是图 G 的对偶图.

如图 7-34 所示,G 的边和节点分别用实线和 "。" 表示,而它的对偶图 G^* 的边和节点用虚线和"·"表示.

从对偶图的定义容易看到:如果 G^* 是平面图 G 的对偶图,则 G 也是 G^* 的对偶图.且 G^* 也是平面图.

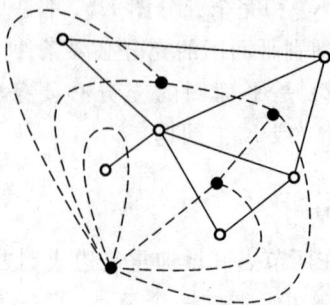

图 7-34

定义 7-32 如果图 G 的对偶图 G^* 同构于 G,则称 G 是自对偶图.

从对偶图的概念可以看到,对于地图的着色问题,可以归结为对于平面图节点的着色问题,因此 4 色问题可以归结为要证明对于任一平面图,一定可以用 4 种颜色,对它的节点进行着色,使得邻接的节点都有不同的颜色.

图 G 的正常着色(或简称着色)是指对它的每一个节点指定一种颜色,使得没有两个邻接的节点有同一种颜色.如果图 G 在着色时用了 n 种颜色,称 G 为 n 色的.将图 G 着色时需要的最少颜色数称为 G 的着色数,记作 $x(G)$.

虽然到现在还没有一个简单的方法,可以确定任一图 G 是否是 n 色的,但可用韦尔奇鲍·威尔法(Welch Powell)对图 G 进行着色,其方法是:

(1) 将图 G 中的节点按照度数的递减次序进行排列(这种排列可能不唯一,因为有些节点有相同的度数).

(2) 用第一种颜色对第一点着色,并且按排列次序,对与前面着色点不邻接的每一点着上同样的颜色.

(3) 用第二种颜色对尚未着色的点重复步骤(2),用第三种颜色继续这种做法,直到所有的点全部着上色为止.

[**例 7-6**] 用上述方法对图 7-35 着色.

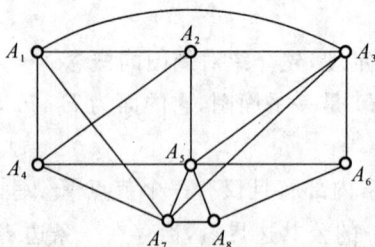

图 7-35

解 根据度数递减排列各点为 $A_5, A_3, A_7, A_1, A_2, A_4, A_6, A_8$.

(1) 用第一种颜色对 A_5 着色,并对不相邻的节点 A_1 也着第一种色.

（2）对节点 A_3 和与它不相邻的 A_4，A_8 着第二种色.

（3）对节点 A_7 和与它不相邻的 A_2，A_6 着第三种色.

因此 G 是 3 色的. 注意 G 不可能是 2 色的，因为 A_5，A_2，A_3 相互邻接，故必须着 3 种色，所以 $x(G)=3$.

定理 7 - 18　对于 n 个节点的完全图 K_n，有 $x(K_n)=n$.

证　因为完全图的每一个节点与其他各节点都邻接，故 n 个节点的着色数不能少于 n，又 n 个节点的着色数至多为 n，故 $x(K_n)=n$.

定理 7 - 19　设 G 为一个至少具有 3 个节点的连通平面图，则 G 中必有一个节点 u，使得 $\deg(u)\leqslant 5$.

证　设 $G=\langle V,E\rangle$，$|V|=n$，$|E|=m$. 假设对 G 的每一个节点 u，都有 $\deg(u)\geqslant 6$，又因为

$$\sum_{i=1}^{n}\deg(v_i)=2m$$

所以 $2m\geqslant 6n$，于是

$$m\geqslant 3n>3n-6$$

这与定理 7 - 15 矛盾. 这矛盾说明最少有一节点 u 使 $\deg(u)\leqslant 5$.

定理 7 - 20　任一平面图 G 最多是 5 色的.

证　当 $n=1,2,3,4,5$ 时，显然成立.

设 $n=k$ 时成立，现考查 $n=k+1$ 时，由定理 7 - 19 知，存在节点 u，使 $\deg(u)\leqslant 5$，在图 G 中删去 u，得到 $G-\{u\}$. 由归纳法假设知，此时定理成立.

现将 u 加入到 $G-\{u\}$ 中，若 $\deg(u)<5$，则与 u 邻接的节点数不超过 4，故必可对 u 正常着色，得到一个最多是 5 色的图 G.

若 $\deg(u)=5$，设 u 与邻接的节点按逆时针排列为 v_1,v_2,v_3,v_4,v_5，它们分别着不同的颜色 C_1,C_2,C_3,C_4,C_5，如图 7 - 36 所示. 令 H 为 $G-\{u\}$ 中所有着 C_1 与 C_3 的节点集合，F 为 $G-\{u\}$ 中着 C_2 和 C_4 的所有节点集合.

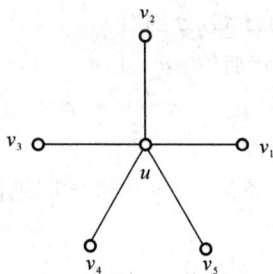

图　7 - 36

（1）若 v_1 与 v_3 属于节点集 H 所导出子图的不同的两分支中，将 v_1 所在分图中的 C_1，C_3 两种颜色对调，并不影响图 $G-\{u\}$ 的正常着色，然后在 u 上着 C_1 色，即得图 G 是 5 色的。

（2）若 c_1 与 v_3 属于节点集 H 所导出子图的同一连通分支中，那么从 v_1 到 v_3 必有一条路 P，P 上的各个节点都是着 C_1 或 C_3 色. 路 P 与边 (u,v_1)，(u,v_3) 一起构成了一条回路 L，它包围了 v_2 或 v_4，但不能同时包围 v_2 和 v_4，故 v_2 和 v_4 分别属于节点集 F 所导出子图的两个不同

的连通分支中。因此,在包围 v_2 的连通分支中将 C_2 和 C_4 颜色对调并不会影响 $G-\{u\}$ 的正常着色,那点 v_2 与 v_4 都有了 C_4 色,故对 v_5 着 C_2 色,即可得到 5 色图 G。

7.7 树及其应用

7.7.1 树的等价定义

树是图论中重要的概念之一,它在计算机科学中有着广泛的应用. 本节讨论无向图中的树.

定义 7-33 设 G 是一连通的无回路的图,则称 G 为一棵树.树中度为 1 的节点称为树叶,度数大于 1 的节点称为分枝点或内点.若干个不连通的树称为森林.

定理 7-21 设 $G=\langle V, E \rangle$ 是一图,$|V|=n$,$|E|=m$,以下关于树的定义是等价的.

(1) 无回路的连通图.

(2) 无回路且 $m=n-1$.

(3) 连通且 $m=n-1$.

(4) 无回路,但任添一边恰有一回路.

(5) 连通,但任删去一边则不连通.

(6) 任意两节点间恰有一条路.

证 (1)⇒(2),只需证 $m=n-1$.

对 n 用数学归纳法:当 $n=1$ 时 $m=0$,命题成立.

假设当 $n=k-1$ 时命题成立. 则当 $n=k$ 时,因为无回路且连通,从任一节点开始,沿着未经过的边一直向前,最后必然会停止在度为 1 的节点 u(否则会出现回路). 记与 u 关联的边为 (v, u),删去该边和 u 后,余下的图是 $k-1$ 个节点,由假设知,余下的图有 $k-2$ 条边. 从而说明图 G 有 k 个节点 $k-1$ 条边.

(2)⇒(3),只需证 G 是连通的.

若 G 不连通,设 G 有 k 个连通的分支,分别有 $n_1, n_2, \cdots, n_k$ 个节点,因为每个连通分支无回路且连通,由(1)⇒(2),各分图边数分别为 $n_1-1, n_2-1, \cdots, n_k-1$,总边数为

$$n_1 + n_2 + \cdots + n_k - k = n-k$$

与(2)的条件不符,这说明 G 是连通的.

(3)⇒(4). 若 G 连通且有 $n-1$ 条边,对 n 用数学归纳法:当 $n=2$ 时,G 有 1 条边,再加边是重复边,恰形成一回路.

假设 $n=k-1$ 时命题成立. 当 $n=k$ 时,由 G 连通知,任一节点的度大于等于 1. 说明必有一节点的度为 1,否则

$$2m = \sum_{j=1}^{n} \deg(v_i) \geqslant 2n$$

即 $m \geqslant n$,这与 $m=n-1$ 矛盾.

将度为 1 的节点连同关联边去掉,余下的图 C' 有 $k-1$ 个节点,$k-2$ 条边,由假设 G' 无回路,若添上悬挂点及关联边显然仍无回路. 因为 G 是连通的,故添一边条后形成回路,假若形成两条不同回路,这两条回路都经过新加的边,所以去掉新边后仍得一回路,这与刚才证明的无

回路矛盾,故添一边恰有一回路.

(4)⇒(5).若图 G 不连通,则存在节点 u,v,它们之间没有路,因此增加边 (u,v) 后不会产生回路,这与(4)矛盾,故 G 连通.又由(4)知 G 无回路,所以删去一条边后图就不连通.

(5)⇒(6).若 G 连通,任一对节点间必有路,假若节点 u,v 间有两条不同的路,则合起来形成一回路,删去回路中一条边,图仍然是连通的,这与(5)矛盾,故任意两节点间恰有一条路.

(6)⇒(1).若 G 中任意两节点间恰有一条路,则 G 是连通的.假设 G 中有回路,则与任意两节点间有唯一路矛盾,故 G 无回路.

定理 7-22 任何一棵树($n \geqslant 2$),最少有两片树叶.

证 设 $G = \langle V,E \rangle$ 有 n 个节点,m 条边,因为树是连通图,所以每一节点的度大于等于 1,若 G 中只有一个节点度为 1,则

$$2m = \sum_{v_i \in V} \deg(v_i) \geqslant 2(n-1) + 1 = 2n - 1$$

这与树的 $m = n - 1$ 矛盾,故最少有两个节点的度为 1,即最少有两片树叶.

7.7.2 生成树

定义 7-34 若图 G 的生成子图是一棵树,则该树称为 G 的生成树.

定理 7-23 设 $G = \langle V,E \rangle$ 是一个无向图,G 中有生成树的充要条件是 G 为连通图.

证 必要性是显然的.

现证充分性.设 G 是连通图,若 G 中无回路,则 G 就是生成树;若 G 中有回路,删除回路中一条边,得 $G' = \langle V,E' \rangle$,$G'$ 显然也连通.此时若 G' 中无回路,则 G' 便是 G 的生成树;否则继续上面的做法,直到图中无回路为止.

定理的证明过程不仅说明连通图有生成树,而且给出了求生成树的一种方法,这种逐步删除边破除回路的方法叫破圈法.

另外一种求生成树的方法叫避圈法,步骤如下:

(1) 在图 G 中任取一边 e_1,令 $T = \{e_1\}$,$i = 1$.

(2) 在 E 中任取一边 e,若 $T \cup \{e\}$ 无回路,则 $T = T \cup \{e\}$,$i = i + 1$;否则舍去 e,在 E 中另寻求边使 $T \cup \{e\}$ 无回路.

(3) 若 $i = n - 1$,结束;否则转(2).

定义 7-35 设 $G = \langle V,E,W \rangle$ 是一赋权图,若 $T = \{e_1,\cdots,e_{n-1}\}$ 是 G 的一棵生成树,定义

$$W(T) = \sum_{i=1}^{n-1} W(e_i)$$

若 T_0 是 G 的一棵生成树,使

$$W(T_0) = \min\{W(T) \mid T \text{ 是 } G \text{ 的生成树}\}$$

则称 T_0 是 G 的最小生成树.

现在介绍两种求连通图 G 的最小生成树的算法.

(1)Kruskal 算法.

1)将 G 中各边按权值从小到大排队为 $e_1,e_2,\cdots,e_m$ $(W(e_i) \leqslant W(e_{i+1}))$.

2)$i \leftarrow 1$,$k \leftarrow 1$,$T \leftarrow \{e_1\}$.

3)$k \leftarrow k + 1$,若 $T \cup \{e_k\}$ 无回路,则 $i \leftarrow i + 1$,$T \leftarrow T \cup \{e_k\}$,转(4);否则转(3).

4) 若 $i = n - 1$, 结束; 否则转(3).

关于 Kruskal 算法的正确性, 证明如下:

证 设利用 Kruskal 算法得到生成树为

$$T_0 = \{e_1, e_2, \cdots, e_{n-1}\}$$

对于 G 中任一异于 T_0 的生成树 T, 定义函数

$$f(T) = \min\{i \mid e_i \notin T\}$$

用反证法. 假设 T_0 不是 G 的最小生成树, 那么 G 的最小生成树都不同于 T_0, 选 T 为 G 的最小生成树, 并要求 $f(T)$ 尽可能大. 设 $f(T) = k$, 则 $e_1, e_2, \cdots, e_{k-1}$ 同时属于 T_0 和 T, 但 $e_k \notin T$, 于是 $T \cup \{e_k\}$ 恰有一回路 C, 显然 C 上各边不能都在 T_0 中. 设 e'_k 是 C 上的一条不在 T_0 中的边, 这时

$$T' = (T \cup \{e_k\}) - \{e'_k\}$$

是具有 $n - 1$ 条边的连通图, 于是 T' 是 G 的另外一棵生成树, 且

$$W(T') = W(T) + W(e_k) - W(e'_k)$$

注意到, 证明 Kruskal 算法的过程, e_k 是除 $e_1, e_2, \cdots, e_{k-1}$ 外具有最小权值且使得 $\{e_1, e_2, \cdots, e_{k-1}, e_k\}$ 无回路的一条边, 而因为 $\{e_1, e_2, \cdots, e_{k-1}, e'_k\}$ 是 T 的子图, 也不会形成回路, 所以

$$W(e'_k) \geqslant W(e_k)$$

由此得 $W(T') \geqslant W(T)$.

于是 T' 也是 G 的一棵最小生成树, 但

$$f(T') \geqslant k = f(T)$$

这与 T 的选法矛盾. 此矛盾说明 T_0 是最小生成树.

如图 $7 - 37$(b) $\sim$ (f) 所示为用 Krustal 算法求图 $7 - 37$(a) 的最小生成树的过程.

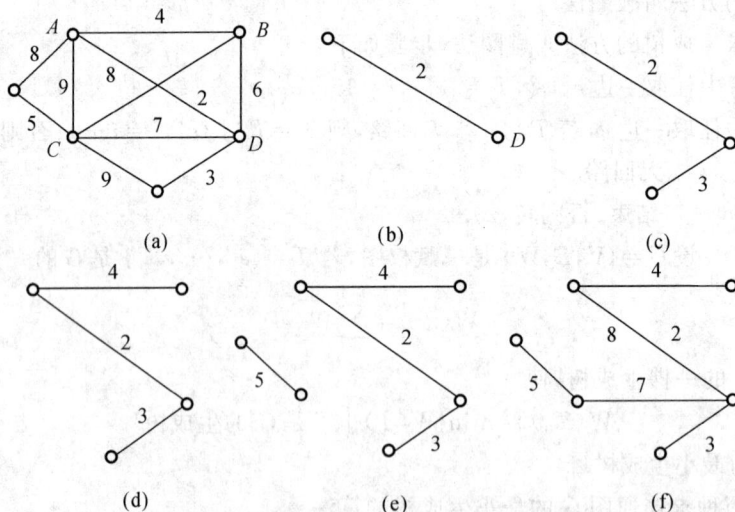

图 $7 - 37$

(2) 破圈法.

1) $T \leftarrow G$.

2) 若 T 中无回路,则 T 已是最小生成树,结束;否则转 3).

3) 设 C 是 T 的一个回路,选取 C 上具有权值最大的边 e,将 e 删除,即 $T \leftarrow T - \{e\}$,转 2).

对图 7 - 38(a) 用破圈法找最小生成树,如图 7 - 38(b) ～ (f) 所示.

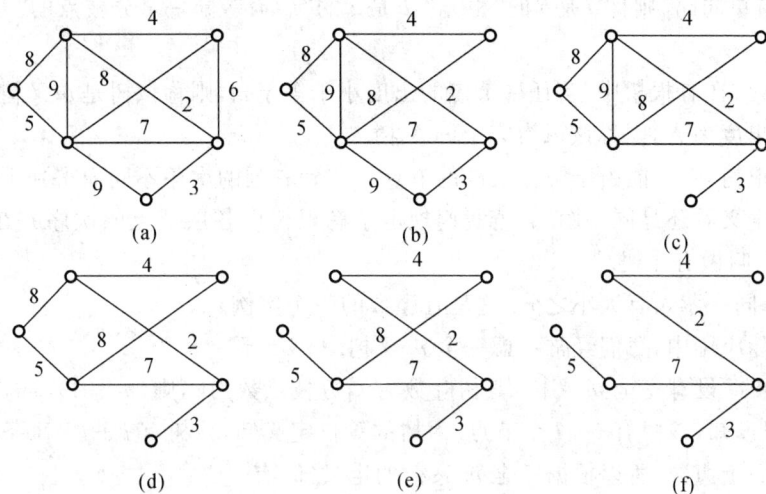

图 7 - 38

7.7.3 根树及其应用

前文我们讨论的树是针对无向图而言的,现在讨论有向图中的树.

定义 7 - 36 如果一个有向图在不考虑边的方向时是一棵树,那么这个有向图称为有向树.

在有向树中,我们特别感兴趣的是有根树.

定义 7 - 37 一棵有向树,如果恰有一个节点的入度为 0,其余所有节点的入度都为 1,则称为有根树.入度为 0 的节点称为根,出度为 0 的节点称为叶,出度不为 0 的节点称为分枝点或内点.

例如,如图 7 - 39(a) 所示为一棵根树.其中 a 是树根,e,m,h,j,k,l,f,b 是树叶,c,d,g,i 是分枝点.表示有根树一般将树根画在上边,箭头全部朝下,此时可将箭头全部舍去,如图 7 - 39(b) 所示.

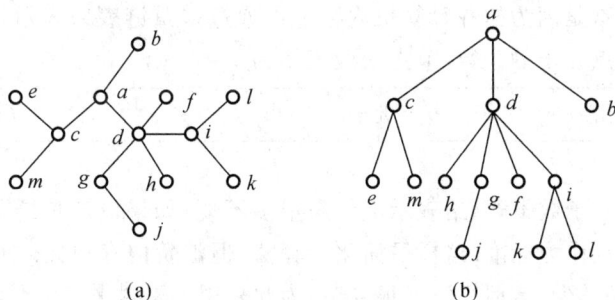

图 7 - 39

在有根树中,任一节点 v 的层次是指从根到该节点的单向路径的长度,如在图 7 - 39(b)

中,节点 c,d,b 的层次为 1,节点 e,m,h,g,f,i 的层次为 2,节点 j,k,l 的层次为 3,习惯上我们将层次相同的节点画在同一水平线上.最大层次叫做树的高.

在有根树中,若从节点 u 到 v 有一条弧,则节点 u 称为 v 的"父亲",v 称为 u 的"儿子".假若从节点 a 到 b 有单向路,则称 a 是 b 的"祖先",b 是 a 的"后裔",同一个分枝点的"儿子"称为"兄弟".

定义 7-38 在有根树中,若任一节点的出度小于等于 m,则称该树是 m 叉树;如果除树叶外每一节点的出度为 m,则称该树为完全 m 叉树.

对同一有根树 T,可能由于同一层次的节点从左到右画的次序不同而得到不同的形式,当然从有根树的定义看还是同一图.假若我们规定了有根树中各层节点的次序并在图中从左到右表示,则树 T 叫做有序树.

在家族中,同一辈人有大小之分,这是有序数的一个实例.

在树的实际应用中,我们经常考虑完全 m 叉树.

定理 7-24 设有完全 m 叉树,其树叶数为 t,分枝点数为 i,则 $(m-1)i=t-1$.

证 由假设知,该树有 $i+t$ 个节点.由树的等价定义知,该树有 $i+t-1$ 条边.因为所有节点出度之和等于边数,所以根据完全 m 叉树的定义知,有

$$mi=i+t-1$$

即

$$(m-1)i=t-1$$

[例 7-7] 设有 28 盏灯,拟共用一个电源插座,问需用多少块具有 4 插座的接线板?

解 将 4 插座的每个分枝点看做是具有 4 插座的接线板,树叶看做电灯,则有

$$(4-1)i=28-1$$

解得 $i=9$,所以需要 9 块具有 4 插座的接线板.

[例 7-8] 假设有一台计算机,它有一条加法指令,可计算 3 个数的和,如果要计算 9 个数的和,至少要执行几次加法指令?

解 如果把 9 个数看做是完全 3 叉树的 9 片树叶,则

$$(3-1)i=9-1$$

解得 $i=4$,所以需要执行 4 次加法指令.

把有序的二叉树简称二叉树.任何一棵有序树都可表示成二叉树,那么为什么要把一般有序树化成二叉树呢? 这是因为树在计算机内存中可通过多重链表来表示,每个链节点的域的个数依赖于树中该节点儿子的个数.节点一般表示为

数据	儿子$_1$	儿子$_2$	...	儿子$_n$

由于每个节点的儿子数不等,给表示上带来很多不便,如果以定长链节点的链表示树,就需以儿子数最多的节点作为标准.这样虽简化了算法,但浪费内存单元.如果以节点实际占用内存数来表示树,内存是少了,但算法又很复杂,为此采用二叉树来表示树,不仅算法简单而且还节省内存.

将任意有序树转化为二叉树的一般步骤是:

(1) 从根开始,保留每个父亲与其左儿子的连线,删去与别的儿子的连线.

(2) 兄弟间加线邻接.

(3) 直接处于给定节点下面的节点作为左儿子;同一水平线上与给定节点右邻的节点作为右儿子.

例如,图 7－40(a) 经第(1),(2) 步后变为(b),(b) 经第(3) 步后成为(c).

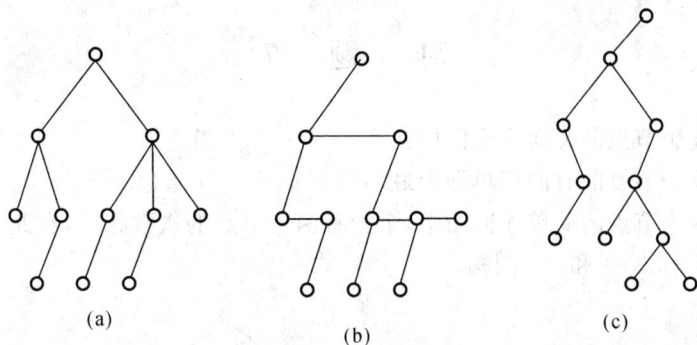

(a)　　　　　　　　(b)　　　　　　　　(c)

图　　7－40

将森林转换成二叉树时,可把每个树根画在同一水平线上,看做兄弟,用水平线连起来,其他做法与上述 3 步相同.

作为二叉树的一个应用,我们下面介绍有关前缀码的问题.

发电报时都以一个固定长度的二进制数字串来表示一个字,然后用译码本来识别电报的内容.这里存在着一个问题,即一些常用的和不常用的字都需要同样长度的编码来发报,浪费了一定的人力和时间,为此人们希望将一些常用的字的编码缩短,以提高发报和收报的效率.当使用不同长度的编码来表示字时,必然要考虑到如何对接收到的字符串进行译码的问题,称这样的问题为前缀码问题.

定义 7－39　给定一个序列集合,若没有一个序列是另一序列的前缀,该序列集合称为前缀码.

例如,$\{000,001,1,01\}$ 是前缀码,而 $\{010,01,110,11\}$ 不是前缀码.

定理 7－25　任意一棵二叉树的树叶可对应一个前缀码.

证　给定一个二叉树,从每一个分枝点引出两条边,对左侧边标以 0,右侧边标以 1,则每片树叶可标定一个 0 和 1 的序列,它是由树根到这片树叶的路上各边标号所组成的序列,显然没有一片树叶的标定序列是另一树叶标定序列的前缀.因此二叉树的树叶可对应一个前缀码.

定理 7－26　任何一个前缀码都对应一棵二叉树.

证　设给定一个前缀码,h 表示前缀码中最长序列的长度.画出一个高度为 h 的二叉树,每片树叶的层次为 h,并给每个分枝点射出的两条边标以 0 和 1,这样每个节点可标定一个二进制序列,它由树根到该节点的路上经过的边所确定.因此,对于长度不超过 h 的二进制序列必对应一节点.对于前缀码中序列对应的节点,给予一个标记,并将该节点射出的边及后裔全部删去,这样得到一棵二叉树.它的树叶就对应给定的前缀码.

例如,给定前缀码 $\{000,001,01,1\}$,对应的二叉树如图 7－41 所

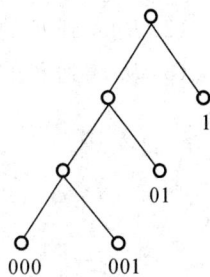

图　　7－41

示。对上述前缀码,设有二进制序列 0001001101110110,则可译为

$$000,1,001,1,01,1,1,01,001$$

进一步还可以考虑怎样设计一个最好的前缀码使发报的时间最短,这就是构造 Huffman 树的问题,有兴趣的读者可参阅有关资料.

习 题 7

1. 证明:在 n 个节点的无向完全图中共有 $n(n-1)/2$ 条边.

2. 证明:在 n 个节点的有向简单图中最多只有 $n(n-1)$ 条边.

3. 证明:在 n 个节点的简单无向图中,至少有两个节点的次数相同,在此 $n \geqslant 2$.

4. 证明:图 7-42(a) 和(b) 同构.

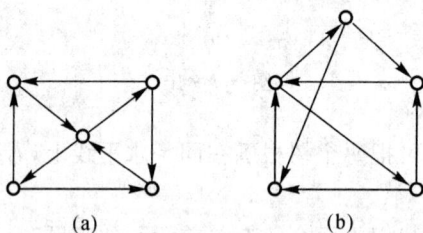

图 7-42

5. 证明:图 7-43 中两个图不同构.

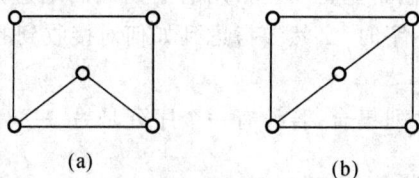

图 7-43

6. 求出图 7-44 的补图.

7. 一个图如果同构于它的补图,则该图称为自补图,试给出一个 5 个节点的自补图.

8. 分析图 7-45,求:

(1) 从 A 到 F 的所有简单路.

(2) 从 A 到 F 的所有初级路.

(3) 从 A 到 F 的距离.

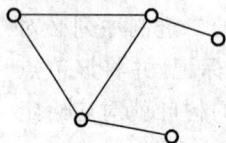

图 7-44

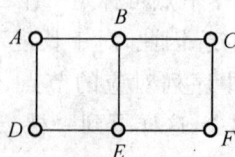

图 7-45

9.求出所有具有 4 个节点的简单无向连通图.

10.试证明:若图 G 是不连通的,则 G 的补图 $\overline{G}$ 连通.

11.若无向图 G 中恰有两个奇节点,则这两节点间必有一条路.

12.求出图 7-46 中有向图的邻接矩阵 A,找出从 v_1 到 v_4 长度为 2 和 4 的路.用计算 A^2,A^3, A^4 来验证你的结论.

13.求图 7-47 中有向图的可达矩阵 R.

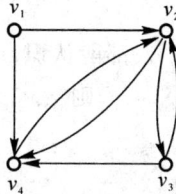 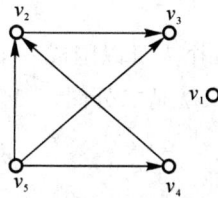

图 7-46 图 7-47

14.利用 Dijkstra 算法,求出图 7-48 中从 u 到 v 的所有最短路及路的长度.

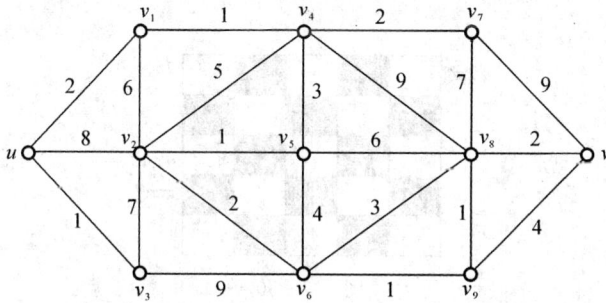

图 7-48

15.(1)画一个图,使它既有一条欧拉回路又有一条哈密尔顿回路.

(2)画一个图,使它有一条欧拉回路,但没有哈密尔顿回路.

(3)画一个图,使它既无欧拉回路又无哈密尔顿回路.

(4)画一个图,使它没有欧拉回路但有一条哈密尔顿回路.

16.证明如图 7-49 所示的两个图不是哈密尔顿图.

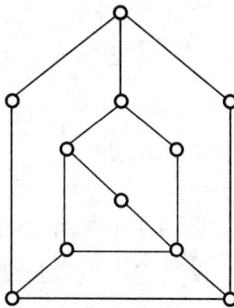 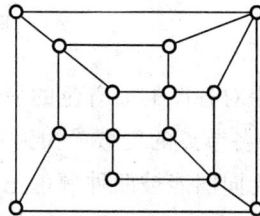

图 7-49

17. 有 7 位客人入席，A 只会讲英语；B 会讲汉语及英语；C 会讲英语、意大利语及俄语；D 会讲汉语及日语；E 会讲意大利语及德语；F 会讲法语、日语及俄语；G 会讲德语和法语. 问：主人能否把诸位安排在一张圆桌上，使每一位客人与左右邻不用翻译便可交谈？若能安排，请给出一个方案.

18. 假设在一次集会上，任意两个人合起来能够认识其余的 $n-2$ 个人. 证明：

(1) 当 $n \geqslant 3$ 时，这 n 个人可以排成一行，使得除排头与排尾外，其余的每个人都能认识自己的左右邻.

(2) 当 $n \geqslant 4$ 时，这 n 个人可以围成一个圈，使每个人都能认识自己的左右邻.

19. 证明：若 $G = \langle V, E \rangle$ 是二分图，$|V| = n$，$|E| = m$，则

$$m \leqslant \frac{n^2}{4}$$

20. 某展览会共有 25 个展室，布置如图 7-50 所示，有阴影的展室陈列实物，无阴影的展室陈列图片，邻室之间均有门可通. 有人希望每个展室都恰去一次，你能否为他设计一个路线？

图　7-50

21. 画出图 7-51 中各图的对偶图.

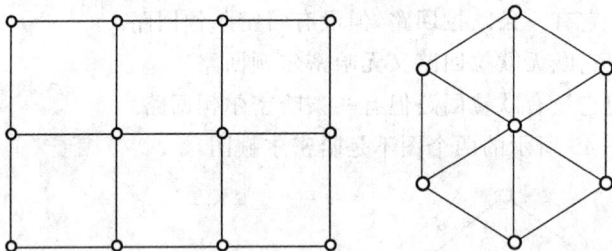

图　7-51

22. 求出题 21 中对各图的面着色的最少色数.

23. 假设图 G 中各节点的度数最大为 n，证明 $x(G) \leqslant n+1$，其中 $x(G)$ 是图 G 的色数.

24. 证明：一个无向图能被两种颜色正常着色，当且仅当它不包含长度为奇数的回路.

25. 证明：小于 30 条边的平面简单图有一个节点的度数小于等于 4.

26. 证明：当每个节点的度数大于等于 3 时，不存在有 7 条边的简单连通平面图.

27. 在由 $(r+1)^2$ 个节点构成的 r^2 个正方形网格所组成的平面图上,验证欧拉公式的正确性.

28. 证明:在 6 个节点 12 条边的简单连通平面图中,每个面由 3 个边围成.

29. 设 G 为简单连通平面图,若 G 的节点最小度 $\delta(G)=4$,证明:G 中至少有 6 个节点的度数小于等于 5.

30. 证明:树是只有一个面的平面图.

31. 请画出有 6 个节点的各种不同构的自由树.

32. 一棵树有两个节点度数为 2,一个节点度数为 3,3 个节点度数为 4,求它有几个度数为 1 的节点.

33. 在一棵树中,度数为 2 的节点有 n_2 个,度数为 3 的节点有 n_3 个,$\cdots$,度数为 k 的节点有 n_k 个,求它有几个度数为 1 的节点.

34. 设 $G=\langle V,E\rangle$ 是连通无向图,$|V|=n$,$|E|=m$,试证明 $m\geq n-1$.

35. 证明:若 $G=\langle V,E\rangle$ 是无向图,$|V|=n$,$|E|=m$,且 $n\leq m$,则 G 中必有回路.

36. 求出图 7-52 中全部生成树.

37. 设 $G=\langle V,E\rangle$ 为有向图,若 G 在弱连通意义下无回路,证明 G 中必有入度为 0 的节点,且 G 中必有出度为 0 的节点.

38. 求图 7-53 中的最小生成树.

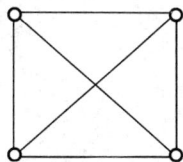

图　7-52

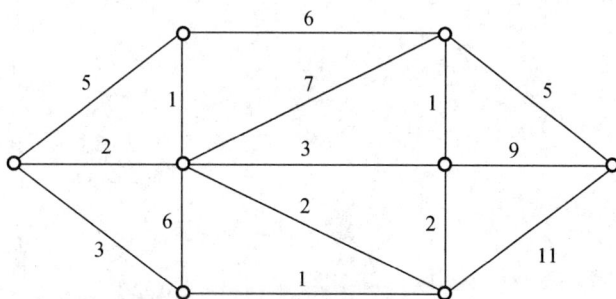

图　7-53

39. 设 T 为二叉树,试证:

(1) T 的第 l 层上的节点总数不超过 2^l.

(2) 若 T 的高度为 h,则 T 至多有 $2^{h+1}-1$ 个节点.

40. 给定权值 2,4,9,12,14,24,35,构造一棵最优二叉树.

41. 设 T_1 和 T_2 是连通图 G 的两棵生成树,e 是在 T_1 中但不在 T_2 中的一条边,证明:存在边 e_1,它在 T_2 中但不在 T_1 中,使得 $(T_1-\{e\})\cup\{e_1\}$ 和 $(T_2-\{e_1\})\cup\{e\}$ 都是 G 的生成树.

42. 由简单有向图的邻接矩阵怎样判定它是否为有根树? 如果是有根树,怎样定出它的树根和树叶?

43. 将图 7-54 表示成以 R 为根的自顶而下的有根树,然后再将有根树转化为二叉树.

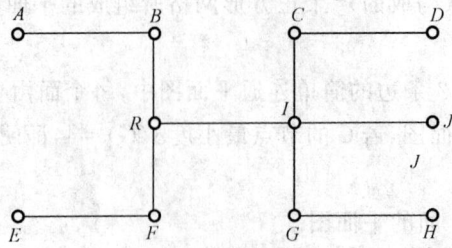

图 7-54

44. 下面给出的符号串集合中,哪些是前缀码?

$B_1 = \{0, 10, 110, 1111\}, \quad B_2 = \{1, 01, 001, 000\}$

$B_3 = \{1, 11, 101, 001, 0011\}, B_4 = \{b, c, aa, ac, aba, abb, abc\}$

45. 构造一个与英文字母 b, d, g, o, y, e 对应的前缀码,并画出该前缀码对应的二叉树,再用此 6 个字母构成一个英文短语,写出此短语的编码信息.

参考文献

［1］ 耿素云,曲婉玲.离散数学.2 版.北京:清华大学出版社,1999.

［2］ 曲婉玲,耿素云,张立昂.离散数学题解.北京:清华大学出版社,1999.

［3］ 王忠义,等.离散数学.西安:陕西科学出版社,2001.

［4］ 黄建斌.离散数学——精讲、精解、精炼.西安:西安电子科技大学出版社,2006.

［5］ 利普舒尔茨 S,利普森 M. 离散数学.周兴和,孙志人,张学斌,译.北京:科学出版社,2001.

［6］ 科尔曼,等.离散数学结构.4 版.北京:高等教育出版社,2001.

［7］ 王忠义,刘晓莉,张卫国,等.离散数学——典型题解.西安:西安交通大学版社,2008.

［8］ 徐洁磐.离散数学导论.3 版.北京:高等教育出版社,2004.